OpenCV

图像处理入门与实践

荣嘉祺 / 著

人民邮电出版社

北京

图书在版编目（CIP）数据

OpenCV图像处理入门与实践 / 荣嘉祺著. —— 北京：
人民邮电出版社，2021.11
ISBN 978-7-115-57056-7

Ⅰ．①O… Ⅱ．①荣… Ⅲ．①图像处理软件—程序设
计 Ⅳ．①TP391.413

中国版本图书馆CIP数据核字(2021)第156285号

内 容 提 要

OpenCV 是一个开源的计算机视觉库，可以高效地实现计算机视觉算法。本书从 OpenCV 用 Python 实现的基础语法讲起，逐步深入计算机视觉的进阶实战，并在最后配合项目实战案例重点介绍使用 OpenCV 进行人工智能项目以及日常生活中小应用程序开发的方法。通过本书读者不仅可以系统地学习计算机视觉的相关知识，而且还能对图像处理的算法有更深入的理解。

本书基于 Python，由浅入深、循序渐进地介绍了 OpenCV 从入门到实践的内容。本书共 13 章，内容涵盖 OpenCV 基础知识、常见的图像操作、图像去噪、图像轮廓的提取与分析，以及人脸识别、目标追踪等计算机视觉的项目实战。

本书内容通俗易懂，案例丰富，实用性强，可供图像处理领域的从业人员、OpenCV 初学者学习参考，适合有一定 Python 基础的读者进阶学习，也可作为相关培训机构的教材。

◆ 著　　　　　荣嘉祺
　　责任编辑　　赵祥妮
　　责任印制　　陈　犇

◆ 人民邮电出版社出版发行　　北京市丰台区成寿寺路 11 号
　　邮编　100164　　电子邮件　315@ptpress.com.cn
　　网址　https://www.ptpress.com.cn
　　北京七彩京通数码快印有限公司印刷

◆ 开本：800×1000　1/16
　　印张：18.75　　　　　　　　　2021 年 11 月第 1 版
　　字数：416 千字　　　　　　　2024 年 8 月北京第 10 次印刷

定价：79.90 元

读者服务热线：(010)81055410　印装质量热线：(010)81055316
反盗版热线：(010)81055315
广告经营许可证：京东市监广登字 20170147 号

前　言

OpenCV 是人工智能领域的一大分支——计算机视觉的常用库，其覆盖面十分广泛，上至气象图像分析，下至相机美颜，甚至可以说只要与图像有关的内容都可以作为它应用的对象。

计算机视觉作为人工智能大数据的提供端之一，为后续的机器学习提供了大量的图像数据。可以说学习这方面的内容是学习图像处理和机器学习的过程中必不可少的一个重要步骤。

随着社会科技的发展，人工智能逐渐成为科技人士口中常见的话题。在 AlphaGo 击败围棋世界冠军以后，就连最普通的老百姓也能体会到人工智能的强大之处：强大的计算能力、多可能性的分析、多情景的适应能力。为此，各个高校也开始逐步重视学生在人工智能领域的发展，大学生 A 类竞赛中与人工智能领域相关的学科比赛的数目逐年增加，机器人格斗、机甲大师等众多比赛给人们提供了一场场酣畅淋漓的视觉盛宴。

对于人工智能，我想大多数人听到这个词会觉得这与自己可能不会有太多的瓜葛，但其实它本身并没有想象的那么神秘难解，甚至可以说随时都能开始学习，只是我们缺少一个合适的起点。而学习 OpenCV 提供的图像处理技术，恰巧就是一个好的起点。

对于笔者而言，初次学习 OpenCV 的原因可能与部分读者相似：参加比赛。笔者为了能参加 2019 年中国智能机器人格斗大赛而专门学习了 OpenCV，虽然只是跟着 OpenCV 官方英文文档学习了短短几个星期，但还是完全沉迷其中、无法自拔了。

OpenCV 是一个高效的图像处理库，提供了诸多简捷方法来帮助我们实现想法。因为笔者一开始就是在树莓派上进行相关内容的学习，所以使用 Python 来进行图像处理。被称为"最简单的语言"的 Python 与图像处理中常用的库 OpenCV 相结合，再加上矩阵操作库 NumPy 的辅助，使用户处理任何图像问题都能变得游刃有余，复杂问题也能被细化成各个小问题而逐一解决。

本书的特色在于笔者对每一个涉及的函数都进行了十分细致的讲解，即对应函数共有哪些参数可以填写，分别是什么意思，能填什么内容，作用是什么等，并配有专门示例进行函数演示，帮助读者深度理解函数。相关内容都配有案例和示例代码，以帮助读者更加熟练地掌握函数的语法以及各类操作。

经过前面 9 章的基础学习后，在最后几章我们会跳出书本，在生活中进行计算机视觉的学习。我们可以通过开启计算机的摄像头来与计算机进行人机交互，甚至可以与计算机进行手势交流、眼神交流、表情交流，让计算机识别出我们的行为并做出反应，使我们的学习更加有趣。

本书先从最基础的图片读取与写出、图片在计算机中的存储讲起，让读者对图像操作有一个基本的概念；接着介绍在 OpenCV 中如何对图像进行绘图、添加文字等操作，这样在后续章节中读者能够对识别出的物体进行框取操作；然后介绍如何对图像进行一些简单的操作，包括图像扩边、逻辑运算等。

在上述的学习过程中我们采用的是静态图片，结束前 4 章的学习后我们会开始使用计算机（或其他设备）的摄像头来进行静态+动态的双重学习。在第 5 章中，我们会学习一些简单的颜色空间转换、HSV（Hue, Saturation, Value）物体追踪以及视频存储等知识，让读者更加有兴趣和信心进行后续章节的学习。

第 6 章通过生活中的例子介绍了图像变换的知识，加强读者对图像变换的理解和掌握。第 7 章介绍图像中的噪点，逐个分析各种噪点的性质，并提供多种去噪方式，帮助读者在不同场合下完成噪点的去除。

在第 8 章中，我们会介绍图像边缘提取以及图像金字塔等知识，让读者对图像有更加深刻的认识，并且熟悉如何通过图像来提取对应边缘等相关内容。第 9 章起着承上启下的作用：覆盖了前面 8 章的知识点并做出相应的扩充，引出实践性的几章，为读者最后的学习实践扫除部分知识盲点。

在第 10~13 章中，我们会通过多形式、多方面、多途径的方式来了解并实现生活中图像处理的应用实例，例如人脸识别、背景提取、文字识别、手势识别等，帮助读者进一步提升所学的知识和技能。

本书的配套教学资源可在异步社区上获取，包括课件、视频、源代码。

本书主要适合以下读者阅读。

- ❑ OpenCV 初学者。
- ❑ 对计算机视觉感兴趣的人群。
- ❑ 计算机专业学生。
- ❑ 有一定 Python 基础的爱好者。
- ❑ 计算机视觉+机器学习初学者。

由于笔者自身水平有限，书中难免出现一些疏漏之处，诚恳希望各位读者指正，笔者联系方式为 3405752849@qq.com。

最后，感谢本书编辑团队对我的肯定和帮助。

目　录

第 1 章 初识 OpenCV

本章首先简单介绍了 OpenCV，接着介绍在不同的编译环境中安装 OpenCV 的方法，然后介绍 OpenCV 中常用的 Python 内置函数、OpenCV 中的常见错误，最后带领读者初步体验 OpenCV 的代码。

本章的主要内容如下。

❑ OpenCV 的安装方法。

❑ OpenCV 中常用的 Python 内置函数。

❑ OpenCV 中的常见错误。

❑ OpenCV 代码的初步体验并了解其运行规则。

注意：对于 Python 内置函数的知识务必做到实时复习，以便后面编写实例代码。

1.1 OpenCV 简介

OpenCV 支持多种编程语言，包括 C++、Python、Java 等，使用范围十分广泛。它也可以在不同的操作系统上使用，包括 Windows、Linux、macOS、Android 和 iOS 等。

OpenCV-Python 库可以说是 OpenCV 在 Python 中的一种尝试，使用方法类似于 Python API（Application Programming Interface，应用程序接口）。它结合了 OpenCV 中 C++实现的 API 的优点和 Python 的最佳特性，使用起来十分方便，因而受到了用户的喜爱。

之所以选择 Python 来实现 OpenCV，是因为 Python 是一种面向对象的编程语言，它的简单性和代码可读性使程序员能够用更少的代码表达思想。虽然与 C、C++等语言相比，Python 运行速度比较慢，但是 Python 可以使用 C 或 C++轻松扩展，从而提升其自身的运行速度。这也意味着我们可以在 C 或 C++中编写计算密集型代码，并创建可用作 Python 模块的 Python packet 包器件。这么做有两个好处：首先，代码的运行速度与原始 C 或 C++代码一样快（因为后台运行的实际上是 C 或 C++代码）；其次，使用 Python 编写代码比使用 C 或 C++更易上手。OpenCV-Python 库就是原始 OpenCV C++实现的 OpenCV 在 Python 语言中的移值。

除了 OpenCV-Python 模块以外，用户还可以使用 NumPy 模块，这是一个高度优化的数据库操作模块，使用类似于 MATLAB 的语法。所有 OpenCV 数组都可以转换为 NumPy 数组，这也使得 OpenCV 与使用 NumPy 的其他库的集成变得更加容易。

OpenCV 支持与计算机视觉和机器学习相关的众多算法，并且应用领域正在日益扩展，大致有以下领域。

- ☐ 人机互动：类似于人机交互。
- ☐ 物体识别：通过视觉以及内部存储来进行物体的判断。
- ☐ 图像分割：ROI（Region of Interest，感兴趣区域）技术。
- ☐ 人脸识别：通过 Haar（哈尔）级联等来实现。
- ☐ 动作识别：主要分为 2D（二维）和 3D（三维）动作识别。
- ☐ 运动追踪：通过构建掩膜来实现。
- ☐ 运动分析：基于图像追踪进行运动预测。
- ☐ 计算机视觉：多样化的图像数据分析。
- ☐ 结构分析：多平面图像的结构分析。
- ☐ 汽车安全驾驶：分析周边环境。
- ☐ 图像数据的操作：包括分配、释放、复制、设置和转换等，图像是视频的输入和输出。
- ☐ 摄像头的输入，图像和视频文件的输出。
- ☐ 矩阵和向量的操作，以及线性代数的算法程序（矩阵积、方程解、特征值以及奇异值等）。
- ☐ 各种动态数据结构：列表、队列、集合、树、图等。
- ☐ 基本的数字图像处理：滤波、边缘检测、角点检测、采样与插值、色彩转换、形态操作、直方图、图像金字塔等。
- ☐ 结构分析：连接部件、轮廓处理、距离变换、模板匹配、霍夫变换、多边形逼近、直线拟合、椭圆拟合、Delaunay（德洛奈）三角剖分等。
- ☐ 摄像头定标：发现与追踪定标模式、定标、基本矩阵估计、齐次矩阵估计、立体对应。
- ☐ 运动分析：光流、运动分割、追踪。
- ☐ 目标识别：特征法、HMM（Hidden Markov Model，隐马尔可夫模型）。
- ☐ 基本的 GUI（Graphical User Interface，图形用户界面）：图像与视频显示、键盘和鼠标事件处理、滚动条。
- ☐ 图像标注：线、二次曲线、多边形、画文字等。

1.2 OpenCV 的安装

在了解 OpenCV 的背景知识后，相信很多读者已经迫不及待想要去尝试了。现在就让我们正式开始 OpenCV 的学习，首先完成 OpenCV 的安装。

1.2.1　在 Visual Studio 2017 上安装

如果要在 Visual Studio 2017 上使用 OpenCV，可以通过以下步骤来完成 Python-OpenCV 库的安装（在更高版本的 Visual Studio 上的安装步骤基本相同）。

（1）创建一个 Python 的空项目，如图 1.1 所示。

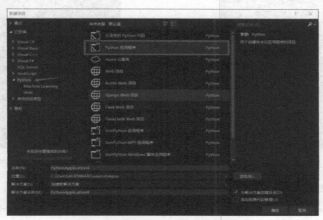

图 1.1　创建一个 Python 的空项目

（2）空项目创建完成以后，右击右侧的 Python 环境，在弹出的快捷菜单中选择"查看所有 Python 环境"，如图 1.2 所示。

图 1.2　查看所有 Python 环境

（3）单击"概述"，选择"包"，如图 1.3 所示。

（4）在文本框内输入"opencv-python"，单击下方的"运行命令：pip install opencv-python"
安装 OpenCV，如图 1.4 所示。

图 1.3　选择"包"　　　　　　　　　图 1.4　单击"运行命令：pip install opencv-python"

（5）此时就已经完成了在 Visual Studio 2017 上安装 OpenCV 的过程。

注意：这里安装 OpenCV 时不是搜索"opencv"，而是搜索"opencv-python"。

1.2.2　在 PyCharm 上安装

如果要在 PyCharm 上使用 OpenCV，可以通过以下步骤来安装 OpenCV-Python 库（此处
PyCharm 的版本是 2019.2.1，在更高版本的 PyCharm 上的安装步骤基本相同）。

（1）进入 PyCharm 界面，单击左上角的"File"，然后选择"Settings"，如图 1.5 所示。

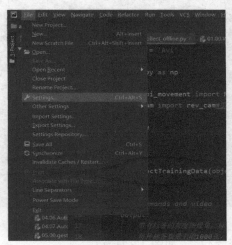

图 1.5　选择"Settings"

（2）进入 Settings 界面，在左侧的"Project: auto"中选择"Project Interpreter"，单击右上方的"+"号，完成库加载，如图 1.6 所示。

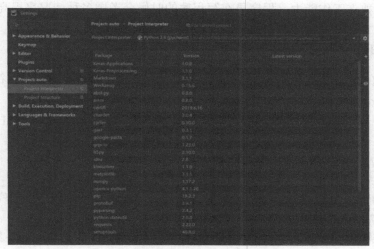

图 1.6　库加载

（3）在上方的文本框中输入"opencv-python"后双击选中，单击左下角的"Install Package"下载安装包。

（4）下载完成后，OpenCV 在 PyCharm 上的安装过程结束。

1.2.3　在其他编译器上安装

对于其他编译器[例如 IDLE（Integrated Development and Learning Environment，集成开发和学习环境）]，可以通过在 Windows 操作系统的计算机里执行命令"pip install opencv-python"来进行安装。

注意：不建议使用 IDLE 一类的普通编译器，因为需要花费很多的时间去记忆每个函数的每个参数是什么。如果有自动提示会好很多，对于本书的学习而言，我比较推荐 Visual Studio 和 PyCharm 这两款编译器，因为它们不但有自动提示功能，而且使用起来更加顺手。

1.3　OpenCV 常用的 Python 内置函数

在计算机视觉中，使用者时常需要与计算机本身进行交互。举个简单的例子，打开摄像头进行自拍时，机器本身可能很难知道使用者想要它在什么时刻进行拍照这个动作，但是我们可以通过手动操作来实现。而我们与系统的交互一般传递的是 ASCII（American Standard Code for Information Interchange，美国信息交换标准码），为此我们需要将键盘输入的字符转为 ASCII

来让计算机明白我们想要它去做些什么操作。

但在大多数的时候使用者都希望计算机能够自己独立工作而非需要其本人在旁边监督，为了增强计算机的独立工作能力，程序员在写程序的时候会考虑多种情况来提高程序的鲁棒性。

1.3.1　ord 函数

首先要学习的是实现使用者与计算机之间交互的基础——将键盘输入的字符转换为 ASCII，这里需要使用 ord 函数。

ord 函数以一个字符（长度为 1 的字符串）作为参数，返回对应的 ASCII 数值或 Unicode（统一码）数值。

ord 函数的语法如下。

```
ord(char)
```

其中 char 为一个字符类型的参数，它的返回值是 char 所对应的十进制整数 ASCII 数值，如 ord('a') 返回 97，ord('A') 返回 65。

注意：如果所给的 Unicode 字符超出了 Python 的定义范围，则会引发一个名为"TypeError"的异常。

1.3.2　max 函数和 min 函数

如果将图片[1]看成一种输入信号，那么其中难免会有噪声干扰计算机本身进行兴趣数据（即使用者想要的数据）的提取。为了尽可能减少干扰，我们常常会使用 max 函数和 min 函数来对含有噪声的图像进行去噪操作。

max 函数和 min 函数分别返回给定参数的最大值与最小值，在本书中这两个函数使用的参数多为列表。

max 函数的语法如下，[符号后表示的是参数可选项，可以不使用。

```
max(iterable, *[, key, default])
```

max 函数的参数解释如下。

❑　iterable：一个可迭代对象。

❑　key：可以理解为一个排列的方法。

示例代码如下。

```
b=['a','B']
print(max(b))
print(max(b,key=str.upper))
```

第二行代码的运行结果为 a，因为此时 max 函数会按照全体 ASCII 的顺序去比较数值大小，

---

[1] 在计算机视觉处理中，我们一般认为图像指的是"数字图像"，是一种原始连续信号经过抽样、量化后的结果状态；而图片则更多蕴含的是一种"初始"的概念，定义的范围比图像更加广泛。可以说，图像是图片的一种表达形式。

a 对应的 ASCII 数值为 97，B 对应的 ASCII 数值为 66，所以最大值为 a。但是如果我们加入 kdy 的参数，如上面第三行：

```
key=str.upper
```

max 函数的排列顺序就将按照字符的大写的 ASCII 数值去比较，此时 a 的大写字符 A 的 ASCII 数值为 65，而 B 的 ASCII 数值为 66，所以第三行代码的运行结果为 B。

min 函数的语法和 max 函数一致，只是返回值为给定参数的最小值。

注意：key 后面可以跟对象参数的方法。

1.3.3　sorted 函数

与 max 函数和 min 函数相同，sorted 函数也可以用来提高程序抗图片噪声干扰的能力。

sorted 函数的作用是对所有可迭代的对象进行排序。

该函数的语法如下。

```
sorted(iterable, cmp=None, key=None, reverse=False)
```

sorted 函数的参数解释如下。

- ❑ iterable：一个可迭代对象。
- ❑ cmp：一个比较函数，其具有两个参数，参数的值都是从可迭代对象中取出的；此函数必须满足一个条件，即大于则返回 1，小于则返回返回−1，等于则返回 0。
- ❑ key：和 max 函数、min 函数中的 key 一样，主要是用来进行比较的元素，只有一个参数，具体的函数的参数取自可迭代对象，指定可迭代对象中的一个元素来进行排序。
- ❑ reverse：控制排序规则，如果 reverse=True，则为从大到小；如果 reverse=False，则为从小到大（默认为 False）。

返回值为经过排序的列表。

示例代码如下。

```
a=[1,2,3,4,5]
b=sorted(a,reverse=True)
print(b)
```

其运行结果如下。

```
[5,4,3,2,1]
```

1.4　常见的错误

本节介绍在后续的编程中可能会遇到的错误，读者在第一次阅读时，可以略读。倘若在后续编写程序时遇到了此类报错，可以再返回来翻阅查看，从而修正错误。

1.4.1　NameError: name 'np' is not defined

在计算机视觉中，使用频繁的库除了 OpenCV 以外，还有与其配合使用的 NumPy 库。这个库也可以仿照 1.2 节介绍的安装过程来进行安装，只需要把其中输入的 "opencv-python" 改成 "numpy" 即可。在 CSDN 等网站中查找计算机视觉的相关代码资料，并复制别人的代码后，用户可能会发现程序运行不起来，并且提示 np 这个模块没有找到，这个时候就要注意去看最前面的 import 代码是否写成了如下形式。

```
import numpy
```

如果出现上述错误，代码应改为如下形式。

```
import numpy as np
```

这样就可以解决 np 模块未找到的错误了。

1.4.2　未知&0xff 产生的错误

&0xff 是用户在调用 cv2.waitKey 的时候经常会加在后面的代码，但是它的意义到底是什么呢？其实很简单，如果你的计算机操作系统是 64 位的，在使用 cv2.waitKey 这个函数时就需要在其后加上&0xff，形式如下。

```
cv2.waitKey(0)&0xff
```

因为系统中的各个按键（例如键盘上的 q 键）都在 ASCII 表中有一个对应的值，但是系统中各个按键对应的 ASCII 码值并不一定只有 8 位（即不同系统中对应的 ASCII 码值不一定相同），但最后 8 位一定相同，所以此处加上&0xff 是为了排除不同系统对判断按键的干扰。

1.4.3　图片无法正常显示或程序死机

用户运行代码时可能会遇到图片无法显示或者程序死机的情况，这时用户可以检查代码的最后是否有如下内容。

```
cv2.destroyAllWindows()
```

这一行代码的作用后面会具体介绍。

如果图片只是闪出一瞬间后就自动消失，请检查显示图片的代码中是否存在以下代码。

```
cv2.waitKey(0)
```

这行代码的作用是一直等待键盘的命令，如果没有接收到键盘命令。运行过程不会向下继续执行。

如果在运行摄像头捕捉视频的代码时，程序显示的摄像头中的内容一直处于静止状态并且按 q 键后就退出程序，与预先设计的"程序一直展示摄像头所摆内容"不符时，请检查 cv2.waitKey 函数的参数是否写成了如下形式。

```
cv2.waitKey(0)==ord('q')
```

如果是，请按照如下代码进行修改。

```
cv2.waitKey(1)==ord('q')
```
之后即可正常捕获图像数据。

1.4.4　OpenCV 版本不同产生的问题

OpenCV 的版本有很多,一些机器人的树莓派使用的 OpenCV 版本可能较为老旧,所以会出现一些版本不同带来的问题。这里,笔者举一个极有可能遇到的由版本不同带来问题的函数:cv2.findContours。

在版本号 4.0.0 及以后的 OpenCV 中,cv2.findContours 的返回值只有两个,分别是 contours 和 hierarchy,这两个返回值将在后续内容中详细介绍;而在老版本的 OpenCV 中,cv2.findContours 的返回值有 3 个,分别是 img、contours 和 hierarchy。如果不注意这点,可能会造成在计算机上可以运行的程序,在机器人的树莓派中却无法正常运行的错误;或者是在机器人的树莓派中可以运行的程序,在计算机中却无法正常运行的错误。而且不同版本的 OpenCV 中该函数使用的参数也略有不同,所以对于这个函数的使用大家要多多小心。

1.5　OpenCV 代码体验

在了解了基本的理论后,大家肯定想要上手试一试,所以本节提供了一个示例代码,供读者体验 OpenCV 的强大之处。

该示例代码的作用是动态识别当前摄像头内色彩差异最大的物体的轮廓,并且推算出物体距离摄像头的距离,按 q 键退出,并且代码会将刚刚摄像头录制的内容保存到.py 文件所在的文件夹内,名字为"text.avi"。示例代码如下。

```python
import cv2
import numpy as np
#参数,根据测距公式:D=(F*W)/P
KNOWN_WIDTH=2.36
KNOWN_HEIGHT=8.27
KNOWN_DISTANCE=7.7
FOCAL_LENGTH=543.45
cap=cv2.VideoCapture(0)
fourcc = cv2.VideoWriter_fourcc(*'XVID')
out = cv2.VideoWriter('latest.avi',fourcc,20.0,(640,480))
while 1:
    #读取图像
    ret,img=cap.read()
    #翻转图像
    img=cv2.flip(img,1)
    #颜色转换
    gray=cv2.cvtColor(img,cv2.COLOR_BGR2GRAY)
```

```
#高斯滤波
blurred=cv2.GaussianBlur(gray,(5,5),0)
edges=cv2.Canny(img,35,125)
#结构化元素
kernel=cv2.getStructuringElement(cv2.MORPH_RECT,(10,10))
#形态学变化
closed=cv2.morphologyEx(edges,cv2.MORPH_CLOSE,kernel)
closed=cv2.erode(closed,None,iterations=4)
closed=cv2.dilate(closed,None,iterations=4)
#寻找轮廓
contours,hierarchy=cv2.findContours(closed,cv2.RETR_EXTERNAL,cv2.CHAIN_APPROX_SIMPLE)
#寻找最大轮廓
cnt=max(contours,key=cv2.contourArea)
img=cv2.drawContours(img,[cnt],-1,(0,255,0),3)
rect=cv2.minAreaRect(cnt)
#计算距离
distance=(KNOWN_WIDTH*FOCAL_LENGTH)/rect[1][0]
#数据显示
cv2.putText(img,"%.2fcm"%(distance*2.54),(img.shape[1]-300,img.shape[0]-20),cv2.
FONT_HERSHEY_SIMPLEX,2.0,(0,0,255),3)
    #保存视频
    out.write(img)
    #图像显示
    cv2.imshow('img', img)
    cv2.imshow('edges', edges)
    cv2.imshow('closed', closed)
    if cv2.waitKey(1)==ord('q'):
        break
cap.release()
out.release()
cv2.destroyAllWindows()
```

该代码的视频、测距展示效果如图 1.7 所示。

图 1.7　代码效果

这看起来是不是很神奇呢？下一章，我们将会介绍更多有关 OpenCV 的有趣知识。

第 2 章　图片与初用 OpenCV

在本章中，我们要初步介绍 OpenCV 的一些基本操作，例如图片的读取以及图片格式的转换。这些基础内容在 OpenCV 的学习过程中起着十分重要的作用。

本章的主要内容如下。

- ❑ 图片在计算机中的几种存储形式。
- ❑ 图片的读取与延时操作。
- ❑ 图片的各种输出形式。

2.1 图片在计算机中的存储形式

即使我们对图片在计算机中的存储格式不是很清楚，也知道图片在计算机中是以二进制的形式存储的。图片如何转为二进制的形式在这里不进行详细说明，本节只讲述程序像素 X 是如何以矩阵的形式进行图片的操作和相关运算的。

一张 1024 × 960 像素的图片，如果我们在程序里使用它或者对它进行一些操作，那么它就是一个 960 行、1024 列的二维矩阵。矩阵的每一个元素存储的都是一个列表，而列表里面存储的则是各个通道的值，那什么是通道呢？

在讲解通道之前，我们先了解一下图片的几种存储形式。

2.1.1 BGR 图

我们平常在生活里拍摄的图片一般是 RGB（R：红色，G：绿色，B：蓝色）格式的图片，而在 OpenCV 中，图片常使用的格式却是 BGR，两者本质上没有区别，只是使用的习惯不同。调节 3 种颜色的值可以构成不同颜色的像素点，但是我们在处理图片的时候，一般都不直接采用 BGR 图进行操作，而是需要进行图片颜色格式的转换。

我们称 B、G、R 为图片上每个像素点构成的通道，所以 BGR 图是一个三通道（蓝、绿、红 3 种通道）的图片。在 OpenCV 里，每个通道的取值范围均为 0～255，我们可以通过 Python

中元组的形式进行颜色的合成，如(255,255,255)为白色，(0,0,0)为黑色。

2.1.2 灰度图

相比于 BGR 图，灰度图的每个像素点不再由 B、G、R 这 3 个通道构成，它只由一个通道来控制，即灰度值，所以灰度图是由灰度值来控制的单通道图。灰度值的取值范围为 0～255：如果取 0，表示黑色；如果取 255，则表示白色。

2.1.3 HSV 图

HSV 图显示出来也是彩色的，且 HSV 图也是由 3 个通道构成的，只不过 HSV 图里的 3 个通道和 BGR 图中的不同，它的 3 个通道的介绍分别如下。

- ❑ H：色彩或者色度，它的取值范围是 0～179。
- ❑ S：饱和度，它的取值范围是 0～255。
- ❑ V：亮度，它的取值范围是 0～255。

换句话说，HSV 图其实可以理解为 RGB 图的另一种表达方式，这种表达方式更有助于我们对指定颜色的物体进行追踪和提取。

2.1.4 二值图

二值图可以理解为一种很特殊的灰度图，它不具有通道，并且图中每个像素点的取值只有 0 或 255 两个值，换句话说，即非黑即白。而灰度图与二值图不同的地方就在于，灰度图可以取 0～255 的任何一个值。

二值图的意义在于它可以帮助用户去除图片噪点，使得图片内只存在我们想要的那个物体的二值化表示部分。

2.2 图片的读取与写出

现在我们来介绍图片的读取及写出，虽然这是 OpenCV 中非常基础的操作，但是它贯穿整个 OpenCV 的学习过程。

2.2.1 图片读取

现在需要我们进行图片的读取，需要调用的函数是 cv2.imread，它的语法如下。

```
cv2.imread(filename, flag=1)
```

其参数分别解释如下。

- [ ] **filename**：所要读取的图片的相对地址（与文件中 open 函数的读取方式一致）。
- [ ] **flag**：设置读取的格式，默认为 1，表示为按照 BGR 三通道的方式进行读取；如果选择 0，则以灰度图单通道的方式进行读取。

示例代码如下。

```
import cv2
import numpy as np
Img=cv2.imread('1.jpg')
```

这个时候，Img 这个变量就已经是矩阵形式的"1.jpg"图片，并且它的每个像素点都是以 BGR 三通道的方式进行存储的。

如果我们想要以灰度图的方式读取图片，只需要将 flag 参数设置为 0 即可，代码如下。

```
import cv2
import numpy as np
Img=cv2.imread('1.jpg', 0)
```

此时，Img 变量中保存的就是单通道的"1.jpg"图片的矩阵形式，矩阵的每个元素列表中只有一个灰度值。

2.2.2　图片保存

接下来介绍图片保存的函数，也就是 cv2.imwrite 函数，它的语法如下。

```
cv2.imwrite(filename,img)
```

其参数分别解释如下。

- [ ] **filename**：要保存的图片的名字，此处也是程序的相对地址。
- [ ] **img**：要保存的图片的矩阵形式。

示例代码如下。

```
import cv2
import numpy as np
Img=cv2.imread('1.jpg', 0)
cv2.imwrite('1.png',Img)
```

上述的代码就是将 py 文件夹中的图片"1.jpg"以矩阵方式读取到程序中，然后将它以"1.png"为名保存到.py 文件所在的文件夹中。

2.2.3　BGR 图的读取与写出

现在我们开始进行实例操作，这里使用 Visual Studio 2017 进行代码的演示。

创建一个".py"文件，将一张图片放到".py"文件所在的文件夹内，将图片命名为"1.jpg"。原图如图 2.1 所示。

图 2.1　原图

将它放到 py 文件夹中，如图 2.2 所示。

名称	日期	类型
1.jpg	2019/9/10 9:22	JPG 图片文件
opencv1.py	2019/9/10 8:38	JetBrains PyChar...

图 2.2　py 文件夹

开始编写 .py 文件中的代码，示例代码如下。

```
import cv2
import numpy as np
img=cv2.imread('1.jpg')
cv2.imwrite('back.png',img)
```

运行代码后，可以发现 py 文件夹内多出来了一个 PNG 格式的文件，如图 2.3 所示。

名称 ^	日期	类型
1.jpg	2019/9/10 9:22	JPG 图片文件
back.png	2019/10/18 17:16	PNG 图片文件
opencv1.py	2019/9/10 8:38	JetBrains PyChar...

图 2.3　代码运行后文件夹的变化

打开"back.png"以后会发现它和"1.jpg"图片一模一样。

值得注意的是，在一些书籍中介绍的图片显示方式可能和本处有所出入，尽管调用的依旧是 cv2.imread 函数，但是它后面的参数并不是 1，而是 cv2.IMREAD_COLOR，代码如下。

```
cv2.imread('1.jpg',cv2.IMREAD_COLOR)
```

但它等价于如下代码。

```
cv2.imread('1.jpg')
cv2.imread('1.jpg',1)
```

本书中，我们主要使用的是后一种表示方式。

2.2.4　灰度图的读取与写出

现在我们换个打开方式，以灰度图的方式打开"1.jpg"，然后再去保存图片，示例代码如下。

```
import cv2
import numpy as np
img=cv2.imread('1.jpg',0)
cv2.imwrite('back.png',img)
```

这段代码运行完成后，再去打开"back.png"图片，我们会发现"back.png"图片已经是灰度图的形式了。

注意：这里的"back.png"只是看起来像灰度图，如果再加载"back.png"，它还是以 BGR 的方式加载。

同样，灰度图也有另一种读取方法，所调用的也依旧是 cv2.imread 函数，但是后面的参数并不是 0，而是 cv2.IMREAD_GRAYSCALE，代码如下。

```
cv2.imread('1.jpg',cv2.IMREAD_GRAYSCALE)
```

它等价于以下代码。

```
img=cv2.imread('1.jpg',0)
```

2.2.5　图片展示

到目前为止，我们还没有在程序运行的时候看到过图片。如果想要在程序运行的时候观察图片的当前状态，就需要使用 cv2.imshow 函数来进行图片展示，它的语法如下。

```
cv2.imshow(name,img)
```

其参数分别解释如下。

☐　name：展示窗口的名字。

☐　img：图片的矩阵形式。

现在来看看这个函数的效果，示例代码如下。

```
import cv2
import numpy as np
img=cv2.imread('1.jpg',cv2.IMREAD_COLOR)
cv2.imshow('image',img)
cv2.imwrite('back.png',img)
#如果使用了 cv2.imshow 函数，下面一定要跟着一个摧毁窗口的函数
cv2.destroyAllWindows()
```

当我们运行上述代码的时候，可以发现确实有那么一瞬间图片弹了出来，但是还没等我们看清楚它就关闭了，这是怎么回事呢？

原因在于 cv2.imshow 函数并没有延时的作用，这个函数起着显示图片的作用，可是计算机的运行速度比计算机窗口的弹出速度快，所以窗口只显示了极短的时间，代码已经执行到下一行了，图片就自动关闭了。那么，怎么样才能使图片停留足够的时间呢？

其实也很简单，既然 cv2.imshow 这个函数没有延时作用，那么在使用函数的这行代码和下一行代码之间加一个延时函数就可以了。

2.2.6　图片延时

现在我们在 cv2.imshow 所在行和下一行的代码之间加一个延时函数来确保人眼能够观察清楚窗口。我们需要 cv2.waitKey 函数来做到这一点，它的语法如下。

```
cv2.waitKey(time)
```

其中，time 表示等待的时间，单位为毫秒。

这个函数可以这样理解，在 time 时间内，计算机会等待我们键盘上的命令，如果在 time 时间内程序没有等到按键指令，它就自动进入下一帧。因为这里是图片，没有下一帧，所以就是自动关闭窗口。另外一种情况我们会在后续内容中详细介绍。

这里要注意的是，如果我们把这个函数的 time 设置为 0，并不是表示等待 0 毫秒然后进入下一帧，而是停止在当前帧，有按键指令它才会进入下一帧。所以在显示单张图片的时候大多数情况下都写的是 cv2.waitKey(0)。

注意：应该注意是否需要加上&0xff，如果不加可能会报错。

2.2.7　图片读取演示

介绍了如何添加延时函数后，我们再来尝试读取图片，示例代码如下。

```
import cv2
import numpy as np
img=cv2.imread('1.jpg',cv2.IMREAD_COLOR)
cv2.imshow('image',img)
#添加延时函数
cv2.waitKey(0)
cv2.imwrite('back.png',img)
cv2.destroyAllWindows()
```

这个时候我们可以发现图片已经可以自动停留了，图片读取效果如图 2.4 所示。

这个时候按键盘上的任何键，程序都将关闭。如果我们想按某个特定的键程序才关闭，可以通过添加一个 if 语句来进行判定。如果按的键不为指定的 q 键，就会一直处于 while 循环中；直到我们按指定的 q 键后，才会通过 break 语句结束循环，示例代码如下。

```
import cv2
import numpy as np
img=cv2.imread('1.jpg')
```

图 2.4　图片读取效果

```
cv2.imshow('image',img)
while 1:
    if cv2.waitKey(0)==ord('q'):
        break
    else:
        pass
cv2.imwrite('back.png',img)
cv2.destroyAllWindows()
```

此时我们可以通过按 q 键退出窗口，且按其他键不会退出窗口。

运行上述代码，它最后会保存图片。但有的时候我们不需要保存图片，这种情况我们可以将 cv2.imwrite 函数加到 while 循环中的 if 语句中。按 q 键就直接退出，按 s 键才进行保存然后退出；如果按的键不满足任何一个 if 条件，程序会一直运行下去。示例代码如下。

```
import cv2
import numpy as np
img=cv2.imread('1.jpg',cv2.IMREAD_COLOR)
cv2.imshow('image',img)
while 1:
    if cv2.waitKey(0)==ord('q'):
        break
    if cv2.waitKey(0)==ord('s'):
        cv2.imwrite('back.png',img)
        break
cv2.destroyAllWindows()
```

如果不想保存，并且希望不按任何键，程序就能在一定时间后自动退出，我们只需要改变 cv2.waitKey 函数里面的参数即可，我们将代码改成如果 5 秒内没有按 s 键，则整个程序自动关闭示例代码如下。

```
import cv2
import numpy as np
img=cv2.imread('1.jpg',cv2.IMREAD_COLOR)
cv2.imshow('image',img)
if cv2.waitKey(5000)==ord('s'):
    cv2.imwrite('back.png',img)
cv2.destroyAllWindows()
```

现在我们已经了解了如何读取图片、控制图片的显示时间和关闭方式，但是还有一个问题，那就是如何控制图片窗口显示的大小。我们注意到，窗口的大小取决于图片尺寸的大小，一张图片的尺寸越大，它所对应的窗口就越大，这是因为我们没有控制窗口的大小。控制窗口大小的函数为 cv2.namedWindow，其初始设定的标签为 cv2.WINDOW_AUTOSIZE，将其改为 cv2.WINDOW_NORMAL 后就可以控制窗口的大小了。这块内容会在后续介绍缩放变换的时候进行具体讲解，其示例代码如下。

```
import cv2
import numpy as np
img=cv2.imread('1.jpg',cv2.IMREAD_COLOR)
```

```
cv2.namedWindow('image',cv2.WINDOW_AUTOSIZE)
cv2.imshow('image',img)
if cv2.waitKey(5000)==ord('s'):
    cv2.imwrite('1.png',img)
cv2.destroyAllWindows()
```

注意：cv2.namedWindow 函数需放在 cv2.imshow 函数的前面。

2.3 计算机视觉中常用的图片属性

在 2.1 节中，我们知道了 OpenCV 里的图片是以矩阵方式存在的，本节将简单介绍几种使用较为频繁的图片属性。对图片属性有兴趣的读者，可以去查阅更多相关内容。

图片的行数是一张图片竖直方向上像素的个数，如一张 1024 像素×960 像素的图片，它的行数就是 960，列数就是 1024。

在计算机视觉中我们时常需要根据一张图片的尺寸来进行图片显示大小的调整。首先我们选择一张图片作为加载项，然后通过 cv2.imread 函数来读取图片，示例代码如下。

```
import cv2
import numpy as np
img=cv2.imread('1.jpg')
```

我们先在画图软件中打开这张图片，查看图片的像素大小，如图 2.5 所示。

340 × 308像素

图 2.5　图片像素

在上述代码中加入如下代码。

```
print(img.shape[0])#行数
```

然后运行上述代码，可以看到它的行数，如图 2.6 所示。

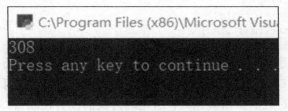

图 2.6　图片的行数

接下来尝试读取图片的列数。一张图片的行数包含在 img.shape 的成员对象的 0 号索引中，而列数则包含在 img.shape 的成员对象的 1 号索引中，示例代码如下。

```
print(img.shape[0])#行数
print(img.shape[1])#列数
```

运行代码，然后我们就能够得到这张图片的行数和列数了，如图 2.7 所示。

有的时候我们可能会通过图片的通道数去执行一些不同的命令,这时就需要得到一张图片的通道数,可以通过如下代码实现。

```
img.shape[2]
```

运行如下代码可以得到一张图片的行数、列数以及通道数。

```
print(img.shape[0])#行数
print(img.shape[1])#列数
print(img.shape[2])#通道数
```

结果如图 2.8 所示。

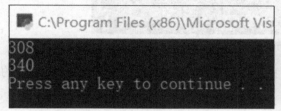

图 2.7　图片的行数和列数

图 2.8　图片的行数、列数以及通道数

上述代码中,图片的行数、列数以及通道数都保存在 img.shape 的成员里面,因此我们可以输出整个成员。示例代码如下。

```
print(img.shape[0])#行数
print(img.shape[1])#列数
print(img.shape[2])#通道数
print(img.shape)#整个成员
```

运行代码以后我们就可以看到,img.shape 的成员其实是一个元组,里面包含了这个图片的行数、列数以及通道数,如图 2.9 所示。

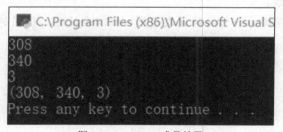

图 2.9　img.shape 成员结果

如果我们将 BGR 图换成灰度图会怎么样呢?不妨来试一试,示例代码如下。

```
import cv2
import numpy as np
img=cv2.imread('1.jpg',0)
print(img.shape[0])#行数
print(img.shape[1])#列数
print(img.shape[2])#通道数
```

运行代码以后我们发现程序提示错误,如图 2.10 所示。

图 2.10 程序提示错误

上述错误提示的意思是元组下标越界了，我们不妨输出 img.shape，得到当前环境下的 img.shape，如图 2.11 所示。

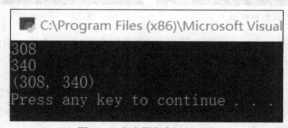

图 2.11 灰度图程序运行结果

这里就是我们需要注意的地方，也就是灰度图的 **img.shape** 只会返回图片的行数和列数，并不会返回图片的通道数。

注意：二值图可以理解为一种特殊的灰度图，所以在处理二值图的时候，我们也不能调用一张二值图的通道数。

第 3 章 OpenCV 的基础函数

第 2 章介绍了在 OpenCV 中读取图片和写出图片的方法，以及常用的图片属性。本章中，我们将要介绍如何利用 OpenCV 中常用的函数进行简单的绘图，学习本章内容有助于我们在后面识别和画出物体的轮廓。

本章的主要内容如下。

- ❑ 绘图函数的使用方法。
- ❑ 鼠标事件的处理函数。
- ❑ 制作简单的调色板。

3.1 OpenCV 的绘图函数

绘图函数在计算机视觉中的主要作用是抓取计算机已经捕捉的物体，然后给出一个规则的轮廓。OpenCV 中内置的绘图函数有很多，我们先介绍一些简单的绘图函数。

3.1.1 画直线

在图像上画一条直线用的是 cv2.line 函数，它的语法如下。

```
cv2.line(img,start_point,end_point,color,thickness=0)
```

其参数分别解释如下。

- ❑ img：需要画的图像。
- ❑ start_point：直线的开头，必须是一个元组类型。
- ❑ end_point：直线的结尾，必须是一个元组类型。
- ❑ color：直线的颜色，必须是一个元组类型。
- ❑ thickness：直线的宽度。

示例代码如下。

```
cv2.line(img,(0,0),(100,100),(0,255,0),3)
```

接下来我们尝试画一条直线。先用画图软件创建一块白色画布，方便识别画的物体，再将它导入程序。

```
import cv2
import numpy as np
img=cv2.imread('1.jpg')
```

然后在画布上画一条直线。

```
img=cv2.line(img,(0,0),(100,100),(0,255,0),3)
```

我们将画完的图像存到 ".img" 文件以后，将图像显示出来。

```
cv2.imshow('img',img)
cv2.waitKey(0)
cv2.destroyAllWindows()
```

运行整个代码，得到图 3.1 所示的结果。

图 3.1　画出的直线

从图 3.1 中我们可以看到一条宽度为 3，从(0,0)到(100,100)的直线。

3.1.2　画矩形

如果要画一个矩形，虽然我们可以通过画 4 条直线的方式实现，但是那样未免有些复杂了。现在我们来介绍一个新的函数——cv2.rectangle 函数，它可以直接画出一个矩形。cv2.rectangle 函数的语法如下。

```
cv2.rectangle(img,point1,point2,color,thickness=0)
```

其参数分别解释如下。

- ❑ img：需要画的图像。
- ❑ point1：矩形左上角的点的坐标，必须是一个元组类型。
- ❑ point2：矩形右下角的点的坐标，必须是一个元组类型。
- ❑ color：线的颜色，必须是一个元组类型。
- ❑ thickness：线的宽度。

示例代码如下。

```
cv2.rectangle(img,(0,0),(128,128),(0,255,0),3)
```

现在我们来尝试画一个矩形，先用画图软件创建一块白色画布，方便观察，然后将其导入程序。

```
import cv2
import numpy as np
img=cv2.imread('1.jpg')
```

接着画一个矩形。

```
img=cv2.rectangle(img,(0,0),(100,100),(0,255,0),3)
```

然后把图像显示出来，代码如下。

```
cv2.imshow('img',img)
cv2.waitKey(0)
cv2.destroyAllWindows()
```

运行整个代码，得到图 3.2 所示的效果。

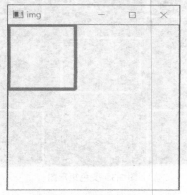

图 3.2　画出的矩形

这个绘图函数每调用一次，就会产生一个矩形，多次调用就会产生多个矩形。

经过上面的画直线和画矩形的过程，我们发现只要在调用函数时设定好颜色，那么这个图形的颜色就确定了。但是如果我们想画一个每时每刻都在改变颜色的图形，应该怎么做呢？我们可以通过如下代码去实现。

```
import numpy as np
import cv2
img=np.zeros((512,512,3),np.uint8) #创建一个黑色的画布，大小为 512 像素×512 像素，通道数为 3
flag=1 #跳出最外层的循环
while flag:
    for a in range(0,256):
        cv2.rectangle(img,(350,0),(500,128),(a,255-a,a),3)
        cv2.rectangle(img,(0,0),(150,128),(a,255-a,a),3)
        cv2.rectangle(img,(0,350),(150,478),(a,255-a,a),3)
        cv2.rectangle(img,(350,350),(500,478),(a,255-a,a),3)
        cv2.rectangle(img,(165,180),(315,308),(a,255-a,a),3)
        cv2.namedWindow('image',cv2.WINDOW_NORMAL)
```

```
            cv2.resizeWindow('image',(1000,1000))#调整显示屏幕的大小
            cv2.imshow('image',img)
            if cv2.waitKey(1)==ord('q'):
                flag-=1
                break  # 跳出 for 循环
cv2.destroyAllWindows()
```

上述代码一共创建了 5 个边框，每个边框每时每刻都在闪烁。因为调用了 cv2.waitKey 函数进行图像刷新，每次新画出来的矩形会覆盖之前的矩形，所以我们可以看到图像颜色的变化。当我们单击图像并按 q 键后，程序结束运行。

程序运行效果如图 3.3 所示。

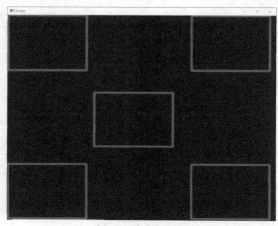

图 3.3   变色矩形图

注意：退出程序的正确操作是单击运行屏幕后按 q 键，直接单击右上角的关闭按钮是无法退出程序的。

3.1.3   画圆

现在我们已经学会了画直线和矩形，如果我们想画圆，该怎么办呢？我们可以通过调用 cv2.circle 函数来解决这个问题。cv2.circle 函数的语法如下。

```
cv2.circle(img,center,R,color,thickness=0)
```

其参数分别解释如下。
- img：要画的图像。
- center：圆心坐标，必须是一个元组类型。
- R：圆的半径。
- color：线的颜色，必须是一个元组类型。
- thickness：线的宽度，如果是-1，会变成向内填充。

示例代码如下。

```
cv2.circle(img,(100,100),100,(0,0,255),-1)#画圆，-1表示向内填充
```

有了上面画直线和矩形的经验后，下面这些函数学起来就简单多了，因为它们的核心思想是一样的。现在我们来画一个圆，示例代码如下。

```
import cv2
import numpy as np
img=cv2.imread('1.jpg')
img=cv2.circle(img,(100,100),100,(0,0,255),-1)
cv2.imshow('img',img)
cv2.waitKey(0)
cv2.destroyAllWindows()
```

运行代码以后，其结果如图 3.4 所示。

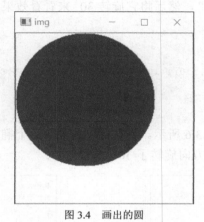

图 3.4　画出的圆

3.1.4　画椭圆

我们还会用到画椭圆的函数，其对以后的椭圆拟合会有帮助。在 OpenCV 中，画椭圆也已经有了现成的函数可以调用，那就是 cv2.ellipse 函数，它的语法如下。

```
cv2.ellipse(img,center,(a,b),direction,angle_start,angle_end,color,thickness=0)
```

其参数分别解释如下。

❑　img：要画的图像。

❑　center：椭圆中心的位置。

❑　(a,b)：椭圆的长轴和短轴。

❑　direction：按照顺时针方向旋转椭圆的角度。

❑　angle_start：画椭圆开始的角度。

❑　angle_end：画椭圆结束的角度。

❑　color：线的颜色。

❑　thickness：线的宽度，如果为-1，表示向内填充。

示例代码如下。

```
cv2.ellipse(img,(256,256),(100,50),0,0,360,(0,255,0),-1)
#按照顺时针方向从 0°~360°
```

现在我们用这个函数来尝试画一个椭圆，示例代码如下。

```
import cv2
import numpy as np
img=cv2.imread('1.jpg')
img=cv2.ellipse(img,(150,150),(100,80),0,0,360,(0,255,0),-1)
cv2.imshow('img',img)
cv2.waitKey(0)
cv2.destroyAllWindows()
```

运行结果如图 3.5 所示。

我们可以以将 360°改成 180°，然后将它旋转 30°来看看效果，修改后的代码如下。

```
import cv2
import numpy as np
img=cv2.imread('1.jpg')
img=cv2.ellipse(img,(150,150),(100,80),30,0,180,(0,255,0),-1)
cv2.imshow('img',img)
cv2.waitKey(0)
cv2.destroyAllWindows()
```

上述代码的运行结果如图 3.6 所示。我们可以看到，这个椭圆现在只有下半部分，上半部分已经消失了，而且往顺时针方向旋转了 30°。

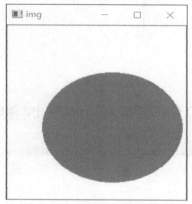

图 3.5　画出的椭圆

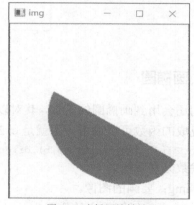

图 3.6　半椭圆旋转效果

3.1.5　画多边形

画多边形的方法有很多种，例如可以用多个画直线的函数将整个多边形给画出来。但是这样做有些麻烦，所以我们直接调用 OpenCV 中现成的函数来画多边形。

因为这个方法用得比较少，所以我们简单讲下它的语法规范并演示一个实例即可。这里我们用到的函数是 cv2.polylines，它的函数语法如下。

```
cv2.polylines(img,pts,isClosed,color,thickness=0)
```

其参数分别解释如下。

- ❑　img：要画的图像。
- ❑　pts：点的集合，以列表的形式填入。
- ❑　isClosed：多边形是否闭合，如果为 False 则为一个不闭合的图形，如果为 True 则为一个闭合的图形。
- ❑　color：线的颜色。
- ❑　thickness：线的宽度。

现在我们来绘制一个简单的交叉型多边形，示例代码如下。

```
import numpy as np
import cv2
img = np.zeros((256,256,3),np.uint8)#创建一个大小为 256 像素×256 像素、三通道的黑色画布
pts=np.array([[10,3],[48,19],[60,3],[98,19]],np.int32)#注意：格式必须是 np.int32
pts = pts.reshape((-1,1,2))
# reshape 的第一个参数为-1，表明这一维度的长度是根据后面的维度计算出来的
cv2.polylines(img,[pts],True,(0,255,255),2)
#注意：第三个参数若是 False，我们得到的是不闭合的图形
cv2.imshow('image',img)
cv2.waitKey(0)
cv2.destroyAllWindows()
```

代码的运行结果如图 3.7 所示。

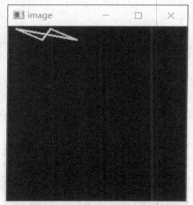

图 3.7　画出的交叉型多边形

注意：这里点的格式必须是 np.int32，这是它的图形设定，不必深究，会用即可。

3.1.6　添加文字

之前我们介绍的都是如何在一块画布上添加图形，那么可能有人会问，在 1.5 节中图片右下角的文字显示是如何做到的呢？

这里我们要介绍一个新的函数——cv2.putText 函数，它的作用就是在画布上添加文字。

cv2.putText 函数的语法如下。

```
cv2.putText(img,text,org,fontFace,fontScale,color,thickness=0,lineType=0)
```

其参数分别解释如下。

❑ img：要添加文字的背景图。

❑ text：添加的文字。

❑ org：添加文字的位置。

❑ fontFace：字体。

❑ fontScale：字号大小。

❑ color：字的颜色。

❑ thickness：线条的宽度。

❑ lineType：线条的种类。

示例代码如下。

```
cv2.putText(img,'Python+OpenCV',(10,40), font, 1,(255,255,255),2,cv2.LINE_AA)
```

我们尝试在一块画布上添加文字，示例代码如下。

```
import numpy as np
import cv2
#创建一块黑色画布
img = np.zeros((512,512,3),np.uint8)
font = cv2.FONT_HERSHEY_SIMPLEX
cv2.putText(img,'Python+OpenCV',(10,40), font, 1,(255,255,255),2,cv2.LINE_AA)
#为了演示，我们创建一个窗口来显示
cv2.namedWindow('image',cv2.WINDOW_NORMAL)
cv2.resizeWindow('image',750,750)#定义窗口的大小
cv2.imshow('image',img)
cv2.waitKey(0)
cv2.destroyAllWindows()
```

运行代码，文字效果如图 3.8 所示；为了看得清楚，字的颜色设置为白色。

图 3.8 文字显示效果

至此，我们已经将 OpenCV 中常用的绘图函数和添加文字的函数介绍完了，下面开始学习新的内容。

3.2　OpenCV 的处理鼠标事件函数

在 C#中，非常常见的就是事件处理，在 C#中事件可以被视为一个委托的实例化。换句话说，你要触发的事件的内容是一个类，而事件本身其实是这个类的一个实例化。Python 中的事件也基本上是这个思想，因为它们的模型都是"发布-订阅"的结构。感兴趣的读者可以去查阅相关书籍，因为这不是本书重点，所以在此不做详细介绍。

3.2.1　调用回调函数

谈及处理鼠标事件，我们可以想象一下整个过程，这是一个类似于异步调用的过程，主线程不可能一直等着鼠标进行操作，否则会导致线程的阻塞，后面的代码没法正常运行。所以整个的工作流程大致如下：程序一边执行下面的代码，一边等待鼠标的动作；当鼠标产生了动作（如单击屏幕），代码就去回调那个你打算在鼠标产生相应动作时运行的函数。

现在我们先来介绍这个过程里调用回调函数的方法：使用 cv2.setMouseCallback 函数。它的作用是将画面和想要回调的函数进行绑定，其语法如下。

```
cv2.setMouseCallback(img,onMouse)
```

其参数分别解释如下。

❑　img：要绑定的画面的名字。

❑　onMouse：响应函数，即当鼠标事件触发时调用的函数。

示例代码如下。

```
cv2.setMouseCallback('image', draw_circle)
```

举个例子，当我们在画面内单击的时候，会回调 draw_circle 函数，而这个被调用的函数称为响应函数，它的作用是画一个圆。调用这个函数后，我们就实现了画面与回调函数的绑定。

3.2.2　鼠标事件

除了单击屏幕以外，OpenCV 中还有很多鼠标事件供我们使用，可用如下代码查看所有被支持的鼠标事件。

```
#查看所有被支持的鼠标事件
import cv2
events = [i for i in dir(cv2) if 'EVENT' in i]
print (events)
```

但这些事件其实有很多我们用不到，所以这里仅列举一些常用的鼠标事件供大家参考，如

表 3.1 所示，如果想学习其他鼠标事件，读者可自行查阅官方文档。

表 3.1　常用的鼠标事件

序号	参数	对应的鼠标事件
1	cv2.EVENT_MOUSEMOVE	滑动
2	cv2.EVENT_LBUTTONDOWN	左键单击
3	cv2.EVENT_RBUTTONDOWN	右键单击
4	cv2.EVENT_MBUTTONDOWN	中键单击
5	cv2.EVENT_LBUTTONUP	左键释放
6	cv2.EVENT_RBUTTONUP	右键释放
7	cv2.EVENT_MBUTTONUP	中键释放
8	cv2.EVENT_LBUTTONDBLCLK	左键双击
9	cv2.EVENT_RBUTTONDBLCLK	右键双击
10	cv2.EVENT_MBUTTONDBLCLK	中键释放
11	cv2.EVENT_FLAG_LBUTTON	左键拖曳
12	cv2.EVENT_FLAG_RBUTTON	右键拖曳
13	cv2.EVENT_FLAG_MBUTTON	中键拖曳
14	cv2.EVENT_FLAG_CTRLKEY	按 Ctrl 键不放
15	cv2.EVENT_FLAG_SHIFTKEY	按 Shift 键不放
16	cv2.EVENT_FLAG_ALTKEY	按 Alt 键不放

3.2.3　回调函数

前面我们介绍了如何进行绑定以及有哪些鼠标事件可以选择。现在我们就来介绍什么是回调函数以及如何在事件发生时调用回调函数。

先来介绍回调函数。回调函数的作用是在事件触发时，程序能够去调用它，但是 OpenCV 中没有现成的回调函数供我们使用，所以需要我们自己去编写。它有一定的格式规范，不能随意设置参数，以上面的 draw_circle 为例，我们一起来看如下代码。

```python
def draw_circle(event, x, y, flags, param):
    if event == cv2.EVENT_LBUTTONDBLCLK:
        cv2.circle(img, (x, y), 100, (255, 0, 0), -1)
```

代码的第一行是我们设置的函数名 draw_circle 以及它的参数，第一个参数 event 表示在什么事件下调用这个函数，x、y 可以理解为图像中鼠标指针所在的像素点的坐标值，后面两个参数暂时可以不用理解。

代码的第二行是事件的判定，如果发出了该事件，那么执行第三行的代码。

　　现在我们写一个程序，它的效果如下：在黑色画布上双击时，以双击的点为圆心画一个圆。
示例代码如下。

```
import cv2
import numpy as np
# 设置回调函数
def draw_circle(event, x, y, flags, param):
    if event == cv2.EVENT_LBUTTONDBLCLK:
        cv2.circle(img, (x, y), 100, (255, 0, 0), -1)
# 创建图像与窗口并将窗口与回调函数进行绑定
img = np.zeros((500, 500, 3), np.uint8)
cv2.namedWindow('image')
cv2.setMouseCallback('image', draw_circle)
while (1):
    cv2.imshow('image', img)
    if cv2.waitKey(1)&0xFF == ord('q'):#按 q 键退出
        break
cv2.destroyAllWindows()
```

　　代码运行以后会出现一块黑色画布，当我们在屏幕上双击时，程序就会在指定位置画一个
圆，多次双击就会产生多个圆，圆的轮廓可以不全在范围内，且圆与圆之间可以相互重叠，运
行效果如图 3.9 所示。

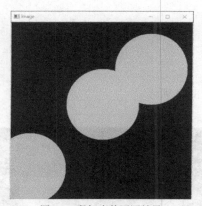

图 3.9　鼠标事件画圆效果

　　现在我们来做一些复杂的操作，尝试实现拖动鼠标绘制一个矩形的操作，示例代码如下。

```
import cv2
import numpy as np
#当按下鼠标时为 True
drawing = False
#当 mode 为 true 时绘制矩形，按下 m 键后 mode 变为 false，用来绘制曲线
mode = True
ix,iy = -1,-1
#创建回调函数
def draw_circle(event,x,y,flags,param):
```

```
    global ix,iy,drawing,mode
    #当单击时返回起始位置坐标
    if event == cv2.EVENT_LBUTTONDOWN:
        drawing = True
        ix,iy=x,y
    #当单击并移动鼠标时绘制图形，event 可以查看移动效果，flag 检测是否发生单击
    elif event==cv2.EVENT_MOUSEMOVE and flags==cv2.EVENT_FLAG_LBUTTON:
        if drawing == True:
            if mode == True:
                cv2.rectangle(img,(ix,iy),(x,y),(0,255,0),-1)
            else:
                #绘制圆圈，小圆点连在一起就成了线，3 代表笔画的粗细
                cv2.circle(img,(x,y),3,(0,0,255),-1)
    #当松开鼠标时停止绘图
    elif event ==cv2.EVENT_LBUTTONUP:
        drawing == False
#下面把回调函数与 OpenCV 窗口绑定在一起
img = np.zeros((500,500,3),np.uint8)
cv2.namedWindow('image')
cv2.setMouseCallback('image',draw_circle)while(1):
    cv2.imshow('image',img)
    k=cv2.waitKey(1)
    if k ==ord('m'):
        mode=not mode
    elif k==ord('q'):
        break
cv2.destroyAllWindows()
```

运行上述代码，效果如图 3.10 所示。

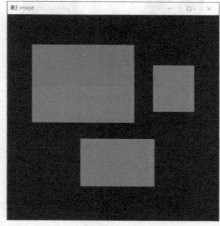

图 3.10　拖动鼠标绘制矩形的效果

注意： 上述代码没有重置画布为初始状态的功能，当画布上画满图形的时候我们就不得不重新启动程序。其实可以采用这么一个方法，即按某个键时，可以将当前画布摧毁，并重新创建一块画布。

3.3　OpenCV 实现滑动条式调色板

我们学会了如何在一块画布内处理鼠标事件后，现在来做一些有意思的事情，如创建一个滑动条式调色板。

调色板在很多地方都可以使用，最常见的是画图软件。Windows 自带的画图软件中的调色板是鼠标事件型的，然而我们希望实现的是通过滑动条来控制 R、G、B 这 3 个颜色的值，从而调配出各种颜色。

我们的目标有以下两个：

❑ 窗口显示颜色，3 个滑动条来设置 R、G、B 的值；

❑ 当滑动滑动条时，窗口颜色实时发生改变，默认窗口为黑色。

这 个 过 程 涉 及 两 个 函 数： cv2.creatTrackbar 函 数 和 cv2.getTrackbarPos 函 数。cv2.creatTrackbar 函数的作用是创建一个滑动条，cv2.getTrackbarPos 函数的作用是调用回调函数去接收指定滑动条的值。

cv2.creatTrackbar 函数的语法如下。

```
cv2.creatTrackbar(Track_name,img,min,max,TrackbarCallback)
```

其参数分别解释如下。

❑ Track_name：滑动条的名字。

❑ img：滑动条所在画布。

❑ min：滑动条的最小值。

❑ max：滑动条的最大值。

❑ TrackbarCallback：滑动条的回调函数。

示例代码如下。

```
cv2.createTrackbar('R','image',0,255,nothing)
```

cv2.getTrackbarPos 函数的语法如下。

```
cv2.getTrackbarPos(Track_name,img)
```

其参数分别解释如下。

❑ Track_name：滑动条的名字。

❑ img：滑动条所在画布。

函数返回值是滑动条当前所在的位置。

示例代码如下。

```
r = cv2.getTrackbarPos('R','image')
```

现在我们来创建一块画布，因为上面代码控制的不只有 R、G、B 的值，还有一个使能端用于控制是否需要改变值。OpenCV 中没有按钮，所以我们设置一个滑动条，它的值是 0 或 1，当使能端为 1 时，画布才会发生改变。示例代码如下。

```python
import cv2
import numpy as np
def nothing(x):#设置一个回调函数
    pass
#创建一块黑色画布
img = np.zeros((300,512,3),np.uint8)
cv2.namedWindow('image')
cv2.createTrackbar('R','image',0,255,nothing)
cv2.createTrackbar('G','image',0,255,nothing)
cv2.createTrackbar('B','image',0,255,nothing)
switch = '0:OFF\n1:ON'
cv2.createTrackbar(switch,'image',0,1,nothing)
while(1):
    cv2.imshow('image',img)
    k=cv2.waitKey(1)
    if k == ord('q'):#按 q 键退出
        break
    r = cv2.getTrackbarPos('R','image')
    g = cv2.getTrackbarPos('G', 'image')
    b = cv2.getTrackbarPos('B', 'image')
    s = cv2.getTrackbarPos(switch, 'image')
    if s == 0:
        img[:]=0
    else:
        img[:]=[r,g,b]
cv2.destroyAllWindows()
```

运行上述代码，可以看到图 3.11 所示的界面。

图 3.11　滑动条界面

打开最后一个控制条的开关，然后滑动上面的 3 个控制条，我们就能实时看到画布的变化了。

第4章 OpenCV 的基础图像操作

在第 3 章中我们介绍了如何在一块画布上进行绘图操作和执行鼠标命令。在这一章中，我们将介绍如何对图像进行类似数值操作的算术运算以及部分逻辑运算。

本章的主要内容如下。

☐ 图像上某像素点的像素值的获取。

☐ 对图像进行简单的算术操作。

☐ 图像逻辑运算。

注意：图像的运算在获取图像掩膜后进行图像捕捉时几乎是必须要用到的。

4.1 图像的基础操作

首先介绍简单的图像操作，如获取图像中某个像素点的像素值。

4.1.1 获取像素值

导入一张空白的图像。

```
import cv2
import numpy as np
img=cv2.imread('1.jpg')
```

获取这张图像的属性。

```
(x,y,z)=img.shape
```

获取这张图像中间像素点的像素值，并输出它，代码如下。

```
print(img[int(x/2),int(y/2)])
```

此时我们可以看到控制台上显示如下的数值。

```
[255 255 255]
```

说明构成这个像素点的 3 个通道的值均为 255，所以这个像素点的颜色是白色（如果是 [0 0 0]则为黑色）。

需要注意的是，这里返回的是一个类似列表但又不同于列表的对象，它实际上是 NumPy 模块中的 ndarray，这个对象可以有很多不同于列表的使用方法。但在本小节中，我们暂且将它看作 Python 中的列表，对 ndarray 对象感兴趣的读者可以自行查阅相关书籍，本书对 NumPy 模块只进行必要的使用描述。

既然返回的是一个类似列表的对象，那么我们就可以访问其内部的每一个值，代码如下。

```
print(img[int(x/2),int(y/2)][0])
```

代码运行的结果如下。

```
255
```

现在我们来做一个很简单但十分实用的图像处理：将画面均分成 4 个小正方形，然后得到每个小正方形的中心。代码如下。

```
(x1,y1,z1)=img[int(x/4),int(y/4)]#左上角的中心
(x2,y2,z2)=img[int(x*3/4),int(y/4)]#左下角的中心
(x3,y3,z3)=img[int(x/4),int(y*3/4)]#右上角的中心
(x4,y4,z4)=img[int(x*3/4),int(y*3/4)]#右下角的中心
```

现在可以做一个十分简单的静态物体检测，倘若图像的边缘位置存在一个黑色规则物体（其余部分为白色），我们需要检测这个黑色物体位于图像的哪个角，我们可以通过获取 4 个特征点的方法得到黑色物体位于哪个角。现在先对原本的白色图像进行简单加工，最终的初始图像如图 4.1 所示。

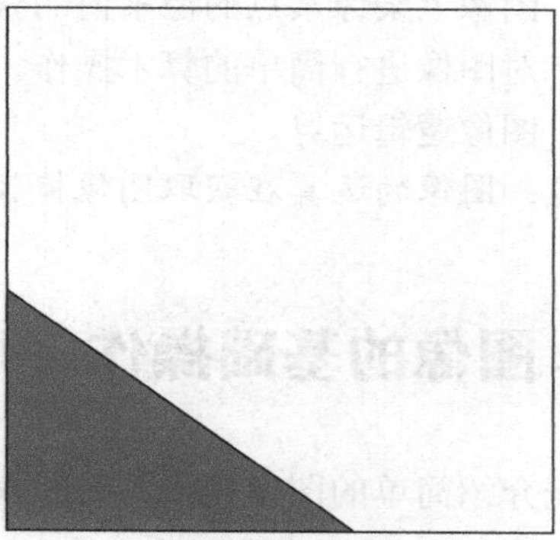

图 4.1　初始图像

现在让我们通过获取 4 个特征点的方法来让计算机判断出黑色物体位于整张图像的哪个位置。

将图像导入程序。

```
import cv2
import numpy as np
img=cv2.imread('1.jpg')
```

设立特征点。

```
(x,y,z)=img.shape
(x1,y1,z1)=img[int(x/4),int(y/4)]#左上角的中心
(x2,y2,z2)=img[int(x*3/4),int(y/4)]#左下角的中心
(x3,y3,z3)=img[int(x/4),int(y*3/4)]#右上角的中心
(x4,y4,z4)=img[int(x*3/4),int(y*3/4)]#右下角的中心
```

进行如下判断。

```
if x1==0:
    print("在左上角")
elif x2==0:
    print("在左下角")
```

```
elif x3==0:
    print("在右上角")
elif x4==0:
    print("在右下角")
```

最后关闭图像。

```
cv2.destroyAllWindows()
```

如果需要展示图像，可以加上如下代码。

```
cv2.imshow('img',img)
cv2.waitKey()
```

运行代码，得到图 4.2 所示的结果。

这只是一个十分简单的物体检测，在后面的章节中我们还会进行更加复杂的动态物体检测。

有的读者可能就会问了，这里只是识别了黑白二色，但是实际生活中的物体不可能只是纯白或者纯黑的，这些物体的检测该怎么做呢？其实在计算机视觉的处理中，大多数的视觉处理都是将图像转换为二值图（即只有黑白二色），不需要捕捉的就

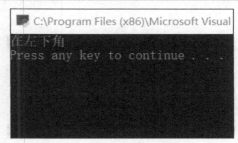

图 4.2　黑色物体位置的判断结果

把它作为黑色背景，需要进行捕捉的就把它变成白色，至于如何将我们要捕捉的物体变为白色，又如何才能把其他的物体变为黑色，这些内容就是本书后面要探讨的了。

4.1.2　修改像素值

既然我们可以做到像素值的获取，那么很自然地就会想到能否在指定的像素点进行像素值的修改呢？这当然是可以的。

我们还是先导入一张空白的背景图像。然后开始修改特征值。为了看得清楚一些，在之前选取的 4 个特征点的基础上，分别以 4 个特征点为中心，绘制 4 个边长为 10 个像素点的小正方形。示例代码如下。

```
import cv2
import numpy as np
img=cv2.imread('1.jpg')
(x,y,z)=img.shape
for i in range(-10,10):
    for j in range(-10,10):
        img[int(x/4)+i,int(y/4)+j]=(0,0,0)#在左上角区域画一个正方形
for i in range(-10,10):
    for j in range(-10,10):
        img[int(x*3/4)+i,int(y/4)+j]=(0,0,0)#在左下角区域画一个正方形
for i in range(-10,10):
    for j in range(-10,10):
        img[int(x/4)+i,int(y*3/4)+j]=(0,0,0)#在右上角区域画一个正方形
```

```
for i in range(-10,10):
    for j in range(-10,10):
        img[int(x*3/4)+i,int(y*3/4)+j]=(0,0,0)#在右下角区域画一个正方形
cv2.imshow('img',img)
cv2.waitKey(0)
cv2.destroyAllWindows()
```

运行结果如图 4.3 所示。

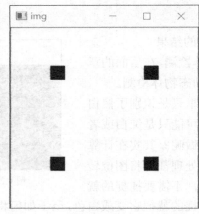

图 4.3　4 个小正方形

这里我们是通过直接赋值的方式进行的，但这十分费时间，如果需要修改大量的像素值，会花费较多的时间。我们不妨来看一下刚刚的代码运行需要多长时间，示例代码如下。

```
import cv2
import numpy as np
import time
img=cv2.imread('1.jpg')
(x,y,z)=img.shape
start=time.time()
for i in range(-10,10):
    for j in range(-10,10):
        img[int(x/4)+i,int(y/4)+j]=(0,255,255)#在左上角区域画一个正方形
for i in range(-10,10):
    for j in range(-10,10):
        img[int(x*3/4)+i,int(y/4)+j]=(0,255,255)#在左下角区域画一个正方形
for i in range(-10,10):
    for j in range(-10,10):
        img[int(x/4)+i,int(y*3/4)+j]=(0,255,255)#在右上角区域画一个正方形
for i in range(-10,10):
    for j in range(-10,10):
        img[int(x*3/4)+i,int(y*3/4)+j]=(0,255,255)#在右下角区域画一个正方形
print(time.time()-start)
cv2.imshow('img',img)
cv2.waitKey(0)
```

```
cv2.destroyAllWindows()
```

运行代码以后，得到的结果如图 4.4 所示，运行时间约为 0.004 秒。

其实对于图像操作，还有一种矩阵运算的操作方式可以帮助我们提高效率，这里我们借助 NumPy 模块来进行矩阵运算。

使用 NumPy 模块修改像素值的方法是使用 img.itemset 函数，它可以单独修改一个像素点的单个通道的值，例如将(50,50)这个像素点第 0 个通道的值修改为 255，代码如下。

图 4.4　普通方法的运行时间

```
img.itemset((50,50,0),255)
```

还可以用 img.item 函数获得一个像素点的值，代码如下。

```
img.item(50,50,0)
```

就能得到（50,50）这个像素点第 0 个通道的像素值了。

现在我们使用 NumPy 模块去修改像素值，示例代码如下。

```
import cv2
import numpy as np
import time
img=cv2.imread('1.jpg')
(x,y,z)=img.shape
start=time.time()
for i in range(-10,10):
    for j in range(-10,10):
        img.itemset((int(x/4)+i,int(y/4)+j,0),0)
for i in range(-10,10):
    for j in range(-10,10):
        img.itemset((int(x*3/4)+i,int(y/4)+j,0),0)
for i in range(-10,10):
    for j in range(-10,10):
        img.itemset((int(x/4)+i,int(y*3/4)+j,0),0)
for i in range(-10,10):
    for j in range(-10,10):
        img.itemset((int(x*3/4)+i,int(y*3/4)+j,0),0)
print(time.time()-start)
cv2.imshow('img',img)
cv2.waitKey(0)
cv2.destroyAllWindows()
```

运行代码以后，我们可以得到使用 NumPy 模块进行像素值修改的时间，结果如图 4.5 所示。运行时间约为 0.001 秒，只有原来的四分之一，这也意味着效率高了好几倍。

所以我们现在就可以明白为什么对于大量像素值的修改需要使用 NumPy 模块去进行运算了。使用 NumPy 模块的原因主要有两个：一是 numpy.array 处理这类问题是经过优化的，二是通过 NumPy 模块能得到可读性更好的代码。但对于比较简单的代码来说，用哪一种方法其实没太大区别。

C:\Program Files (x86)\Microsof
0.000997543334960 9375

图 4.5 使用 NumPy 模块的运行时间

4.1.3 拆分及合并图像通道

调用函数得到的返回值是一个类似列表的对象，里面的值分别是这个像素点每个通道的值。有的时候我们只需要某个特定通道的值，这个时候就要进行通道的拆分。

通道的拆分用到的是 cv2.split 函数，该函数的语法如下。

```
cv2.split(img)
```

其中，img 表示要拆分的图像。该函数的返回值为每个单独拆分的通道。

例如对一张 BGR 图像进行拆分，代码如下。

```
(b,g,r)=cv2.split(img)
```

我们可以先导入一张空白的背景图像，然后尝试进行通道拆分，代码如下。

```
import cv2
import numpy as np
img=cv2.imread('1.jpg')
(b,g,r)=cv2.split(img)
print(b)
print(g)
print(r)
```

运行上述代码，得到图 4.6 所示的运行结果。b、g、r 这 3 个对象中存储的是每个像素点对应通道的值，若这张图像的行数为 x、列数为 y，那么 b、g、r 这 3 个对象中存储的就是 x 个长度为 y 的列表。

既然可以拆分通道，当然也可以合并通道。合并通道需要用到的是 cv2.merge 函数，以三通道的 BGR 图像为例，该函数的使用格式如下。

```
img=cv2.merge((b,g,r))
```

得到的 ".img" 文件就是一张三通道的图像。

现在我们写一个简单的程序，把一张 BGR 的图像拆分成 3 个单通道的图像，原图如图 4.7 所示。

图 4.6　通道拆分　　　　　　　　　　　图 4.7　拆分通道原图

　　因为图像拆分以后是单通道的，所以如果程序直接将 3 个通道的值当作图像输出，它们会以灰度图的形式呈现出来，代码如下。

```
import cv2
import numpy as np
img=cv2.imread('2.jpg')
(b,g,r)=cv2.split(img)
cv2.imshow('img1',b)
cv2.imshow('img2',g)
cv2.imshow('img3',r)
cv2.waitKey(0)
cv2.destroyAllWindows()
```

　　运行代码，得到 3 张略有差异的灰度图，然后将它们合并，会重新得到拆分通道原图，示例代码如下。

```
import cv2
import numpy as np
img=cv2.imread('2.jpg')
(b,g,r)=cv2.split(img)
cv2.imshow('img1',b)
cv2.imshow('img2',g)
cv2.imshow('img3',r)
cv2.waitKey(0)
Im=cv2.merge((b,g,r))
cv2.imshow('merge',Im)
cv2.waitKey(0)
cv2.destroyAllWindows()
```

读者可以找一张彩色的图像试一试。

4.1.4　图像扩边

图像扩边就是在原有图像的基础上扩一层外边，当然这个外边肯定是与这张图像相关联的。在 OpenCV 中，给图像扩边的函数为 cv2.copyMakeBorder 函数，这个函数的语法如下。

```
cv2.copyMakeBorder(src,top,bottom,left,right,borderType)
```

其中的参数解释如下。

- ❑　src：输入的图像。
- ❑　top：上轮廓填充的像素点数目。
- ❑　bottom：下轮廓填充的像素点数目。
- ❑　left：左轮廓填充的像素点数目。
- ❑　right：右轮廓填充的像素点数目。
- ❑　borderType：添加轮廓的类型。

可以用来给图像扩边的轮廓有很多种，这里简单介绍几种。

- ❑　cv2.BORDER_CONSTANT：添加有颜色的常数值轮廓，同时还需要一个参数 value。添加白色的轮廓的代码如下。

```
value=[255,255,255]
```

或者

```
value=(255,255,255)
```

- ❑　cv2.BORDER_REFLECT：轮廓元素的镜像，例如 dcba||abcd||dcba 式添加轮廓。
- ❑　cv2.BORDER_REFLECT_101 或者 cv2.BORDER_DEFAULT：跟上面一样，但稍做改动，具体细节下面会详细叙说。
- ❑　cv2.BORDER_REPLICATE：复制两段的第一个元素。
- ❑　cv2.BORDER_WRAP：进行两个边缘调换的外包复制操作，具体会在下面进行举例说明。

现在我们来尝试给图像进行不同的图像扩边，先从 borderType 开始，我们选择一个未扩边的图像，如图 4.8 所示。

第一种扩边使用 cv2.BORDER_CONSTANT；为了方便观察，这里用白边进行扩边。示例代码如下。

```
import cv2
import numpy
img=cv2.imread('11.jpg')
img=cv2.copyMakeBorder(img,50,50,50,50,cv2.BORDER_CONSTANT,value=(255,255,255))
cv2.imshow('img',img)
cv2.waitKey(0)
cv2.destroyAllWindows()
```

运行结果如图 4.9 所示。

图 4.8　未扩边图像

图 4.9　第一种扩边效果

第一种扩边方式就是添加一种颜色的轮廓。现在我们来尝试第二种扩边方式，我们还是选用图 4.8 所示的图像作为进行扩边的图像，第二种扩边形式是 cv2.BORDER_REFLECT。示例代码如下。

```
import cv2
import numpy
img=cv2.imread('11.jpg')
img=cv2.copyMakeBorder(img,50,50,50,50,cv2.BORDER_REFLECT)
cv2.imshow('img',img)
cv2.waitKey(0)
cv2.destroyAllWindows()
```

运行结果如图 4.10 所示。

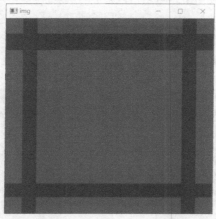
图 4.10　第二种扩边效果

第二种扩边方式的轮廓为镜像轮廓。对于这种镜像轮廓，还有两种轮廓类型可以选择，我们来看看运行结果有什么不同，示例代码如下。

```
import cv2
import numpy
img=cv2.imread('11.jpg')
img=cv2.copyMakeBorder(img,50,50,50,50,cv2.BORDER_REFLECT_101)
cv2.imshow('img',img)
cv2.waitKey(0)
cv2.destroyAllWindows()
```

运行代码，我们可以得到图 4.11 所示的结果，看起来与图 4.10 没有差别，但这只是因为肉眼限制，其实两张图并不是完全一样的。

第二种扩边产生的边框是完全的镜像。举个例子，如果原图像在一个方向上的像素点分布是 abcdefgh，采用 cv2.BORDER_REFLECT 以后，其上下或者左右两侧扩边后的图像为 ghfedcba||abcdefgh||hgfedcba（镜像），这个是很容易理解的。

第三种扩边产生的边框却不是，它属于近完全镜像。如果原图像在一个方向上的像素分布是 abcdefgh，其中，原图像最外面的像素点（a 和 h）不会重复，如 gfedcb||abcdefgh||gfedcb，它不会镜像原来的最外层的像素点。两者的差异是如此微小，但是想要应用小的矩阵的时候，第二种扩边与第三种扩边有较大的差别。如果只是想要在后面的过滤图像中进行图像放大，这二者可以认为是等价的。

第四种扩边是 cv2.BORDER_REPLICATE，它周围的边框采用和它相邻的像素点作为扩边，例如原图像在一个方向上的像素分布是 abcdefgh，这种扩边产生的结果就是 aaaaaa||abcdefgh||hhhhhh。现在看看这个扩边的效果，示例代码如下。

```
import cv2
import numpy
img=cv2.imread('11.jpg')
img=cv2.copyMakeBorder(img,50,50,50,50,cv2.BORDER_REPLICATE)
cv2.imshow('img',img)
cv2.waitKey(0)
cv2.destroyAllWindows()
```

代码运行结果如图 4.12 所示。

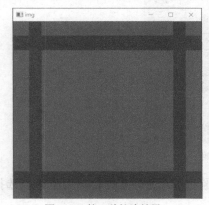

图 4.11　第三种扩边效果

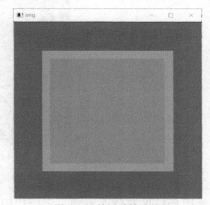

图 4.12　第四种扩边效果

因为最外层周边是纯红色的，所以我们使用这个扩边方式的效果其实与如下代码的效果相同。

```
img=cv2.copyMakeBorder(img,50,50,50,50,cv2.BORDER_CONSTANT,value=(0,0,255))
```

这只是一种特殊情况，如果读者自选一张图像，看到的效果可能会更加直观。

第五种扩边是 cv2.BORDER_WRAP，以上下方向为例，它的作用是把下边缘的部分像素点移到上边缘进行扩边；把上边缘的部分像素点移到下边缘进行扩边。举例来说，如果原图像在上下方向上像素点的分布是 abcdefgh，那么采用这种扩边方式以后就是 abcdefgh||abcdefgh||abcdefgh，示例代码如下。

```
import cv2
import numpy
img=cv2.imread('1.jpg')
img=cv2.copyMakeBorder(img,50,50,50,50,cv2.BORDER_WRAP)
cv2.imshow('img',img)
cv2.waitKey(0)
cv2.destroyAllWindows()
```

为了方便演示，这里换了一张图，因为之前的图是中心对称的，不方便观察。原图与进行第五种扩边后的图分别如图 4.13 和图 4.14 所示。

图 4.13　原图

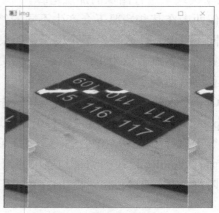

图 4.14　第五种扩边效果

注意：扩边看起来可能没什么用，但是在扩大图像后进行图片过滤的过程中会时常用到，所以扩边依旧十分重要。

4.2　图像的算术操作

在 4.1 节中，我们介绍了一些 OpenCV 的基础图像操作，但这些操作都只是针对图像中的像素点，并不是直接对图像整体进行的操作。而很多时候并不能仅通过改变像素点来进行图像的操作，为此我们需要学习关于图像的算术操作。

4.2.1 图像加法

对于两张相同大小的图像，可以使用 cv2.add 函数对它们进行加法运算。使用该函数时，两张图像的大小必须一致，或者加数只是一个简单的标量。cv2.add 的操作就是将两张图像上的像素值相加，其语法如下。

```
cv2.add(img1,img2)
```

其参数分别解释如下。

❑ img1：被加数，即第一张图像。

❑ img2：加数，即第二张图像，也可以是一个简单的标量。

4.2.2 OpenCV 与 NumPy 模块算术加法的区别

从第 1 章中我们就已经知道，图像在程序中是以矩阵的形式保存的，因此我们也可以用矩阵加法来进行两张图像像素点的相加。除了 OpenCV 中的 cv2.add 函数以外，我们还可以使用 NumPy 模块来进行图像的加法运算。

但两者在某些情况下会产生不同的结果，原因在于 OpenCV 和 NumPy 模块处理溢出的方法不同。溢出是什么呢？举个例子，如果一张单通道图像的像素点数值为 250，另一张图像上同位置的像素点数值为 10，那么二者相加以后就是 260，可是像素值的上限是 255，所以这个时候我们就遇到了溢出问题。

OpenCV 处理溢出的方法是饱和操作，而 NumPy 模块处理溢出的方法是模操作。例如，在 OpenCV 中，如果遇到了 250+10=260 这种情况，它会选取最大值 255；而在 NumPy 模块中，它就等于执行了(250+10)%255=5。基于我们的理解来讲，一般比较希望出现 OpenCV 中的结果，而且 NumPy 模块的结果与原来的两张图像都有比较大的差别，所以在对图像进行算术加法的时候，相较于 NumPy 模块，我们更加倾向于使用 OpenCV。

4.2.3 图像加法练习

了解了 NumPy 模块以及 OpenCV 中图像加法的区别以后，现在我们来实战演练一下。这里使用了两张差别较大的图像来进行代码的测试，如图 4.15 和图 4.16 所示。

现在我们通过 cv2.add 函数对这两张图像进行图像的算术加法，示例代码如下。

```
import cv2
import numpy
img1=cv2.imread('1.jpg')
img2=cv2.imread('2.jpg')
img3=cv2.add(img1,img2)
cv2.imshow('img',img3)
```

```
cv2.waitKey(0)
cv2.destroyAllWindows()
```

图 4.15　星形图

图 4.16　心形图

运行代码以后，结果如图 4.17 所示。

图 4.17　图像加法结果

4.2.4　图像加权

上一小节我们进行的简单的图像直接算术加法，只是把两张图像的像素值进行了相加，并没有进行其他的操作。这里介绍一下权重的概念，对于使用 cv2.add 函数合成的图像，它的像素值设为 c，图 4.15 所示图像的像素值设为 a，图 4.16 所示图像的像素值设为 b，那么 $c=a+b$，这种情况下双方的权重相等。但我们可以改变两张图像的占比，例如第一张图像占比 70%，第二张图像占比 30%，这个时候 $c=0.7×a+0.3×b$；如果我们还需要加一个常数 k，那么整个式子就会变成 $c=0.7×a+0.3×b+k$。对于这个实现，我们可以利用 cv2.addWeighted 函数，其函数语法如下。

```
cv2.addWeighted(src1,alpha,src2,beta,gamma)
```

其参数分别解释如下。

- □ src1：第一张图像。
- □ alpha：第一张图像的权重。
- □ src2：第二张图像。
- □ beta：第二张图像的权重。
- □ gamma：附加常数。

示例代码如下。

```
img=cv2.addWeighted(img1,0.2,img2,0.3,10)
```

现在我们对图 4.15 所示的图像和图 4.16 所示的图像进行加权的操作，常数 k 的取值为 0，示例代码如下。

```
import cv2
import numpy
img1=cv2.imread('1.jpg')
img2=cv2.imread('2.jpg')
img3=cv2.addWeighted(img1,0.7,img2,0.3,0)
cv2.imshow('img',img3)
cv2.waitKey(0)
cv2.destroyAllWindows()
```

图像加权结果如图 4.18 所示。

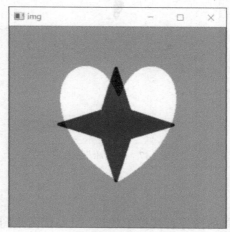

图 4.18 图像加权结果

也可以通过常数 k 给整张图像的所有像素点加上一个固定的值，读者可以自行修改代码来实现。

4.2.5 图像逻辑运算

这里要介绍掩膜（mask）的概念，按照字面意思来理解就是用来掩盖的薄膜。掩膜的作用有很多，这里进行简单的介绍。

- ❑ 用来提取要捕获的区与区域：用预先制作的感兴趣区域（ROI）掩膜与待处理图像相乘（即逻辑与运算），得到感兴趣区域图像，感兴趣区域内图像值保持不变，而感兴趣区域外图像值都为 0。
- ❑ 起屏蔽作用：用掩膜对图像上的某些区域进行屏蔽，使其不参加处理，用来减少计算量；也可仅对屏蔽区做处理或统计。
- ❑ 进行结构特征提取：用相似性变量或图像匹配方法检测和提取图像中与掩膜相似的结构特征。
- ❑ 特殊形状图像的制作：用一个想要的形状的掩膜进行图像的覆盖（类似橡皮泥的模具）。

在所有图像基本运算的操作函数中，凡是带有掩膜的处理函数，其掩膜都参与运算（输入图像在进行函数逻辑运算之后再与掩膜图像或矩阵进行相关的运算）。

在计算机视觉中，我们常用的逻辑运算有以下几种。

逻辑非的语法如下。

```
cv2.bitwise_not(img,mask=None)    #将图像里的像素值按位取反
```

逻辑与的语法如下。

```
cv2.bitwise_and (img1,img2,mask=None)    #将图像里的像素值按位与
```

逻辑或的语法如下。

```
cv2.bitwise_or(img1,img2,mask=None)    #将图像里的像素值按位或
```

逻辑异或的语法如下。

```
cv2.bitwise_xor (img1,img2,mask=None)    #将图像里的像素值按位异或
```

其参数分别解释如下。

- ❑ img：处理的图像。
- ❑ img1：进行操作的第一张图像。
- ❑ img2：进行操作的第二张图像。
- ❑ mask：进行操作时用到的掩膜，默认为没有掩膜。

按位运算的具体介绍如下。

- ❑ AND：当且仅当两个像素值都大于 0 时，才为真。
- ❑ OR：如果两个像素值中的任何一个大于 0，则为真。
- ❑ XOR：异或，当且仅当两个像素值转换为二进制时进行异或计算。
- ❑ NOT：取反，倒置图像中的"开"和"关"像素值。

我们一个一个来看逻辑运算的效果。

首先是对图 4.15 所示的图像进行逻辑非运算，示例代码如下。

```
import cv2
import numpy
img=cv2.imread('1.jpg',0)
img=cv2.bitwise_not(img)
cv2.imshow('img',img)
```

```
cv2.waitKey(0)
cv2.destroyAllWindows()
```

注意：这里笔者是直接用灰度图的形式读入，因为图 4.15 所示的图像只有黑白二色，所以可以看成二值图。

运行代码，效果如图 4.19 所示。

下面我们引入图 4.16 所示的图像来作为掩膜，对图 4.19 所示的图像进行掩膜式的逻辑非运算，示例代码如下。

```
import cv2
import numpy
img1=cv2.imread('1.jpg',0)
mask=cv2.imread('2.jpg',0)
img=cv2.bitwise_not(img1,mask=mask)
cv2.imshow('img',img)
cv2.waitKey(0)
cv2.destroyAllWindows()
```

运行代码以后，效果如图 4.20 所示。

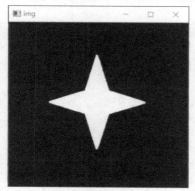

图 4.19　逻辑非运算

图 4.20　掩膜式的逻辑非运算

观察图 4.20，可以看到图 4.16 所示的黑色部分（逻辑 0）与图 4.19 所示的白色部分的重叠处变模糊了，这就是掩膜的作用。

下面我们来尝试进行其他的逻辑运算，首先创建一张方形图，如图 4.21 所示。

我们将方形图作为掩膜，对星形图和心形图进行掩膜式的逻辑与运算，示例代码如下。

```
import cv2
import numpy
img1=cv2.imread('1.jpg',0)
img2=cv2.imread('2.jpg',0)
mask=cv2.imread('3.jpg',0)
img=cv2.bitwise_and(img1,img2,mask=mask)
cv2.imshow('img',img)
cv2.waitKey(0)
cv2.destroyAllWindows()
```

代码的运行结果如图 4.22 所示。

图 4.21　方形图

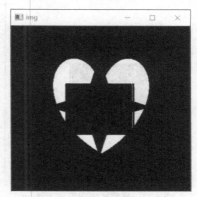

图 4.22　掩膜式的逻辑与运算

因为掩膜的中央为逻辑 0，所以中间的一块全部被抠除了。

接下来，我们来对星形图和心形图进行掩膜式的逻辑或和掩膜式的逻辑异或的运算，掩膜式的逻辑或运算的代码如下。

```
import cv2
import numpy
img1=cv2.imread('1.jpg',0)
img2=cv2.imread('2.jpg',0)
mask=cv2.imread('3.jpg',0)
img=cv2.bitwise_or(img1,img2,mask=mask)
cv2.imshow('img',img)
cv2.waitKey(0)
cv2.destroyAllWindows()
```

掩膜式的逻辑异或运算的代码如下。

```
import cv2
import numpy
img1=cv2.imread('1.jpg',0)
img2=cv2.imread('2.jpg',0)
mask=cv2.imread('3.jpg',0)
img=cv2.bitwise_xor(img1,img2,mask=mask)
cv2.imshow('img',img)
cv2.waitKey(0)
cv2.destroyAllWindows()
```

两段代码的运行结果分别如图 4.23 和图 4.24 所示。

掩膜主要运用在颜色追踪中，即指定追踪的颜色后，追踪指定颜色物体的运动。

注意：对于掩膜，建议使用二值图，因为它本身的含义为逻辑 0 和逻辑 1，分别对应着二值图中的 0 和 255。

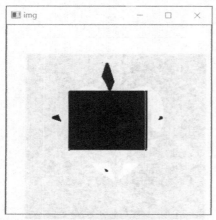
图 4.23　掩膜式的逻辑或运算

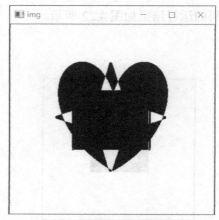
图 4.24　掩膜式的逻辑异或运算

4.3　直接像素点操作与 ROI

在 4.1 节中，我们介绍了如何改变单个像素值，对于大规模、分布连续的像素点，4.1 节中是使用 for 循环来实现像素点的改变的。其实我们可以不使用 for 循环，程序改用切片的方式在图像的运算中依旧可以运行，并且具有更高的效率。

这里会提到一个概念——ROI（Region of Interest），即感兴趣区域。提取的方式有很多种，这里我们使用切片的方式来进行提取，提取结束后再对提取出的区域进行接下来的操作。

首先创建一张图 4.25 所示的图像，用来进行后续操作。

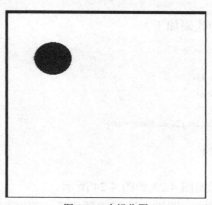
图 4.25　未操作图

然后对它进行简单的切片操作，将左上角的部分复制到右下角，示例代码如下。

```
import numpy
import cv2
img=cv2.imread('1.jpg')
```

```
(x,y)=img.shape[0:2]
x=int(x)
y=int(y)
img[int(x/2):x+1,int(y/2):y+1]=img[:int(x/2),:int(y/2)]
cv2.imshow('img',img)
cv2.waitKey(0)
cv2.destroyAllWindows()
```

程序运行结果如图 4.26 所示。

我们也可以将原图像的左上角部分与原图像的右上角部分进行逻辑或的运算,然后将它放置在图像的左下角,这就是一个简单的组合运用,示例代码如下。

```
import numpy
import cv2
img=cv2.imread('1.jpg')
(x,y)=img.shape[0:2]
x=int(x)
y=int(y)
img2=img[:int(x/2),:int(y/2)]#左上角
img3=img[int(x/2):,int(y/2):]#右上角
img4=cv2.bitwise_or(img2,img3)
img[:int(x/2),int(y/2):]=img4
cv2.imshow('img',img)
cv2.waitKey(0)
cv2.destroyAllWindows()
```

运行结果如图 4.27 所示。

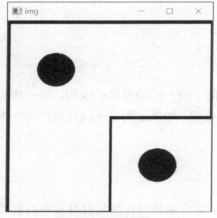 

图 4.26　ROI 操作图　　　　　　　　　　　图 4.27　组合图

第 5 章　OpenCV 中动态图像的基础操作

在前 4 章中我们已经介绍了一些图像的操作，但操作的对象都是静态的图像，即只要程序不变、外部导入的图像不变，我们通过 cv2.imshow 函数展示出来的图像就不会有任何变化，但这并不是计算机视觉真正常用的。从本章开始，我们将介绍动态图像的基本操作。

本章的主要内容如下。

- ❑　视频和图像的关系。
- ❑　摄像头操作。
- ❑　处理本地数据。
- ❑　物体 HSV 颜色追踪。

注意：HSV 颜色追踪在计算机视觉中时常会运用到，这一块知识涉及前面的逻辑运算，所以对前面知识的掌握程度有一定的要求。

5.1　捕获视频

首先，我们要认识视频和图像的关系。视频是由一帧一帧的图像构成的，每一帧的图像可以理解为一张静态图片，所以对于一张静态图片的处理，如果运用在一段视频的每一帧上，就会变成对整个视频的处理。

5.1.1　cv2.VideoCapture 函数

我们先来介绍一下 cv2.VideoCapture 这个函数，这个函数的作用是打开设备内置摄像头或者指定的本地视频文件。

打开设备内置摄像头。

```
cap=cv2.VideoCapture(0)
```

打开指定的本地视频文件。

```
cap=cv2.VideoCapture(filepath)
```

第一种形式的参数为 0，程序运行的时候会打开设备内置摄像头，然后对摄像头拍摄的图像进行后续的操作。

第二种形式的参数是要打开的本地视频的文件路径，与打开普通文件的操作一致，参数既可以是相对路径，也可以是绝对路径。

这两种形式的返回值，可以用如下代码查看它们的类型。

```
import numpy
import cv2
cap=cv2.VideoCapture(0)
print(type(cap))
cap.release() #释放摄像头
```

返回值是一个 cv2.VideoCapture 类型的对象。

但我们在处理视频数据的时候并不是直接使用 cap，而是使用它的一个成员函数的返回值，这个成员函数的语法如下。

```
ret,frame=cap.read()
```

我们一般使用该函数返回值中的 frame 作为操作对象，frame 和前文 "img=cv2.imread('1.jpg')" 中的 img 是等价的，所以前文中所有对 img 的操作都可以运用到 frame 中。

但 cap.read 还有一个返回值 ret，ret 为一个布尔值，表示是否正确读取到了帧。当 ret True 的时候，表示读取帧正确；当 ret False 的时候，表示已经读取到了末尾。

摄像头或者视频是否还在读取，我们还可以调用 cap 的另一个成员函数进行判断。这个成员函数的语法如下。

```
ret=cap.isOpened()
```

它的返回值也是一个布尔值，如果为 Ture，表示摄像头处于打开状态，为 False 则表示摄像头处于关闭状态。这种判定方法是比较常见的。

5.1.2　摄像头捕获视频

现在我们来实战演练一下，尝试打开设备的摄像头，示例代码如下。

```
import numpy
import cv2
cap=cv2.VideoCapture(0)    #打开摄像头
while cap.isOpened():    #当摄像头打开的时候
    ret,frame=cap.read()    #读取当前摄像头的画面
    cv2.imshow('img',frame)    #将画面显示在名为 img 的窗口画布上
    if cv2.waitKey(1)==ord('q'):    #等待 1 毫秒，如果在等待的时候接收到按 q 键操作
        break                    #退出循环
cv2.destroyAllWindows()    #关闭所有窗口
cap.release()    #释放摄像头
```

在这里我们遇到了和处理一般静态图像不一样的地方，那就是 cv2.waitKey 函数的使用方法。在第 2 章中我们提到，这个函数后面的参数代表着进入下一帧的时间，如果时间为 0，就会一直停止在当前帧；如果只是一张图像，不存在下一帧，则会直接关闭。

cv2.waitKey 函数在调用的时候一直在等待键盘输出，如果使用如下方法：

```
if cv2.waitKey(0)
```

无论按什么键程序都会进入 if 语句，但如果使用如下形式：

```
if cv2.waitKey(1)==ord('q')
```

只有当我们按 q 键的时候，才会进入 if 语句。

运行上述代码就可以打开摄像头了。但是需要注意的是，直接单击右上角的"关闭"按钮是不能关闭窗口的，只有对着窗口按 q 键才可以将窗口关闭。

注意：一般我们打开摄像头后，会写一个 if cv2.waitKey 语句来保证其正常关闭和进入下一帧，如果只写了 cv2.waitKey(1)语句而不加 if 语句退出，程序的画布将无法关闭。

5.1.3 获取本地视频

除了打开摄像头，我们还可以使用 cv2.VideoCapture 函数来进行本地视频的打开及后续操作，示例代码如下。

```
import numpy as np
import cv2
cap=cv2.VideoCapture('filename.avi')   #文件名及格式
while(True):
    ret , frame = cap.read()
    gray = cv2.cvtColor(frame , cv2.COLOR_BGR2GRAY)
    cv2.imshow('frame',gray)
    if cv2.waitKey(1) &0xFF ==ord('q'):   #按 q 键退出
        break
cap.release()
cv2.destroyAllWindows()
```

运行上述代码后就可以打开视频了，当按 q 键的时候退出当前视频。

在上述代码中，cv2.waitKey 有些许不同。如果读者使用系统为 64 位的计算机运行 cv2.waitKey 且出现错误，可以使用如下代码来进行替换。

```
cv2.waitKey(1) &0xFF
```

5.1.4 cv2.VideoWriter 函数

我们学会了如何打开摄像头和视频后，那么怎样将刚刚打开摄像头的过程保存起来呢？这就需要用到 OpenCV 中的 cv2.VideoWriter 函数。它可以将摄像头捕获的画面存储到一个视频文件中，语法如下。

```
cv2.VideoWriter(filename,FourCC,rate,size,isColor=True)
```

其参数分别解释如下。

❑ filename：输出的视频文件名字。

❑ FourCC：FourCC 编码格式，可以理解为视频编码的一种格式。

❑ rate：视频播放的频率。

☐　size：每一帧的大小，为一个元组。

☐　isColor：输出的视频是否为彩色，默认为 Ture。

示例代码如下。

```
cv2.VideoWriter('latest.avi',fourcc, 20.0, (640,480))
```

FourCC 这个参数可以理解为一种编码格式，参数值一般都是固定的。上述例子中的 FourCC 是 OpenCV 内置函数 cv2.VideoWriter_fourcc 返回的一个对象。

cv2.VideoWriter_fourcc 函数使用起来比较简单，它只有一个参数，即编码格式，是一个 4 字节码。不同的操作系统有不同的选择，例如在 Fedora 中有 DIVX、XVID、MJPG、X264、WMV1、WMV2 等，对于 Fedora 而言，XVID 是非常好的，MJPG 是高尺寸视频，X264 是小尺寸视频；在 Windows 中使用 DIVX 是比较好的，用户应根据具体情况选择使用格式。

5.1.5　视频的保存

现在我们进行具体的练习，即打开摄像头，并将摄像头录下的内容保存在本地.py 文件所在的文件夹内，示例代码如下。

```
import numpy as np
import cv2
cap = cv2.VideoCapture(0)
fourcc = cv2.VideoWriter_fourcc(*'XVID')
out = cv2.VideoWriter('output.avi',fourcc,20.0,(640,480))
while cap.isOpened():
    ret,frame = cap.read()
    if ret==True:
        frame = cv2.flip(frame,1)
        out.write(frame)
        cv2.imshow('frame',frame)
        if cv2.waitKey(1)&0xFF == ord('q'):
            break
    else:
        break
cap.release()
out.release()
cv2.destroyAllWindows()
```

上述代码中的 cv2.flip 函数是用来进行图像翻转的。举个例子来解释，例如现在有图 5.1 所示的原图。

现使用 cv2.flip 函数对其进行图像翻转，该函数语法如下。

```
img=cv2.flip(src, flipCode)
```

其参数分别解释如下。

☐　src：操作的原图。

☐　flipCode：控制如何翻转的操作码，有-1、0、1 共 3

图 5.1　原图

种方式，-1 表示水平垂直翻转，0 表示垂直翻转，1 表示水平翻转。

现在来进行实际操作，示例代码如下。

```
import cv2
img=cv2.imread('2.jpg')
img1=cv2.flip(img,-1)
img2=cv2.flip(img,0)
img3=cv2.flip(img,1)
cv2.imshow('img1',img1)
cv2.imshow('img2',img2)
cv2.imshow('img3',img3)
cv2.waitKey(0)
cv2.destroyAllWindows()
```

代码的运行效果分别如图 5.2、图 5.3 和图 5.4 所示。

图 5.2　img1 水平垂直翻转　　　图 5.3　img2 垂直翻转　　　图 5.4　img3 水平翻转

在之前的代码中，我们先通过下面这行代码设置好了编码格式。

```
fourcc = cv2.VideoWriter_fourcc(*'XVID')
```

这里选择的输出格式是 XVID，读者感兴趣的话可以尝试其他的编码格式，由于篇幅有限，这里就不介绍了。

设置视频输出。

```
out = cv2.VideoWriter('output.avi',fourcc,20.0,(640,480))
```

保存的文件名为"output.avi"，采用 FourCC 编码格式，播放速率为 20.0fps（帧每秒），视频画面的大小为 640 像素×480 像素，采用默认的彩色格式。

在 while 循环中将想要保存的画面写入代码。

```
out.write(frame)
```

上面这行代码可以将当前的画面保存到视频里，所以视频保存的基本原理其实就是将摄像头拍下来的画面一张一张地连接起来并保存。

最后还需要加上如下代码。

```
out.release()
```

与 cap 或一般的画布一样，在程序运行的结尾，需要加入一个释放操作的函数，以保证程序的正常关闭和代码的规范性。

代码运行以后，我们就可以在 py 文件夹下看到刚刚摄像头录下的视频了，如图 5.5 所示。

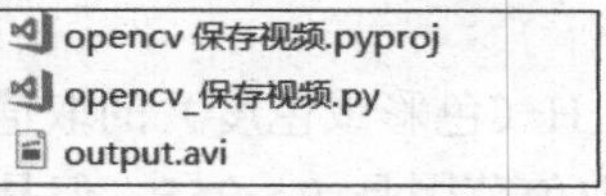

图 5.5　视频保存后的文件

5.1.6　错误处理：函数不存在

在这一节中，我们采用了 cv2.VideoWriter_fourcc 函数，有的读者在操作时可能会出现函数不存在的问题，这是因为 OpenCV 的版本不同。如果读者的 OpenCV 中没有这个函数，可以尝试使用下面这个函数。

```
cv2.cv2.VideoWriter_fourcc
```

如果这个函数也没有，可以尝试使用下面这个函数。

```
cv2.cv.CV_FOURCC
```

5.2　物体追踪

前面已经介绍了如何打开摄像头，现在就可以进行一些更复杂的操作了，首先是图像的追踪。图像的追踪方法有很多种，例如光流法图像追踪、Camshift（Continuously Adaptive MeanShift）目标追踪、KCF（Kernel Correlation Filter，核相关滤波）+Kalman（卡尔曼）目标追踪等，它们都有不同的特点和应用场景，这些内容在第 10 章中会具体介绍以及运用。这里要介绍的是 HSV 图像追踪以及它的一些基础内容。

5.2.1　图像的颜色空间转换

首先介绍图像的颜色空间转换，OpenCV 中有超过 150 种进行图像颜色空间转换的方法，经常用到的有两种：BGR 图与灰度图的相互转换，BGR 图和 HSV 图的相互转换。这里用到的是 cv2.cvtColor 函数，它的语法如下。

```
cv2.cvtColor(input_image,flag),
```

其参数分别解释如下。

❑ input_image：要转换的图像。

❑ flag：转换的类型。

对于 BGR 图与灰度图的相互转换，我们使用的 flag 是 cv2.COLOR_BGR2GRAY。对于 BGR 图和 HSV 图的相互转换，我们使用的 flag 是 cv2.COLOR_BGR2HSV。

对于绝大多数的情况，学会使用这两种就足够了，如果想知道 OpenCV 中具体有哪些颜色转换方法，可以使用如下代码查看。

```
import cv2
flags=[i for in dir(cv2) if i startswith('COLOR_')]
print (flags)
```

在 OpenCV 的 HSV 格式中，H（色彩或色度）的取值范围是 0～179，S（饱和度）的取值范围是 0～255，V（亮度）的取值范围是 0～255。但是不同的软件使用的上下阈值可能不同，所以当使用 OpenCV 的 HSV 值与其他软件的 HSV 值进行对比和使用的时候，一定要进行数据的归一化。

我们可以尝试将一张 BGR 形式的图像转换成灰度图形式，示例代码如下。

```
import cv2
import numpy as np
img=cv2.imread('2.jpg')
gray=cv2.cvtColor(img,cv2.COLOR_BGR2GRAY)
cv2.imshow('img',img)
cv2.imshow('gray',gray)
print(img.shape)
print(gray.shape)
cv2.waitKey(0)
cv2.destroyAllWindows()
```

运行代码以后我们可以发现，除了图像有直接的差异外，图像的通道数也有了变化，运行结果如图 5.6 所示。

这一结果说明图像转换已经成功了，BGR 图转换成 HSV 图的原理与 BGR 图转换成灰度图的原理是一样的。

图 5.6　类型转换

5.2.2　构建掩膜

cv2.inRange 函数的作用是构建掩膜，与之前介绍的 0-1 式掩膜不同，这里构建的是浮动式掩膜，在浮动范围内的值被赋为 1，在浮动范围外的值被隔离开。

cv2.inRange 函数的语法如下。

```
mask=cv2.inRange(src,lowerb,upperb)
```

其参数分别解释如下。

❑ src：原图像。

❑ lowerb：设置的下阈值，为 Ndarray 的一个对象。

❑ upperb：设置的上阈值，为 Ndarray 的一个对象。

具体例子会在后文详细展示。

5.2.3　指定 HSV 图像物体追踪

现在我们可以尝试着动态地追踪蓝色的物体，示例代码如下。

```
import cv2
import numpy as np
```

```
cap=cv2.VideoCapture(0)
while 1:
    ret,frame=cap.read()
    hsv=cv2.cvtColor(frame,cv2.COLOR_BGR2HSV)
    lower_blue=np.array([78,43,46])
    upper_blue=np.array([99,255,255])
    mask=cv2.inRange(hsv,lower_blue,upper_blue)
    res=cv2.bitwise_and(frame,frame,mask=mask)
    cv2.imshow('frame',frame)
    cv2.imshow('mask',mask)
    cv2.imshow('res',res)
    if cv2.waitKey(1)==ord('q'):
        break
cv2.destroyAllWindows()
```

在上面的代码中，判定蓝色的上阈值为 np.array([78,43,46])，判定蓝色的下阈值为 np.array([99,255,255])，然后使用 cv2.inRange 函数进行掩膜的构建。

使用逻辑与操作将掩膜应用在原来的图像上，构成了 res 图像。为了看得更加直观，这里将 3 个不同的画面都用 cv2.imshow 函数展示出来，方便读者进行比较。

运行代码，可以看到的是，res 画布中只显示了蓝色部分（图中白色区域），其余部分因为掩膜而变为了黑色，运行结果如图 5.7 所示。

图 5.7　HSV 追踪图

5.2.4　找到要追踪对象的 HSV 值

与 HSV 追踪相对应的问题就是，我们需要提前知道要追踪的颜色的 HSV 值，这个过程才能进行下去。表 5.1 所示为 HSV 查询表较为常用的部分，其中 HSV 上下阈值分别如下。

- ❑　H：0～180（除了 180 以外，其余的值在使用过程中可以不用改变，或者直接减 1；如果是 0，直接保留即可）。
- ❑　S：0～255。
- ❑　V：0～255。

表 5.1 HSV 上下阈值表

	黑	灰	白	红		橙	黄	绿	青	蓝	紫
hmin	0	0	0	0	156	11	26	35	78	100	125
hmax	180	180	180	10	180	25	34	77	99	124	155
smin	0	0	0	43		43	43	43	43	43	43
smax	255	43	30	255		255	255	255	255	255	255
vmin	0	46	221	46		46	46	46	46	46	46
vmax	46	220	255	255		255	255	255	255	255	255

表 5.1 中只有几个常见颜色的上下阈值，但是日常生活中的颜色实在是太多了，这些肯定不够用，所以我们可以使用下面的技巧去获得要追踪对象的 HSV 值。

我们以图 5.1 所示的图像为原图，将其先导入程序中，代码如下。

```
import numpy as np
import cv2
img=cv2.imread('2.jpg')
```

在 Windows 系统自带的画图软件中编辑图像，将鼠标指针移动到我们要追踪的颜色的上方，可以看到软件界面左下角会显示当前像素点的坐标，如图 5.8 所示。

✥ 254, 415像素

图 5.8 像素点的坐标

将图像从 BGR 图转换到 HSV 图，代码如下。

```
img=cv2.cvtColor(img,cv2.COLOR_BGR2HSV)
```

现在图像已经是 HSV 图了，而且已经知道要追踪的颜色的像素点坐标，现在查询该像素点 3 个通道的具体数值，代码如下。

```
H=img[415,254][0]
S=img[415,254][1]
V=img[415,254][2]
print("H:"+str(H))
print("S:"+str(S))
print("V:"+str(V))
```

运行代码，结果如图 5.9 所示，这样我们就得到了这个像素点的具体数值。

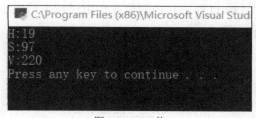

图 5.9 HSV 值

注意：画图软件中的像素点的位置与 OpenCV 中的刚好相反。

当然，我们还可以先获得这个像素点的 BGR 值，然后调用 cv2.cvtColor 函数将其自动转换为 HSV 值，这样也能获得具体颜色的 HSV 值。

还是以图 5.1 所示的图像为例，将其导入程序中，这部分的代码不变。

```
import numpy as np
import cv2
img=cv2.imread('2.jpg')
```

差别就在于不是用 cv2.cvtColor 函数把整个 img 转换为 HSV 图，而是把一个由 BGR 三色通道构成的图像中的单个像素点改用 HSV 通道构成。举个很简单的例子，绿色像素点的 BGR 值为(0,255,0)，如果我们把这个像素点看作一张图像，使用 cv2.cvtColor 函数对其进行颜色转换，就能够得到这个像素点（这种颜色）的 HSV 值，代码如下。

```
import cv2
import numpy as np
Green=np.uint8([[[0,255,0]]])
hsv_Green=cv2.cvtColor(Green,cv2.COLOR_BGR2HSV)
hsv_Green=list(hsv_Green[0][0])
H=hsv_Green[0]
S=hsv_Green[1]
V=hsv_Green[2]
print("H:"+str(H))
print("S:"+str(S))
print("V:"+str(V))
```

代码运行结果如下，通过绿色的 BGR 值能够得到与之相对应的 HSV 值。

```
H:60
S:255
V:255
```

我们接下来需要去找到要追踪的像素点的 BGR 值。用画图软件将图 5.1 所示的图像打开，然后选择图 5.10 所示的颜色选取器，单击需要追踪的颜色，然后单击"编辑颜色"，就可以看到图 5.11 所示的 BGR 值。

图 5.10　颜色选取器

图 5.11　BGR 值

注意：BGR 旁边的色调（E）、饱和度（S）、亮度（L）和 HSV 不一样，不能直接使用这里的值。

获取了这个像素点的 BGR 值以后，我们需要将它放入 cv2.cvtColor 函数中，转换为 HSV 值。示例代码如下。

```
import cv2
import numpy as np
Brown=np.uint8([[[130,187,218]]])
hsv_brown=cv2.cvtColor(Brown,cv2.COLOR_BGR2HSV)
hsv_brown=list(hsv_brown[0][0])
H=hsv_brown[0]
S=hsv_brown[1]
V=hsv_brown[2]
print("H:"+str(H))
print("S:"+str(S))
print("V:"+str(V))
```

运行结果如图 5.12 所示。

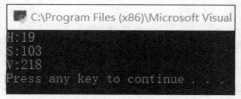

图 5.12　HSV 追踪图

注意：画图软件里的值为 RGB 而非 BGR，所以在填入数据的时候需要注意填写顺序。

第6章 OpenCV 图像变换

在第 5 章中，我们介绍了 OpenCV 中的动态图像操作、颜色空间转换以及简单的物体追踪。本章将会介绍一些常用的图像变换，其在后续的图像操作中起着十分重要的作用。

本章的主要内容如下。

❑ 简单的画布缩放。

❑ 图像矩阵的构建。

❑ 几种常见的几何变换。

❑ 图像与图像间的矩阵关系。

注意：*本章的几何变换是后面复杂变换的基础，读者若没有打下良好的基础，后面的内容学习起来就会十分吃力。*

6.1 缩放变换

几何变换在我们的生活中十分常见，例如我们有时会将拍摄的图像进行顺（逆）时针旋转，这其实就是几何变换中的旋转变换。除旋转变换外，还有很多几何变换，如缩放变换、平移变换、仿射变换、透视变换等，下面对这几种常见的变换进行相关的介绍。

首先介绍缩放变换。缩放变换通常是进行图像显示之前必不可少的一步，在前面的章节中我们介绍了图像的显示，代码如下。

```
cv2.imshow('img',im)
cv2.waitKey(0)
cv2.destroyAllWindows()
```

在上述代码中，img（画布）在之前的代码中并没有出现过，而是在运行这块代码时才生成的，这个快速生成的画布是可以使用的。

但其实这里存在一个问题：这里的画布大小等于图像的大小，当图像过大时就会出现无法完整显示图像的问题。例如有一张 4000 像素×2800 像素的图像保存在本地，我们通过如下代码将它显示出来。

```
import cv2
import numpy as np
img=cv2.imread('1.jpg')
cv2.imshow('img',img)
cv2.waitKey(0)
cv2.destroyAllWindows()
```

上述代码运行结果如图 6.1 所示，可以看到图像根本就不能完全显示出来。

图 6.1 图像过大而不能完全显示

这个时候就需要通过缩放操作来对图像进行预处理，用到的函数是 cv2.resize，其语法如下。

```
dst=cv2.resize(src, dsize=None, fx=None, fy=None, interpolation=None)
```

其参数分别解释如下。

❑ src：原图。

❑ dst：输出的图像。

❑ dsize：输出图像的大小。

❑ fx：x 轴方向的缩放因子。

❑ fy：y 轴方向的缩放因子。

❑ interpolation：缩放方法，常见的有以下 5 种，即 cv2.INTER_NEAREST，最近邻插值法；cv2.INTER_LINEAR，双线性插值法（默认）；cv2.INTER_AREA，基于局部像素点的重采样；cv2.INTER_CUBIC，基于 4 像素×4 像素邻域的 3 次插值法；cv2.INTER_LANCZOS4，基于 8 像素×8 像素邻域的 Lanczos 插值。

进行缩小处理时推荐使用 cv2.INTER_AREA，进行扩大处理时推荐使用 cv2.INTER_CUBIC 或 cv2.INTER_LINEAR。

需要注意的是，函数中的"输出图像"参数和 fx、fy 两个缩放因子可以只选择设置一项，例如原图像为 img，我们有两种方法可以将图像扩大为原来的两倍，代码如下。

```
#第一种方法
res = cv2.resize(img,None,fx=2,fy=2,interpolation=cv2.INTER_CUBIC)
#第二种方法
height , width =img.shape[:2]
```

```
res = cv2.resize(img,(2*width,2*height),interpolation=cv2.INTER_CUBIC)
```

在第一种方法中，输出图像大小设置为 None，fx 与 fy 都设置为 2，即将原图像变为原来的两倍，采用的缩放方法为 cv2.INTER_CUBIC。

在第二种方法中，设置了输出图像的大小但是没有设置缩放因子，这样我们也能得到原图像两倍大的输出图像。

现在我们把原图像缩小为原来的八分之一并进行显示，示例代码如下。

```
import cv2
import numpy as np
img=cv2.imread('1.jpg')
smaller=cv2.resize(img,None,fx=(1/8),fy=(1/8),interpolation=cv2.INTER_AREA)
cv2.imshow('img',smaller)
cv2.waitKey(0)
cv2.destroyAllWindows()
```

代码运行结果如图 6.2 所示，图像成功缩小为原来的八分之一。

图 6.2　缩放变换效果

如果觉得图像缩小过多（例如将图像缩小到了原来的十六分之一），想要将图像再放大的话，除了可以修改缩放因子外，还可以通过图像的扩展进行调整，示例代码如下。

```
import cv2
import numpy as np
img=cv2.imread('1.jpg')
(x,y)=img.shape[:2]
smaller=cv2.resize(img,(int(x/16),int(y/16)),interpolation=cv2.INTER_CUBIC)
bigger=cv2.resize(smaller,None,fx=2,fy=2,interpolation=cv2.INTER_AREA)
cv2.imshow('img',bigger)
cv2.waitKey(0)
cv2.destroyAllWindows()
```

运行上述代码后，图像缩小为原来的十六分之一后又扩大了两倍，回到了原图像的八分之一大小。但是图像的清晰度变低了（即变模糊），这是因为缩小图像会造成像素点丢失，缩小后再进行扩大，已经丢失的像素点无法恢复。后文在讲述图像金字塔的时候会介绍将丢失像素点恢复的知识，这里不进行详细介绍。

除了 cv2.resize 函数以外，还有一种方法可以将图像对应的画布缩小，即使用 cv2.resizeWindow 函数。

使用 cv2.resize 函数缩小画布其实并没有直接改变画布的大小，而是通过缩放变换缩小显示的图像，从而间接改变画布大小，这种方法会改变原来图像的大小。如果我们使用的是 cv2.resizeWindow 函数，那么将只改变显示图像的画布大小，并不改变图像本身的大小，但使用这种方法需要在调用函数前使用 cv2.namedWindow 函数来说明画布为可调节式的（这点通过 cv2.WINDOW_NORMAL 来实现），示例代码如下。

```
import cv2
import numpy as np
img=cv2.imread('1.jpg')
(x,y)=img.shape[:2]
cv2.namedWindow('img',flags=cv2.WINDOW_NORMAL)
cv2.resizeWindow('img',int(y/8),int(x/8))
cv2.imshow('img',img)
cv2.waitKey(0)
cv2.destroyAllWindows()
```

运行上述代码，结果与图 6.2 一致。

6.2 平移变换

上一节我们通过 OpenCV 中的内置函数实现了缩放变换，但 OpenCV 中的内置函数并非能够实现所有几何变换，尤其是特殊情况，我们更需要通过环境来确认几何变换的相关内容。

这里以比较基础的平移变换为例，介绍如何构建 OpenCV 中的矩阵并对图像进行矩阵运算操作。对图像进行矩阵运算操作主要分为以下两步：

（1）构建对应矩阵；

（2）进行矩阵乘法。

第一步可以用 NumPy 模块来实现，需要注意的是，矩阵的数据类型为 np.float32 型。例如创建一个式（6.1）所示的矩阵 A。

$$A=\begin{bmatrix} 1 & 0 & 100 \\ 0 & 1 & 50 \end{bmatrix} \tag{6.1}$$

使用 NumPy 模块来构建矩阵 A 的代码如下。

```
M=np.float32([[1,0,100],[0,1,50]])
```

第二步进行矩阵乘法，我们需要使用 OpenCV 中的内置函数 cv2.warpAffine，其语法如下。

```
dst=cv2.warpAffine(src,M,dsize)
```

其参数分别解释如下。

- ❑ dst：输出图像。
- ❑ src：原图像。
- ❑ M：对应矩阵。
- ❑ dsize：输出图像的大小，为元组形式。

如果要进行矩阵变换的图像名为 img，对应的矩阵为 **M**，则该矩阵操作的代码如下。

```
Result=cv2.warpAffine(img,M,(img.shape[1],img.shape[0]))
```

例如图 6.3 所示的图像，其中心位于 (x, y)，如果我们想要将这张图像平移，平移量为 (dx,dy)（单位为像素点），则会有式（6.2）所示的平移矩阵 **B**。

$$B = \begin{bmatrix} 1 & 0 & dx \\ 0 & 1 & dy \end{bmatrix} \tag{6.2}$$

得到对应的平移矩阵后，假如我们需要将其向右平移 100 个像素点、向下平移 50 个像素点，将 dx=100、dy=50 代入平移矩阵即可。

得到矩阵后，使用 cv2.warpAffine 函数来进行图像的矩阵操作，示例代码如下。

```
import cv2
import numpy as np
#读取图片
img=cv2.imread('1.jpg')
M=np.float32([[1,0,100],[0,1,50]])
x=img.shape[0]
y=img.shape[1]
out=cv2.warpAffine(img,M,(y,x))
#图像缩放
cv2.namedWindow('img',cv2.WINDOW_NORMAL)
cv2.resizeWindow('img',int(y/4),int(x/4))
cv2.imshow('img',out)
cv2.waitKey(0)
cv2.destroyAllWindows()
```

原图如图 6.3 所示，上述代码运行结果如图 6.4 所示，图像左轮廓及上轮廓出现了因为平移所导致的黑色轮廓。

图 6.3　原图

图 6.4　平移变换效果

6.3 旋转变换

接下来我们介绍旋转变换。如果将图像放入一个坐标系中，绕原点进行旋转，其对应的旋转矩阵 C 如式（6.3）所示。

$$C = \begin{bmatrix} \cos\theta & -\sin\theta \\ \sin\theta & \cos\theta \end{bmatrix} \tag{6.3}$$

但在实际操作中可能并不是绕原点进行的旋转，如果是绕任意点进行旋转的话，其对应的旋转矩阵 D 如式（6.4）所示。

$$D = \begin{bmatrix} \alpha & \beta & (1-\alpha) \cdot center.x - \beta \cdot center.y \\ -\beta & \alpha & \beta \cdot center.x + (1-\alpha) \cdot center.y \end{bmatrix} \tag{6.4}$$

$$\alpha = scale \cdot \cos\theta \tag{6.5}$$

$$\beta = scale \cdot \sin\theta \tag{6.6}$$

这个矩阵看起来十分复杂，不过我们可以使用 OpenCV 中的内置函数得到对应的旋转矩阵，即 cv2.getRotationMatrix2D 函数，其语法如下。

```
M=cv2.getRotationMatrix2D(center,angle,scale)
```

其参数分别解释如下。

❑ center：旋转中心，为元组形式。

❑ angle：旋转角度，为角度制（非弧度制）。

❑ scale：旋转后的缩放因子。

❑ M：得到的任意点旋转矩阵。

我们以图 6.3 所示的图像为例来进行任意点旋转变换，示例代码如下。

```
import cv2
import numpy as np
#读取图片
img=cv2.imread('1.jpg')
rows=img.shape[0]
cols=img.shape[1]
M=cv2.getRotationMatrix2D((int((cols)/2.0),int((rows)/2.0)),45,0.5)
out=cv2.warpAffine(img,M,(cols,rows))
cv2.namedWindow('img',cv2.WINDOW_NORMAL)
cv2.resizeWindow('img',int(cols/3),int(rows/3))
cv2.imshow('img',out)
cv2.waitKey(0)
cv2.destroyAllWindows()
```

上述代码以原图像的中心为旋转点旋转 45° 后，将图像再缩小为原来的二分之一，运行结果如图 6.5 所示。

图 6.5　旋转缩放效果

6.4　仿射变换

接下来要介绍的是有些难度的仿射变换，这种变换在计算机视觉中使用比较频繁。

仿射变换是在旋转变换以及平移变换的基础上得来的。旋转变换和平移变换不会改变输入图像的形状，即使可以通过调整缩放因子来控制输出图像的大小，但是最后的输出图像与输入图像之间没有形状上的差异，这种变换称为刚性变换。

而仿射变换并非刚性变换，它会造成图像的改变，但是并非完全无规则的改变。原图像中相互平行的直线经过仿射变换后仍然是相互平行的。

在仿射变换中，为了得到变换矩阵，我们需要在输入图像中找到 3 个点及其在输出图像中的位置，可以通过 cv2.getAffineTransForm 函数来获得仿射变换的相关矩阵，其语法如下。

```
M=cv2.getAffineTransform(src,dst)
```

其参数分别解释如下。

❑　M：进行仿射变换的矩阵。

❑　src：输入图像中 3 个点的坐标。

❑　dst：3 个点在输出图像中对应的坐标。

以图 6.3 所示的图像为例来说明仿射变换，示例代码如下。

```
import cv2
import numpy as np
#读取图像
img=cv2.imread('1.jpg')
rows=img.shape[0]
cols=img.shape[1]
#设置对应点
```

```
pts1 = np.float32([[50,50],[200,50],[50,200]])
pts2 = np.float32([[10,100],[200,50],[100,250]])
#仿射变换
M=cv2.getAffineTransform(pts1,pts2)
out=cv2.warpAffine(img,M,(cols,rows))
#显示图像
cv2.namedWindow('img',cv2.WINDOW_NORMAL)
cv2.resizeWindow('img',int(cols/3),int(rows/3))
cv2.imshow('img',out)
cv2.waitKey(0)
cv2.destroyAllWindows()
```

运行上述代码，结果如图 6.6 所示。经过仿射变换后，图的形状已经变成了一个平行四边形而非矩形，但是上下边和左右边依旧保持平行关系。

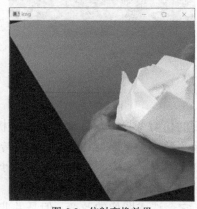

图 6.6　仿射变换效果

6.5　透视变换

下面要介绍的最后一种变换是透视变换。

透视变换是机器学习中使用得最频繁的几何变换之一，在本书后面的内容中也会经常使用这种变换。

它与仿射变换一样不属于刚性变换，它与仿射变换不同的地方在于：仿射变换虽然会改变原图像的外部形状，但是原图像中相互平行的线在输出图像中依旧保持平行；而在透视变换的输出图像中，尽管其依旧可保持原图像中的直线不产生变形，但是输入图像中的平行线可能不再平行，不平行的线也可能会变平行。

还有一个不同点在于计算的矩阵不同，对于平移变换、旋转变换、仿射变换，它们对应的都是 2×3 的矩阵，而透视变换需要 3×3 的矩阵。

为了获得透视变换的矩阵，我们需要在输入图像上找到 4 个点及其在输出图像中对应的位置坐标，且这 4 个点需要满足任意 3 个点都不能共线的条件。

1. cv2.getPerspectiveTransform 函数

cv2.getAffine 函数可以得到相关变换的矩阵，但 cv2.getAffineTransform 函数只能得到 2×3 的矩阵。对于 3×3 的矩阵，我们需要一个新的函数，即 cv2.getPerspectiveTransform 函数，其语法如下。

```
M=cv2.getPerspectiveTransform(src,dst)
```

其参数分别解释如下。

- ❑ src：输入图像中对应点的坐标。
- ❑ dst：对应点在输出图像中的坐标。
- ❑ M：透视变换的矩阵。

2. cv2.warpPerspective 函数

通过 cv2.getPerspectiveTransform 函数得到相应的透视变换矩阵后，我们需要对输入图像进行矩阵乘法运算。

在之前的介绍中，矩阵乘法使用的函数为 cv2.wrapAffine，但该函数只支持对输入图像进行 2×3 的矩阵乘法运算，这里需要对原图像进行 3×3 的矩阵乘法运算，显然就不能再用原来的函数了。好消息是，OpenCV 中包含 3×3 图像矩阵运算函数，也就是 cv2.warpPerspective 函数，其语法如下。

```
dst=cv2.warpPerspective(src,M,dsize)
```

其参数分别解释如下。

- ❑ src：输入图像。
- ❑ M：透视变换矩阵。
- ❑ dsize：输出图像的大小，形式为元组。
- ❑ dst：输出图像。

注意：对于透视变换而言，这里的 M 为透视变换对应的矩阵。在后面的章节中使用的矩阵不一定是透视变换矩阵，但也是 3×3 的，也可以使用该函数来进行矩阵乘法运算，cv2.warpAffine 函数也同样如此。

3. 透视变换实例

以图 6.3 所示的图像为例来进行透视变换，示例代码如下。

```
import cv2
import numpy as np
#读取图像
img=cv2.imread('1.jpg')
rows=img.shape[0]
cols=img.shape[1]
```

```
#设置对应点
pts1 = np.float32([[56,65],[368,52],[28,387],[389,390]])
pts2 = np.float32([[0,0],[300,0],[0,300],[300,300]])
#透视变换
M=cv2.getPerspectiveTransform(pts1,pts2)
out=cv2.warpPerspective(img,M,(cols,rows))
#显示图像
cv2.namedWindow('img',cv2.WINDOW_NORMAL)
cv2.resizeWindow('img',int(cols/3),int(rows/3))
cv2.imshow('img',out)
cv2.waitKey(0)
cv2.destroyAllWindows()
```

运行上述代码，结果如图 6.7 所示。原本外在形状为矩形的图像经过透视变换后变成了一种不规则的形状。

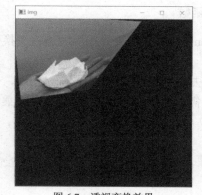

图 6.7　透视变换效果

注意：在后面对图像进行复杂几何操作的时候，还会再次使用这些图像变换操作。

第7章　OpenCV 图像噪点

在上一章中我们介绍了图像的一些几何变换，本章将要介绍图像噪点的处理方法。在前文介绍的 HSV 追踪中，虽然我们能得到指定颜色追踪的图像，但是图像上有很多的噪点，这会干扰后续的处理，所以我们需要对这些噪点进行一些特殊的处理。

本章的主要内容如下。

- ❑　几种常见的二值化的方法。
- ❑　卷积的概念。
- ❑　几种常见的滤波。
- ❑　几种常见的形态学操作。
- ❑　几种高级的形态学操作。

注意：本章内容在计算机视觉中属于必须熟练掌握的内容，在后续的内容中几乎每一块都需要使用本章介绍的知识。

7.1　图像阈值

在之前的章节中，我们使用的图像大多是 BGR 图、HSV 图或者灰度图，在本节中我们主要使用的是二值图。二值图的作用有很多，例如前文介绍的掩膜就可用于排除不感兴趣区域。

这里首先介绍图像阈值的概念。以灰度图为例，灰度图只有单通道，取值范围为 0～255。如果感兴趣区域的灰度值大多在 128～255，不感兴趣区域的灰度值大多在 0～127，我们可以进行这样一个操作，即将灰度值大于 127 的区域全部变为白色（逻辑 1），将灰度值小于或等于 127 的区域全部变为黑色（逻辑 0），这样我们的图像就会变成一张二值图，图中白色的区域即为感兴趣区域。

7.1.1　简单阈值

在前面的例子中，目前我们只有一个地方还不能直接操作，那就是设定一个阈值，将大于阈值的区域赋予逻辑 1，将小于或等于阈值的区域赋予逻辑 0。

简单阈值操作，即只对图像中的每一个像素点进行简单的数值判断，判断其是否超过了已经设置好的阈值。这里需要用 OpenCV 中的内置函数 cv2.threshold，其语法如下。

```
ret,bin=cv2.threshold(src,thresh,maxval,type)
```

其参数分别解释如下。

❑ src：进行处理的灰度图。

❑ thresh：设定的阈值。

❑ maxval：如果超过阈值，将大于阈值部分的像素点赋值为 maxval，一般设为 255（逻辑 1）。

❑ type：进行二值化操作的类型。

❑ ret：判断二值化是否成功，为布尔型。

❑ bin：二值化后的输出图像。

type 常 见 的 类 型 有 以 下 5 种：cv2.THRESH_BINARY，cv2.THRESH_BINARY_INV，cv2.THRESH_TRUNC，cv2.THRESH_TOZERO，cv2.THRESH_TOZERO_INV。每种类型的具体作用接下来会详细说明。

1. cv2.THRESH_BINARY

首先对 cv2.THRESH_BINARY 类型进行说明。该类型的作用是当图像中像素点的灰度值大于阈值的时候，将该像素点赋值为 maxval，否则就赋值为 0，二值化后得到的图像为 dst，ret 用来判断二值化是否成功。

图 7.1　原图

我们以图 7.1 所示的原图为例来进行说明。

对其进行图像阈值操作。将灰度值大于 127 的部分赋值为逻辑 1，将灰度值小于或等于 127 的部分赋值为逻辑 0，采用 cv2.THRESH_BINARY 方法，示例代码如下。

```
import cv2
import numpy as np
img=cv2.imread('1.jpg')
#获取图像属性
x=img.shape[0]
y=img.shape[1]
grey=cv2.cvtColor(img,cv2.COLOR_BGR2GRAY)
#阈值操作
ret,thresh=cv2.threshold(grey,127,255,cv2.THRESH_BINARY)
#图像显示
cv2.namedWindow('img',cv2.WINDOW_NORMAL)
cv2.resizeWindow('img',y,x)
cv2.imshow('img',thresh)
```

```
cv2.waitKey(0)
cv2.destroyAllWindows()
```
运行结果如图 7.2 所示。

2. cv2.THRESH_BINARY_INV

接下来介绍的类型是 cv2.THRESH_BINARY_INV，它的作用与上一种类型相反：当图像中像素点的灰度值大于阈值时，将该像素点赋值为 0，否则就赋值为 maxval，二值化后得到的图像为 dst，ret 用来判断二值化是否成功。

以图 7.1 所示的原图为例来进行说明，示例代码如下。

```
import cv2
import numpy as np
img=cv2.imread('1.jpg')
#获取图像属性
x=img.shape[0]
y=img.shape[1]
grey=cv2.cvtColor(img,cv2.COLOR_BGR2GRAY)
#阈值操作
ret,thresh=cv2.threshold(grey,127,255,cv2.THRESH_BINARY_INV)
#图像显示
cv2.namedWindow('img',cv2.WINDOW_NORMAL)
cv2.resizeWindow('img',y,x)
cv2.imshow('img',thresh)
cv2.waitKey(0)
cv2.destroyAllWindows()
```
运行上述代码，结果如图 7.3 所示。

图 7.2　BINARY 图像阈值效果

图 7.3　BINARY_INV 图像阈值效果

在追踪黑色物体的时候一般采用该类型，因为追踪的始终是白色区域部分，黑色部分为不感兴趣区域。

3. cv2.THRESH_TRUNC

接下来介绍的阈值类型为 cv2.THRESH_TRUNC，其作用为当图像中的像素值大于阈值时，将该像素值设为阈值（注意这里不是 maxval），否则该像素值不变。

以图 7.1 所示的原图为例进行介绍，示例代码如下。

```
import cv2
import numpy as np
img=cv2.imread('1.jpg')
x=img.shape[0]
y=img.shape[1]
grey=cv2.cvtColor(img,cv2.COLOR_BGR2GRAY)
ret,thresh=cv2.threshold(grey,127,255,cv2.THRESH_TRUNC)
cv2.namedWindow('img',cv2.WINDOW_NORMAL)
cv2.resizeWindow('img',y,x)
cv2.imshow('img',thresh)
cv2.waitKey(0)
cv2.destroyAllWindows()
```

运行结果如图 7.4 所示。这种效果有点像摄像机的曝光效果，除了曝光的白色区域外，其他区域内的像素点的灰度值保持不变。

图 7.4　TRUNC 图像阈值效果

4. cv2.THRESH_TOZERO

cv2.THRESH_TOZERO 类型的作用是：大于阈值部分的像素点的灰度值不改变，其余的像素点灰度值赋值为 0。

以图 7.1 所示的原图为例进行介绍，示例代码如下。

```
import cv2
import numpy as np
img=cv2.imread('1.jpg')
#获取图像属性
x=img.shape[0]
y=img.shape[1]
grey=cv2.cvtColor(img,cv2.COLOR_BGR2GRAY)
```

```
#阈值操作
ret,thresh=cv2.threshold(grey,127,255,cv2.THRESH_TOZERO)
#图像显示
cv2.namedWindow('img',cv2.WINDOW_NORMAL)
cv2.resizeWindow('img',y,x)
cv2.imshow('img',thresh)
cv2.waitKey(0)
cv2.destroyAllWindows()
```

运行上述代码，结果如图 7.5 所示。

图 7.5　TOZERO 图像阈值效果

5. cv2.THRESH_TOZERO_INV

最后一种类型是 cv2.THRESH_TOZERO_INV，这种阈值类型的命名方式与 cv2.THRESH_BINARY_INV 类型相同，它其实是 cv2.THRESH_TOZERO 类型的反转，其作用是：大于阈值部分的像素点的灰度值赋值为 0，其余的像素点灰度值保持不变。

以图 7.1 所示的原图为例进行介绍，示例代码如下。

```
import cv2
import numpy as np
img=cv2.imread('1.jpg')
#获取图像属性
x=img.shape[0]
y=img.shape[1]
grey=cv2.cvtColor(img,cv2.COLOR_BGR2GRAY)
#阈值操作
ret,thresh=cv2.threshold(grey,127,255,cv2.THRESH_TOZERO_INV)
#图像显示
cv2.namedWindow('img',cv2.WINDOW_NORMAL)
cv2.resizeWindow('img',y,x)
cv2.imshow('img',thresh)
cv2.waitKey(0)
cv2.destroyAllWindows()
```

运行上述代码，结果如图 7.6 所示。

图 7.6　TOZERO_INV 图像阈值效果

7.1.2　自适应阈值

在上一小节中，我们介绍了简单阈值操作，它有 5 种常见的阈值类型，但是这种阈值操作有一个弊端：使用这种简单的阈值操作只能进行确定的阈值数据操作，即需要在运行数据前提前设置好阈值，然后整个代码的执行过程都采用设定好的阈值来进行阈值操作。

但很多时候我们并不能提前设定好阈值，或者根本不知道设置的阈值是否合适，对于这种情况，手动设置固定的阈值是不可行的。

OpenCV 中存在自适应的阈值设置方法，与之前的简单阈值操作不同：简单阈值操作是对整张图像进行统一的阈值规划，而自适应阈值会根据输入图像上的每一张子图像来自动计算与其相对应的阈值。因此在同一幅图像上的不同区域一般会采用不同的阈值，从而使其能在不同环境的情况下，相比简单阈值操作得到更好的处理结果。

1. cv2.adaptiveThreshold 函数

自适应阈值采用 cv2.adaptiveThreshold 函数，其语法如下。

```
dst=cv2.adaptiveThreshold(src,maxValue,adaptiveMethod,thresholdType,blockSize,C)
```

其参数分别解释如下。

❑　src：待处理的灰度图。

❑　maxValue：规定的像素值上限。

❑　adaptiveMethod：自适应方法，自适应方法有两种：cv2.ADAPTIVE_THRESH_MEAN_C，领域内进行均值计算；cv2.ADAPTIVE_THRESH_GAUSSIAN_C，领域内像素点进行加权和。

❑　thresholdType：与简单阈值操作中的 type 一致，但这里只有两种阈值类型，分别为cv2.THRESH_BINARY 和 cv2.THRESH_BINARY_INV。

- ❏ blockSize：规定每块自适应区域的大小。
- ❏ C：一个常数，最后的阈值等于指定正方形区域的均值（或加权和）减 C。
- ❏ dst：输出的图像。

注意：这里的返回值只有一个输出图像，不再有 cv2.threshold 函数中判断是否二值化成功的 ret。

简单阈值中全图采用同一类型的阈值，与之相比，自适应阈值可以看成一种局部性的阈值，即指定一个区域大小、阈值类型后，该区域的阈值为区域像素的平均值（或加权和）减去参数 C。

2. 自适应阈值实例

以图 7.1 所示的原图为例来进行自适应阈值的操作，首先介绍第一种自适应方法 cv2.ADAPTIVE_THRESH_MEAN_C，需要注意的是，使用自适应阈值的返回值只有一个输出图像，没有 ret，所以只需要一个 thresh 即可。示例代码如下。

```
import cv2
import numpy as np
img=cv2.imread('1.jpg')
#获取图像属性
x=img.shape[0]
y=img.shape[1]
grey=cv2.cvtColor(img,cv2.COLOR_BGR2GRAY)
#阈值操作
thresh=cv2.adaptiveThreshold(grey,255,cv2.ADAPTIVE_THRESH_MEAN_C ,cv2.THRESH_BINARY,11,2)
#图像显示
cv2.namedWindow('img',cv2.WINDOW_NORMAL)
cv2.resizeWindow('img',int(y/2),int(x/2))
cv2.imshow('img',thresh)
cv2.waitKey(0)
cv2.destroyAllWindows()
```

运行上述代码，结果如图 7.7 所示。可以看出，使用均值自适应阈值得出的结果与使用简单阈值得出的结果差别很大，图像的二值化更加精细。

图 7.7　MEAN_C 自适应阈值效果

接下来使用 cv2.ADAPTIVE_THRESH_GAUSSIAN_C 进行自适应阈值的操作，示例代码如下。

```
import cv2
import numpy as np
img=cv2.imread('1.jpg')
#获取图像属性
x=img.shape[0]
y=img.shape[1]
grey=cv2.cvtColor(img,cv2.COLOR_BGR2GRAY)
#阈值操作
thresh=cv2.adaptiveThreshold(grey,255,cv2.ADAPTIVE_THRESH_GAUSSIAN_C,
        cv2.THRESH_BINARY,21,2 )
#图像显示
cv2.namedWindow('img',cv2.WINDOW_NORMAL)
cv2.resizeWindow('img',int(y/2),int(x/2))
cv2.imshow('img',thresh)
cv2.waitKey(0)
cv2.destroyAllWindows()
```

其运行结果与图 7.7 类似。

注意：在自适应阈值中，blockSize 必须满足大于 1，并且必须为奇数的条件，不然会报错。

7.1.3　Otsu's 二值化算法

在简单阈值的处理上，我们选择的灰度值阈值一直都是 127。但是实际情况下，我们可能没法手动设置这个固定的阈值，因为有的图像可能阈值不是 127 时得到的效果会更好。

使用 Otsu's 二值化算法可以让计算机自己找到一个基于输入图像最良好的阈值。与自适应阈值类似，这里也需要算法自己去寻找一个阈值，但不同的是，得到的阈值会应用到整张图像上，而自适应阈值是对每一小块都进行一次计算并取最好的阈值。

Otsu's 二值化算法非常适合图像灰度直方图具有双峰的情况。

首先简要介绍下灰度直方图。灰度直方图可以帮助我们对整张图像的灰度分布有整体的了解。灰度直方图的 x 轴是灰度值，数值范围为 0～255；y 轴是图像中具有同一个对应灰度值的点的数目。通过灰度直方图我们可以对一张图像的灰暗对比度、亮度、灰度分布等有一个直观的认识。

如果灰度直方图具有双峰，读者可以仔细思考下，这是否意味着事物的分布之间存在着一个明显阈值。

如果灰度直方图中存在双峰，那么 Otsu's 二值化算法就会在双峰之间找到一个值作为阈值，从而很准确地将图像二值化区分开来。然而对于非双峰的图像，这种算法可能就不是那么好用了。

经过 Otsu's 二值化得到的阈值就是 cv2.threshold 函数中的参数 thresh。因为 Otsu's 二值化算法会产生一个阈值，所以 cv2.threshold 函数的参数 thresh（用来手动设置阈值的参数）只需要设置为 0 就可以了，并且在 cv2.threshold 函数的参数 type 后面除了之前介绍的那几种参数外还得再加上 cv2.THRESH_OTSU，表明采用的是 Otsu's 二值化算法。

以图 7.1 所示的原图为例来介绍 Otsu's 二值化算法的使用，示例代码如下。

```
import cv2
import numpy as np
img=cv2.imread('1.jpg')
x=img.shape[0]
y=img.shape[1]
grey=cv2.cvtColor(img,cv2.COLOR_BGR2GRAY)
#阈值操作
ret,thresh=cv2.threshold(grey,0,255,cv2.THRESH_BINARY+cv2.THRESH_OTSU)
cv2.namedWindow('img',cv2.WINDOW_NORMAL)
cv2.resizeWindow('img',int(y/2),int(x/2))
cv2.imshow('img',thresh)
cv2.waitKey(0)
cv2.destroyAllWindows()
```

运行上述代码，结果如图 7.8 所示。

图 7.8　Otsu's 二值化效果

注意：cv2.threshold 函数有两个返回值，使用 Otsu's 二值化算法的时候必须将 cv2.threshold 的参数 thresh 设置为 0。

7.2　图像去噪

在信号处理中，时常会有噪声干扰判断，同一维信号一样，我们可以对一张图像实施低通滤波（LPF）和高通滤波（HPF）。低通滤波可用于去除噪声以及模糊图像，而高通滤波可以帮助我们找到图像的边缘。

这里我们主要使用低通滤波来进行图像的去噪。

7.2.1 卷积

在学习图像去噪之前，我们首先应对卷积有一定程度的理解。

卷积又称旋积或摺积，其本质上是通过两个函数 f 和 g 生成第三个函数的一种数学算子，得到的第三个函数表达的是 f 与 g 经过翻转和平移的重叠部分的函数值乘积对重叠长度的一种积分（累加）。

为了更好地理解上述表达，我们以图 7.9 所示的图像为例来进行说明。首先看图 7.9（1），乘号左侧的图像假定是函数 f，乘号右侧的图像假定是函数 g，两个函数进行卷积后得到箭头右侧的图像。

再看图 7.9（2），我们还是假定乘号左侧的图像是函数 f，乘号右侧的图像是函数 g，两个函数进行卷积后，中间会产生重叠部分，重叠部分的值为两个重叠区域的值的积分（这里就只是简单的加法），从而得到箭头右侧的图像。

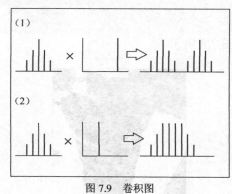

图 7.9　卷积图

7.2.2 2D 卷积

OpenCV 中有很多内置卷积函数，通常将图像作为函数 f，使用卷积核（kernel）作为函数 g，卷积后得到的图像是第三个函数（输出图像）。

1. 卷积核

这里我们先以简单的平均滤波为例来解释什么是卷积核，以式（7.1）为例，它是一个 5×5 的平均滤波器核（简称大小为 5 的卷积核）。

$$K = \frac{1}{25}\begin{bmatrix} 1 & 1 & 1 & 1 & 1 \\ 1 & 1 & 1 & 1 & 1 \\ 1 & 1 & 1 & 1 & 1 \\ 1 & 1 & 1 & 1 & 1 \\ 1 & 1 & 1 & 1 & 1 \end{bmatrix} \tag{7.1}$$

　　以上式这个卷积核为例，如果进行图像卷积操作，代码会先将设定好的卷积核放在图像的某一个像素点上（假定这个像素点位于卷积核的中间位置），求得卷积核对应的图像周边共 25 个像素点的和（包含自己）后取平均数（因为除了 25），用这个平均数代替该像素点的值。对整张图像重复以上操作，直到将图像中的每一个像素点都遍历后，图像卷积结束。

　　卷积核中 1 的含义为假设卷积核第 0 行第 0 列的矩阵元素记为 a，在对单个像素点进行卷积操作的时候（该像素点位于卷积核的中间位置），矩阵元素 a 对应的图像上的像素点记为 A。如果 a 为 1，那么在进行均值计算的时候就需要将 A 的像素值加入计算；相反，如果 a 为 0，那么在进行均值计算的时候就不需要将 A 的像素值加入计算。

2.　cv2.filter2D 函数

　　平均滤波其实是 2D 滤波的一种特殊形式，2D 滤波可以使用任意形式的卷积核来进行卷积计算，而在计算机视觉中使用 2D 卷积需要用 OpenCV 中的内置函数 cv2.filter2D，其常用语法如下。

```
dst=cv2.filter2D(src,ddepth,kernel,anchor=None)
```

其参数分别解释如下。
- ❑　src：进行卷积的图像。
- ❑　ddepth：目标图像的所需图像深度，通常为-1，意思是与原图像保持一致；图像深度是指存储每个像素点所用的位数，用来表示图像的色彩分辨率。
- ❑　kernel：卷积核。
- ❑　anchor：内核锚点，默认值为(-1,-1)，表示锚点位于卷积核中心。
- ❑　dst：卷积完成后得到的输出图像。

这里介绍的并非完整的语法，还有两个参数 delta 和 borderType 未介绍，它们分别代表偏置值以及选择的像素外推法，常在卷积神经网络中用到。感兴趣的读者可以自行查看相关资料。

　　现在我们来进行简单的 2D 卷积测试，以图 7.10 所示的原图为例。

图 7.10　原图

图中的白点我们认为是噪点，使用 2D 滤波对图像进行去噪处理，示例代码如下。

```
import cv2
import numpy as np
#读取图像
img=cv2.imread('1.jpg')
x=img.shape[0]
y=img.shape[1]
#卷积核
kernel=np.ones((5,5),np.float32)/25
#2D 卷积
dst=cv2.filter2D(img,-1,kernel)
cv2.namedWindow('img',cv2.WINDOW_NORMAL)
cv2.resizeWindow('img',int(y),int(x))
cv2.imshow('img',dst)
cv2.waitKey(0)
cv2.destroyAllWindows()
```

运行结果如图 7.11 所示。可以看到，图 7.10 中的小噪点已经完全去除了，但是稍微大一些的噪点只是颜色变淡了，并没有完全去除。

图 7.11　2D 卷积图像去噪

7.2.3　平均卷积

平均卷积是一种特殊形式的 2D 卷积。在 2D 卷积中，我们可以通过调节 kernel 中元素的值（0 与 1）来选定周边哪些点需要计算、哪些点不需要计算。在平均卷积中，默认 kernel 中的所有元素的值都为 1，因此只需要提供卷积核的形状就可以了。

平均卷积需要使用 OpenCV 中内置的平均卷积函数 cv2.blur，该函数的语法如下。

```
dst=cv2.blur(src,ksize,anchor=None,borderType=None)
```

这里需要讲解的是参数 ksize，其余参数与 2D 卷积中的参数意义相同。

平均卷积只需要提供卷积核的形状即可，也就是 ksize 参数。ksize 必须是以元组的形式传入，如(5,5)，且卷积核的长与宽必须是奇数，不然会报错。

以图 7.10 所示的原图为例来进行介绍，示例代码如下。

```
import cv2
```

```
import numpy as np
img=cv2.imread('1.jpg')
x=img.shape[0]
y=img.shape[1]
dst=cv2.blur(img,(11,11))
cv2.namedWindow('img',cv2.WINDOW_NORMAL)
cv2.resizeWindow('img',int(y),int(x))
cv2.imshow('img',dst)
cv2.waitKey(0)
cv2.destroyAllWindows()
```

上述代码的运行结果如图 7.12 所示。这里选取的卷积核为 11×11，卷积核越大，噪点的去除能力就越强（噪点颜色会越来越淡），但是对每一个像素点的计算量也会随之变大。

图 7.12　平均卷积图像去噪

7.2.4　高斯模糊

图 7.10 所示图像中的是椒盐噪声。椒盐噪声就像一颗颗盐粒撒在一张图像上，其特点是单个噪点面积很小（一般就一个点）。

除了椒盐噪声外，还有高斯噪声。它与椒盐噪声不同，椒盐噪声一般都是单个的小点，没有连续性；而高斯噪声通常具有连续性，简单来说，即高斯噪声产生在同一条线上，如图 7.13 所示。

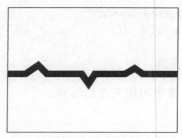

图 7.13　高斯噪声

对于这种噪声我们一般用高斯模糊（高斯滤波）来进行图像的处理。高斯模糊中的卷积核叫高斯核，其内部也不再是简单的 0 与 1，而是遵循高斯分布的一个个数值，核中心的值最大，核内其他元素根据距离中心元素距离的变大数值逐个递减，最后构成一个高斯小山图（外形就像一个小山，中间高，四周低）。在之前的 2D 卷积中，我们采用求卷积核内每个对应元素的平均数来代替该像素点的方法；在高斯模糊中，需要变成求核内元素的加权平均数。这是由于卷积核内每个元素被取到的概率并非相等，被取到的概率由权重决定，而每个元素所拥有的权重就是卷积核内对应位置的值。因为卷积核内的元素遵从高斯分布（正态分布），从概率论的角度来讲，高斯分布的概率之和为 1，这也就意味着卷积核内所有权重之和为 1。

高斯模糊用的是 **cv2.GaussianBlur** 函数，其主要语法如下。

```
dst=cv2.GaussianBlur(src,ksize,sigmaX,sigmaY=None)
```

其参数分别解释如下。

❑ src：要进行高斯模糊的图像。

❑ ksize：高斯核的形状。

❑ sigmaX：高斯函数沿 x 轴方向的标准差。

❑ sigmaY：高斯函数沿 y 轴方向的标准差。

❑ dst：输出图像。

参数 sigmaY 默认与 sigmaX 保持一致，如果 sigmaX 与 sigmaY 同时为 0，函数会根据卷积核的大小来自行计算出对应的值。

需要注意的是，在指定高斯核的宽和高的时候，两个值必须是奇数，不然会报错。我们也可以使用 **cv2.getGaussianKernel** 函数来自己构建一个高斯核，但会比较麻烦。

我们以图 7.13 所示的图像为例来进行介绍，示例代码如下。

```
import cv2
import numpy as np
#读取图像
img=cv2.imread('1.jpg')
x=img.shape[0]
y=img.shape[1]
#高斯模糊，让函数自己计算相关标准差
dst=cv2.GaussianBlur(img,(11,11),0)
#图像显示
cv2.namedWindow('img',cv2.WINDOW_NORMAL)
cv2.resizeWindow('img',int(y),int(x))
cv2.imshow('img',dst)
cv2.waitKey(0)
cv2.destroyAllWindows()
```

运行上述代码后即可削弱图像中的相关高斯噪声。

7.2.5 中值滤波

在前文中我们使用了 2D 滤波、平均滤波来对有椒盐噪声的图像进行去噪，但其实对于椒盐噪声，中值滤波才是更合适的处理方式。

　　上面介绍的滤波都是通过计算得到一个新值来取代中心像素点的值，而中值滤波采用的是使用中心像素点周围或者本身的值来取代该像素点的值。需要注意的是，中值滤波卷积核的大小也必须为奇数。其对应的函数为 cv2.medianBlur 函数，该函数语法如下。

```
dst=cv2.medianBlur(src,ksize)
```

其参数分别解释如下。

❑　src：要进行中值滤波的原图像。

❑　ksize：卷积核的大小，这里并非元组传入，只需要一个整数即可。

❑　dst：输出图像。

以图 7.10 所示的原因为例进行介绍，示例代码如下。

```
import cv2
import numpy as np
#读取图像
img=cv2.imread('1.jpg')
x=img.shape[0]
y=img.shape[1]
#中值滤波，让函数自己计算相关标准差
dst=cv2.medianBlur(img,5)
#图像显示
cv2.namedWindow('img',cv2.WINDOW_NORMAL)
cv2.resizeWindow('img',int(y),int(x))
cv2.imshow('img',dst)
cv2.waitKey(0)
cv2.destroyAllWindows()
```

　　运行上述代码，结果如图 7.14 所示。可以看出，相比 2D 卷积和平均卷积，中值滤波对椒盐噪声的去噪效果更好，前两者去噪后，图像还有些许的淡白色，而使用中值滤波去噪后，图像中已经看不到白色噪点了。

图 7.14　使用中值滤波进行图像去噪

7.2.6 双边滤波

接下来我们介绍双边滤波，这种滤波方式有一个很大的缺点，那就是运行速度十分缓慢，但相对的，去噪效果也比较好。

双边滤波能在保持图像轮廓清晰的情况下进行噪声的去除，是一种需要结合图像的空间邻近度与像素值相似度的去噪方法。在卷积时，该卷积方法会同时考虑像素点与像素点之间的空间信息和颜色信息（颜色相似度），从而做到在平滑图像的同时，保存图像边缘。因为它需要的数据量比前几种滤波方法要多得多，所以运行速度比较缓慢。

双边滤波使用的函数为 cv2.bilateralFilter 函数，其主要语法如下。

```
dst=cv2.bilateralFilter(src,d,sigmaColor,sigmaSpace)
```

其参数分别解释如下。

- ❏ src：要进行双边滤波的原图像。
- ❏ d：邻域直径。
- ❏ sigmaColor：灰度值相似性高斯函数标准差。
- ❏ sigmaSpace：空间高斯函数标准差。
- ❏ dst：输出图像。

双边滤波在进行图像卷积运算的时候会同时使用空间权重和灰度值相似性权重。

灰度值相似性高斯函数用来判断周边的像素点是否与中心像素点灰度值相近，只有灰度值相似的像素点才会被用作卷积运算。空间高斯函数用来确认像素点是否处在中心点周边，只有在中心点周边的像素点才会对像素点的中心点产生影响。

双边滤波有一个十分经典的应用：美颜滤镜。我们以图 7.15 所示的原图为例进行介绍，代码如下。

```
import cv2
import numpy as np
#读取图像
img=cv2.imread('6.jpg')
x=img.shape[0]
y=img.shape[1]
#双边滤波
dst=cv2.bilateralFilter(img,11,40,40)
#图像显示
cv2.namedWindow('img',cv2.WINDOW_NORMAL)
cv2.resizeWindow('img',int(y),int(x))
cv2.imshow('img',dst)
cv2.waitKey(0)
cv2.destroyAllWindows()
```

运行上述代码，结果如图 7.16 所示。

图 7.15　原图

图 7.16　双边滤波滤镜效果

7.2.7　滤波后的处理操作

有时滤波处理无法得到想要的结果，例如上文中 2D 卷积和平均卷积后，图像上还有淡淡的白色印记，这并不是理想的结果，我们希望滤波处理后噪点全部消失。

这时候我们可以使用 7.1 节中介绍的内容来进行阈值处理。以图 7.10 所示的原图为例来进行介绍，示例代码如下。

```python
import cv2
import numpy as np
#读取图像
img=cv2.imread('1.jpg')
x=img.shape[0]
y=img.shape[1]
#提前转换为灰度图，因为后续要进行 cv2.threshold 操作
grey=cv2.cvtColor(img,cv2.COLOR_BGR2GRAY)
#卷积核
kernel=np.ones((5,5),np.float32)/25
#2D 卷积
dst=cv2.filter2D(grey,-1,kernel)
#阈值操作（对灰度图）
ret,thresh=cv2.threshold(dst,127,255,cv2.THRESH_BINARY)
#图像显示
if ret:
    cv2.namedWindow('img',cv2.WINDOW_NORMAL)
    cv2.resizeWindow('img',int(y),int(x))
    cv2.imshow('img',thresh)
    cv2.waitKey(0)
    cv2.destroyAllWindows()
else:
    print('二值化失败！')
```

运行上述代码，结果如图 7.17 所示。可以看到，经过阈值操作辅助去噪后，就算使用卷积核较小的 2D 卷积，也能够得到良好的去噪结果。

图 7.17 阈值操作辅助去噪

7.3 形态学转换

在上一节中我们介绍了使用滤波的方式来去除图像噪点，本节将介绍另一种处理图像噪点的方法：形态学转换。形态学转换中主要有两个基本操作：腐蚀与膨胀。

7.3.1 形态学腐蚀

腐蚀的作用是把图像中前景物体的轮廓给腐蚀掉，其余部分保持不变。卷积核会沿着图像周边滑动。前景将会在第 13 章中进行详细介绍。

如果与输入图像像素值对应的卷积核内部元素均为 1，那么该中心元素就保持为原来的像素值，否则就被赋值为 0（黑色）。

机器会根据卷积核的大小来靠近前景，轮廓上满足腐蚀条件的像素点会被腐蚀掉（变为 0），因此前景物体会变小（因为图像轮廓被腐蚀了），整张图像的白色区域也会减少。除了去除噪点外，这种方法也可以用来断开两个仅由小块连在一起的物体。

用来进行图像腐蚀的函数是 cv2.erode，其语法如下。

```
dst=cv2.erode(src,kernel,anchor=None,iterations=None)
```

其参数分别解释如下。

❑ src：要进行图像腐蚀的原图像。

❑ kernel：用来进行图像腐蚀的卷积核。

❑ anchor：锚点，默认为(-1,-1)，处于内核中心位置。

❑ iterations：对图像进行形态学腐蚀的次数。

❑ dst：图像腐蚀后的输出图像。

我们以图 7.18 所示的原图为例进行介绍，示例代码如下。

```
import cv2
import numpy as np
#读取图像
img=cv2.imread('1.jpg')
x=img.shape[0]
y=img.shape[1]
#设置卷积核
kernel=np.ones((5,5),np.uint8)
#颜色空间转换
grey=cv2.cvtColor(img,cv2.COLOR_BGR2GRAY)
#形态学腐蚀
erode=cv2.erode(grey,kernel,iterations=1)
#图像显示
cv2.namedWindow('img',cv2.WINDOW_NORMAL)
cv2.resizeWindow('img',int(y),int(x))
cv2.imshow('img',erode)
cv2.waitKey(0)
cv2.destroyAllWindows()
```

运行上述代码，结果如图 7.19 所示。可以看到，形态学腐蚀的去噪效果非常好，白色矩形周边的噪点全部去除了。

图 7.18　原图

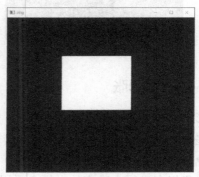

图 7.19　形态学腐蚀去噪

除了去噪以外，形态学腐蚀还可以用来进行物体的拆分，以图 7.20 所示的原图为例，示例代码如下。

```
import cv2
import numpy as np
#读取图像
img=cv2.imread('1.jpg')
x=img.shape[0]
y=img.shape[1]
#设置卷积核
kernel=np.ones((5,5),np.uint8)
#颜色空间转换
grey=cv2.cvtColor(img,cv2.COLOR_BGR2GRAY)
```

```
#形态学腐蚀 6 次
erode=cv2.erode(grey,kernel,iterations=6)
#图像显示
cv2.namedWindow('img',cv2.WINDOW_NORMAL)
cv2.resizeWindow('img',int(y),int(x))
cv2.imshow('img',erode)
cv2.waitKey(0)
cv2.destroyAllWindows()
```

运行上述代码，结果如图 7.21 所示。每对图像进行一次形态学腐蚀，图像中所有白色轮廓的最外层就会被腐蚀一次。对于连在一起的物体，只要进行次数足够多的形态学腐蚀，就能够将两个物体分开。但是，图 7.21 中的两个物体与图 7.20 中的两个物体相比，显然小了一圈，这是由腐蚀造成的。

图 7.20　原图

图 7.21　形态学腐蚀分离物体

7.3.2　形态学膨胀

与形态学腐蚀相对的是形态学膨胀。形态学膨胀的作用：只要原图像中像素值对应的卷积核中存在一个元素的像素值为 1，那么其中心元素的像素值就是 1。使用形态学膨胀会增加图像的白色区域（即在外层增加一圈）。

一般我们在进行去噪声的时候会采用先腐蚀再膨胀的方式。因为形态学腐蚀在去掉噪声的同时，也会使图像中的感兴趣区域缩小一圈，此时我们再进行膨胀操作，因为噪声已经去除，膨胀不会将噪声带回，但是前景还在并会增加一圈外层，从而与腐蚀的效果相抵消。膨胀可以用来连接两个分开的物体以及修复内部孔洞。

形态学膨胀使用的函数为 cv2.dilate，该函数语法如下。

```
dst=cv2.dilate(src,kernel,anchor=None,iterations=None)
```

其参数分别解释如下。

❑　src：要进行图像膨胀的原图像。

❑　kernel：图像膨胀的卷积核。

❑　anchor：锚点，默认为(−1,−1)，处于内核中心位置。

❑　iterations：对图像进行形态学膨胀的次数。

❑ **dst**：形态学膨胀后的输出图像。

其参数与 cv2.erode 函数具有相同的意义，语法也一致。

以图 7.22 所示的原图为例进行介绍，假如我们想要得到没有噪声的图像，也不希望图像中的两个物体分开，就可以采用先腐蚀再膨胀的操作，示例代码如下。

```
import cv2
import numpy as np
#读取图像
img=cv2.imread('1.jpg')
x=img.shape[0]
y=img.shape[1]
#设置卷积核
kernel=np.ones((5,5),np.uint8)
#颜色空间转换
grey=cv2.cvtColor(img,cv2.COLOR_BGR2GRAY)
#形态学腐蚀 6 次
erode=cv2.erode(grey,kernel,iterations=6)
#形态学膨胀 6 次
dilate=cv2.dilate(erode,kernel,iterations=6)
#图像显示
cv2.namedWindow('img',cv2.WINDOW_NORMAL)
cv2.resizeWindow('img',int(y),int(x))
cv2.imshow('img',dilate)
cv2.waitKey(0)
cv2.destroyAllWindows()
```

运行上述代码，结果如图 7.23 所示。可以看到，我们不仅去除了图 7.22 所示的所有噪点，想保留的物体也没有遭到破坏。

图 7.22　原图

图 7.23　先腐蚀再膨胀效果

注意：在进行腐蚀与膨胀的时候，一般腐蚀多少次就膨胀多少次，且使用同样大小的卷积核。

除了配合去除噪点外，我们还可以使用形态学膨胀来实现图像内部孔洞的填补，以图 7.24 所示的原图为例，示例代码如下。

```
import cv2
```

```
import numpy as np
#读取图像
img=cv2.imread('1.jpg')
x=img.shape[0]
y=img.shape[1]
#设置卷积核
kernel=np.ones((5,5),np.uint8)
#颜色空间转换
grey=cv2.cvtColor(img,cv2.COLOR_BGR2GRAY)
#形态学膨胀 6 次
dilate=cv2.dilate(grey,kernel,iterations=6)
#形态学腐蚀 6 次
erode=cv2.erode(dilate,kernel,iterations=6)
#图像显示
cv2.namedWindow('img',cv2.WINDOW_NORMAL)
cv2.resizeWindow('img',int(y),int(x))
cv2.imshow('img',erode)
cv2.waitKey(0)
cv2.destroyAllWindows()
```

运行上述代码，结果如图 7.25 所示。可以看到，先进行形态学膨胀然后配合形态学腐蚀的操作将图像内部的孔洞给修复了，这种操作我们在后面会经常用到。

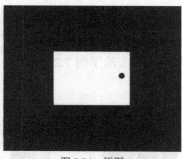

图 7.24　原图

图 7.25　修复孔洞

7.3.3　形态学高级操作

形态学腐蚀与形态学膨胀是形态学转换中的两个基本操作，很多形态学高级操作都是由这两个操作组合而来的。

对于形态学高级操作，我们需要使用 **cv2.morphotogyEx** 函数，该函数语法如下。

```
dst=cv2.morphotogyEx(src,op,kernel,anchor=None,iterations=None)
```

其参数分别解释如下。

❑　src：要进行形态学操作的图像。

❑　op：形态学高级操作名称。

❑　kernel：执行形态学操作的卷积核。

❑ anchor：锚点，默认为(-1,-1)，处于内核中心位置。

❑ iterations：进行形态学操作的次数。

❑ dst：形态学操作后的输出图像。

下面一一介绍形态学高级操作。

1. 开运算

在处理图像噪点时，形态学高级操作中的开运算是一种常用方法，它本质上是对图像先进行腐蚀再进行膨胀操作，其对应 OpenCV 中的 **cv2.MORPH_OPEN** 函数，以图 7.22 所示的原图为例进行介绍，示例代码如下。

```
import cv2
import numpy as np
#读取图像
img=cv2.imread('1.jpg')
x=img.shape[0]
y=img.shape[1]
#设置卷积核
kernel=np.ones((5,5),np.uint8)
#颜色空间转换
grey=cv2.cvtColor(img,cv2.COLOR_BGR2GRAY)
#开运算 1 次
opening=cv2.morphologyEx(grey,cv2.MORPH_OPEN,kernel)
#图像显示
cv2.namedWindow('img',cv2.WINDOW_NORMAL)
cv2.resizeWindow('img',int(y),int(x))
cv2.imshow('img',opening)
cv2.waitKey(0)
cv2.destroyAllWindows()
```

运行上述代码，结果如图 7.26 所示。可以看出，执行 1 次开运算与上文中先腐蚀再膨胀的结果一致。

2. 闭运算

与开运算相对应的就是闭运算，其操作顺序与开运算刚好相反，即对图像先进行膨胀再进行腐蚀操作。这种高级操作常被用来填充前景物体中的小洞，或者填充前景上的小黑点。

闭运算对应 OpenCV 中的 **cv2.MORPH_CLOSE** 函数，以图 7.24 所示的原图为例进行介绍，示例代码如下。

图 7.26　开运算

```
import cv2
import numpy as np
#读取图像
```

```
img=cv2.imread('1.jpg')
x=img.shape[0]
y=img.shape[1]
#设置卷积核
kernel=np.ones((5,5),np.uint8)
#颜色空间转换
grey=cv2.cvtColor(img,cv2.COLOR_BGR2GRAY)
#进行 1 次闭运算
closing=cv2.morphologyEx(grey,cv2.MORPH_CLOSE,kernel,iterations=6)
#图像显示
cv2.namedWindow('img',cv2.WINDOW_NORMAL)
cv2.resizeWindow('img',int(y),int(x))
cv2.imshow('img',closing)
cv2.waitKey(0)
cv2.destroyAllWindows()
```

运行上述代码，结果如图 7.27 所示。可以看出，执行 1 次闭运算与上文中先膨胀再腐蚀的结果一致。

图 7.27　闭运算

7.3.4　形态学梯度

接下来我们要介绍的是形态学梯度，形态学梯度虽然不能直接由形态学腐蚀与膨胀叠加而来，但它也很简单，它是形态学膨胀与腐蚀的差。

形态学梯度对应 OpenCV 中的 **cv2.MORPH_GRADIENT** 函数，以图 7.18 所示的原图为例进行介绍，示例代码如下。

```
import cv2
import numpy as np
#读取图像
img=cv2.imread('1.jpg')
x=img.shape[0]
y=img.shape[1]
#设置卷积核
kernel=np.ones((5,5),np.uint8)
#颜色空间转换
```

```
grey=cv2.cvtColor(img,cv2.COLOR_BGR2GRAY)
#获取形态学梯度
gra=cv2.morphologyEx(grey,cv2.MORPH_GRADIENT,kernel)
#图像显示
cv2.namedWindow('img',cv2.WINDOW_NORMAL)
cv2.resizeWindow('img',int(y),int(x))
cv2.imshow('img',gra)
cv2.waitKey(0)
cv2.destroyAllWindows()
```

运行上述代码，结果如图 7.28 所示。可以看出，图 7.18 所示的原图进行形态学膨胀与腐蚀的差形成的图像就是矩形周边噪点所围成的一圈。

图 7.28　形态学梯度

7.3.5　形态学礼帽

下面要介绍的内容是形态学礼帽，其本质就是输入图像与进行开运算后的输出图像之间的差。

形态学礼帽对应 OpenCV 中的 cv2.MORPH_TOPHAT 函数，以图 7.18 所示的原图为例进行介绍，示例代码如下。

```
import cv2
import numpy as np
#读取图像
img=cv2.imread('1.jpg')
x=img.shape[0]
y=img.shape[1]
#设置卷积核
kernel=np.ones((5,5),np.uint8)
#颜色空间转换
grey=cv2.cvtColor(img,cv2.COLOR_BGR2GRAY)
#获取形态学礼帽
tophat=cv2.morphologyEx(grey,cv2.MORPH_TOPHAT,kernel)
#图像显示
cv2.namedWindow('img',cv2.WINDOW_NORMAL)
cv2.resizeWindow('img',int(y),int(x))
```

```
cv2.imshow('img',tophat)
cv2.waitKey(0)
cv2.destroyAllWindows()
```

运行上述代码，结果如图 7.29 所示。可以看出，图 7.18 所示的原图进行形态学礼帽操作后，得到在进行开运算时被腐蚀的轮廓，即图中的白色噪点。

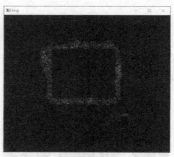

图 7.29　形态学礼帽

7.3.6　形态学黑帽

接下来介绍最后一种形态学高级操作，也是形态学礼帽的对立面：形态学黑帽。它的本质上是输入图像与进行闭运算后的输出图像之间的差。

形态学黑帽对应 OpenCV 中的 cv2.MORPH_BLACKHAT 函数，以图 7.24 所示的原图为例进行介绍，示例代码如下。

```
import cv2
import numpy as np
#读取图像
img=cv2.imread('1.jpg')
x=img.shape[0]
y=img.shape[1]
#设置卷积核
kernel=np.ones((5,5),np.uint8)
#颜色空间转换
grey=cv2.cvtColor(img,cv2.COLOR_BGR2GRAY)
#获取形态学黑帽
tophat=cv2.morphologyEx(grey,cv2.MORPH_BLACKHAT,kernel,iterations=6)
#图像显示
cv2.namedWindow('img',cv2.WINDOW_NORMAL)
cv2.resizeWindow('img',int(y),int(x))
cv2.imshow('img',tophat)
cv2.waitKey(0)
cv2.destroyAllWindows()
```

运行上述代码，结果如图 7.30 所示。可以看到，对图 7.24 所示的原图进行形态学黑帽操作后，得到在进行闭运算时被填补的图像，即图中的白色圆点。

　　注意：这里的形态学黑帽的代码中需要加入 iterations=6，不然会只有一圈外层的白色轮廓，而非整个白色圆点。

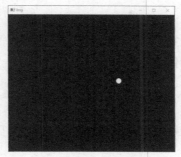

图 7.30　形态学黑帽

7.3.7　结构化元素

　　上文中使用的卷积核都为常见的长方形，或者是直接给出卷积核大小后自动生成对应的卷积核。

　　除了前文介绍的使用 NumPy 模块来进行卷积核的创建外，我们还可以使用 OpenCV 中的内置函数 cv2.getStructuringElement 来创建卷积核，其函数语法如下。

```
kernel=cv2.getStructuringElement(shape,ksize,anchor=None)
```

其参数分别解释如下。

❑　shape：卷积核形状。

❑　ksize：卷积核大小，以元组的形式传入。

❑　anchor：锚点，默认为(-1,-1)，处于内核中心位置。

❑　kernel：得到的卷积核。

这里我们可以选择的卷积核不止常见的长方形一种，还有以下几种卷积核结构可以选择。

❑　cv2.MORPH_RECT：结构化长方形。

❑　cv2.MORPH_ELLIPSE：结构化椭圆。

❑　cv2.MORPH_CROSS：结构化十字形。

下面我们来尝试构建这几种常见的结构元素，首先是结构化长方形，示例代码如下。

```
import cv2
import numpy as np
#构建结构化元素
kernel=cv2.getStructuringElement(cv2.MORPH_RECT,(5,5))
#显示对应的结构化元素
print(kernel)
```

运行上述代码，结果如图 7.31 所示。

接下来构建结构化椭圆，示例代码如下。

```
import cv2
```

```
import numpy as np
#构建结构化元素
kernel=cv2.getStructuringElement(cv2.MORPH_ELLIPSE,(5,5))
#显示对应的结构化元素
print(kernel)
```

运行上述代码，结果如图 7.32 所示。

最后构建结构化十字形，示例代码如下。

```
import cv2
import numpy as np
#构建结构化元素
kernel=cv2.getStructuringElement(cv2.MORPH_CROSS,(5,5))
#显示对应的结构化元素
print(kernel)
```

运行上述代码，结果如图 7.33 所示。

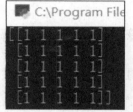  

图 7.31　构建的结构化长方形　　图 7.32　构建的结构化椭圆　　图 7.33　构建的结构化十字形

　　这里在构建的时候不能手动设置数值，只能按照函数内部已经设置好的模板来进行构建，所以一般还是使用 NumPy 模块来进行卷积核的创建。这种方法只要了解即可，除非要构建特殊形状的卷积核，不然一般不会用到，或者可以用 NumPy 模块来代替。

第 8 章　图像边缘

在上一章中我们介绍了借助阈值、滤波以及一些形态学操作进行噪点去除的方法，本章要介绍的是图像边缘。这里的图像边缘并非完全是指图像的外部轮廓，而是指满足条件得到的某一部分。图像边缘常用在图像修复、图像提取中。

本章的主要内容如下。

❑　几种常见的算子。

❑　Canny 边缘检测。

❑　图像金字塔的工作原理。

❑　高斯金字塔与拉普拉斯金字塔。

注意： 本章内容与下一章内容关联度很大，在后续的章节中也会频繁使用，所以请务必牢固掌握。

8.1　图像梯度

在第 7 章中，我们介绍了形态学梯度，这种操作可以得到形态学膨胀与腐蚀之差的图像。这里我们要介绍一个与形态学梯度比较相似的概念：图像梯度。

8.1.1　cv2.Sobel 函数

如果把图像看成二维离散函数，图像梯度其实就是这个二维离散函数的求导。例如函数 $G(x, y)$ 在 (x, y) 处的图像梯度如式（8.1）所示。

$$G(x, y) = \mathrm{d}x(i, j) + \mathrm{d}y(i, j) \tag{8.1}$$

$$\mathrm{d}x(i, j) = I(i+1, j) - I(i, j) \tag{8.2}$$

$$\mathrm{d}y(i, j) = I(i, j+1) - I(i, j) \tag{8.3}$$

其中，I 表示图像像素点的值，例如 BGR 的值或者灰度值；(i, j) 表示像素点的坐标。对于不同的算法，图像梯度可以用中值差分的方式来实现，如式（8.4）和式（8.5）所示。

$$dx(i,j) = \frac{I(i+1,j) - I(i-1,j)}{2} \tag{8.4}$$

$$dy(i,j) = \frac{I(i,j+1) - I(i,j-1)}{2} \tag{8.5}$$

图像梯度在其他情况下还可以用不同的式子来表示，这里只是简单介绍其中的两种计算方法。

7.2 节中提到过 LPF（Low-Pass Filter，低通滤波器）可以实现噪点的去除，HPF（High-Pass Filter，高通滤波器）可以找到图像边缘。OpenCV 提供了 3 种高通滤波器（梯度滤波器）来进行图像边缘的提取：Sobel（索贝尔）算子、Scharr（沙尔）算子和 Laplacian（拉普拉斯）算子。

Sobel 算子具有高效的抗噪声能力，能够设定图像求导的方向（x 方向或 y 方向）。它还可以通过参数 ksize 设定使用的卷积核的大小，如果 ksize=-1，Sobel 算子会使用卷积核大小为 3×3 的 Scharr 滤波器，从而转变为 Scharr 算子。这种算子得到的图像梯度的效果会更好，因此我们在使用卷积核大小为 3×3 的算子时应尽量使用 Scharr 算子。

Scharr 算子在 x 方向以及 y 方向上的卷积核分别如式（8.6）和式（8.7）所示。

$$K_x = \begin{bmatrix} -3 & 0 & 3 \\ -10 & 0 & 10 \\ -3 & 0 & 3 \end{bmatrix} \tag{8.6}$$

$$K_y = \begin{bmatrix} -3 & -10 & -3 \\ 0 & 0 & 0 \\ 3 & 10 & -3 \end{bmatrix} \tag{8.7}$$

它在 OpenCV 中的对应函数为 cv2.Sobel，该函数的主要语法如下。

```
dst=cv2.Sobel(src,ddepth,dx,dy,ksize=None)
```

其参数分别解释如下。

❑ src：要进行处理的原图像。

❑ ddepth：图像深度。

❑ dx：如果为 1，表示求 x 方向上的一阶导数。

❑ dy：如果为 1，表示求 y 方向上的一阶导数。

❑ ksize：卷积核大小。

❑ dst：输出的图像。

需要注意的是，一般不会令代码 dx 与 dy 同时为 1 或者同时为 0，而是选择分为两步来求得 x 和 y 对应的导数。

8.1.2　Sobel 算子和 Scharr 算子

以图 8.1 所示的原图为例来进行 Sobel 算子的介绍，示例代码如下。

```
import numpy as np
import cv2
#读取图像
img=cv2.imread('1.jpg')
#转换为灰度图
grey=cv2.cvtColor(img,cv2.COLOR_BGR2GRAY)
#求得 x 轴方向（横向方向）的导数，卷积核大小为 3
Sobelx=cv2.Sobel(grey,-1,1,0,ksize=3)
#求得 y 轴方向（纵向方向）的导数，卷积核大小为 3
Sobely=cv2.Sobel(grey,-1,0,1,ksize=3)
#图像显示
cv2.namedWindow('x',cv2.WINDOW_NORMAL)
cv2.namedWindow('y',cv2.WINDOW_NORMAL)
cv2.imshow('x',Sobelx)
cv2.imshow('y',Sobely)
cv2.waitKey(0)
cv2.destroyAllWindows()
```

运行上述代码后，就能得到对应的 x 方向以及 y 方向上的图像梯度，分别如图 8.2 和图 8.3 所示。

 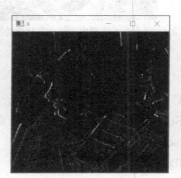 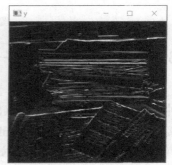

图 8.1　原图　　　　　图 8.2　Sobelx 图　　　　　图 8.3　Sobely 图

得到 x 方向和 y 方向上的梯度以后，我们可以使用作图像差后取绝对值的方式来获得具有高水平梯度和低垂直梯度的图像区域，示例代码如下。

```
import numpy as np
import cv2
#读取图像
img=cv2.imread('1.jpg')
#转换为灰度图
grey=cv2.cvtColor(img,cv2.COLOR_BGR2GRAY)
#图像梯度
```

```
Sobelx=cv2.Sobel(grey,cv2.CV_32F,1,0,ksize=-1)    # 因为 ksize = -1，所以改用 Scharr 算子
Sobely=cv2.Sobel(grey,cv2.CV_32F,0,1,ksize=-1)    # 因为 ksize = -1，所以改用 Scharr 算子
grad=cv2.subtract(Sobelx, Sobely)
grad=cv2.convertScaleAbs(grad)
#图像显示
cv2.namedWindow('x',cv2.WINDOW_NORMAL)
cv2.namedWindow('y',cv2.WINDOW_NORMAL)
cv2.namedWindow('grad',cv2.WINDOW_NORMAL)
cv2.imshow('x',Sobelx)
cv2.imshow('y',Sobely)
cv2.imshow('grad',grad)
cv2.waitKey(0)
cv2.destroyAllWindows()
```

运行上述代码，结果如图 8.4 所示。

图 8.4　具有高水平梯度和低垂直梯度的图像区域

8.1.3　Laplacian 算子

另一种算子是 Laplacian 算子，其可以用二阶导数的形式来进行定义，也可以将它看作一种类似于二阶的 Sobel 算子（Sobel 算子是进行一阶导数计算时使用的）。其实 OpenCV 就是直接调用 Sobel 算子来进行 Laplacian 算子的计算的。

Laplacian 算子的卷积核如式（8.8）所示。

$$K_{\text{Lap}} = \begin{bmatrix} 0 & 1 & 0 \\ 1 & -4 & 1 \\ 0 & 1 & 0 \end{bmatrix} \tag{8.8}$$

在 OpenCV 中与其相对应的函数为 cv2.Laplacian，该函数语法如下。

```
dst=cv2.Laplacian(src,ddepth,ksize=None)
```

其参数分别解释如下。

❑ src：要进行梯度计算的图像。

❑ ddepth：图像深度。

□　ksize：卷积核大小。

□　dst：输出图像。

以图 8.1 所示的原图为例来进行介绍，示例代码如下。

```
import numpy as np
import cv2
#读取图像
img=cv2.imread('1.jpg')
#转换为灰度图
grey=cv2.cvtColor(img,cv2.COLOR_BGR2GRAY)
#图像梯度
grad=cv2.Laplacian(grey,cv2.CV_64F)
#图像显示
cv2.namedWindow('grad',cv2.WINDOW_NORMAL)
cv2.imshow('grad',grad)
cv2.waitKey(0)
cv2.destroyAllWindows()
```

运行上述代码，结果如图 8.5 所示。

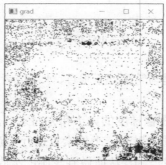

图 8.5　Laplacian 算子图像梯度

需要注意的是，上面例子中的参数 ddepth 并没有设置为-1，这是因为使用-1 就意味着与原图像深度一致。如果得到的导数为正数（数值从小到大，例如从黑色到白色），则不会产生影响；但如果得到的导数为负数（数值从大到小，例如从白色到黑色），由于原图像中像素点的类型为 np.uint8，在这种类型下所有的负数都会变成 0，这就会导致导数为负数的轮廓丢失。所以一般在图像梯度中不会将参数 ddepth 设置为-1，如果想把两种轮廓（导数为正与导数为负的轮廓）都检测到，可以将 ddepth 的数值设置得比较大，例如上文中使用的 cv2.CV_16S、cv2.CV_32F、cv2.CV_64F 等。

8.2　Canny 边缘检测

在上一节中我们介绍了通过 Sobel、Laplacian 等算子来获得高图像梯度的图像边缘的方法，在这一节中我们再介绍一种高级算子——Canny 算子，使用这种算子可以更加高效地获得输入图像的边缘。

8.2.1 Canny 边缘检测原理

Canny 边缘检测主要由 4 个步骤组成：去除噪声；计算图像梯度的阈值和方向；非极大值抑制；滞后阈值。

在边缘检测中，我们很容易受到噪声的影响，把噪声（一般为高斯噪声）形成的短边误认为是轮廓。因此在进行 Canny 边缘检测时，一般会先进行噪声的去除，通常采用高斯滤波器来进行噪声的去除。

噪声去除后，与 Laplacian 算子一样，Canny 算子会对卷积后的图像调用 Sobel 算子来计算水平方向和竖直方向的一阶导数，得到 G_x 以及 G_y。根据得到的这两张梯度图找到轮廓的梯度和方向，如式（8.9）和式（8.10）所示。

$$Gradient = \sqrt{G_x{}^2 + G_y{}^2} \tag{8.9}$$

$$\theta = \arctan\left(\frac{G_y}{G_x}\right) \tag{8.10}$$

一般最后得到的梯度方向总是与轮廓处于垂直、水平或者对角线的关系，即角度一般取 0°、45°、90°、135°。

非极大值抑制指的是在获得图像梯度的大小和方向之后，需要对整张图像做一个扫描，去除一些非轮廓上的点。通常的做法是对每一个像素点进行检查，看当前像素点的梯度是否是周围具有相同梯度方向的点中最大的一个，从而做到轮廓的窄收，缩小轮廓的厚度或者说是宽度。

最后需要做的是确定图像中哪些轮廓才是真正的轮廓，为此需要设置两个阈值：minVal 和 maxVal。

当图像边缘的灰度梯度高于 maxVal 时，将其视为真轮廓；当低于 minVal 时，就将对应的边缘舍弃。如果有边缘的灰度梯度介于 minVal 和 maxVal 之间，可以看其是否与某个被确定为真正轮廓的点相连（构成连通分支），如果存在就认为它是轮廓，如果不存在就将其舍弃。

8.2.2 cv2.Canny 函数

在 OpenCV 中，使用 Canny 边缘检测需要使用内置函数 cv2.Canny，该函数语法如下。

```
edges=Canny(image,threshold1,threshold2,apertureSize=None,L2gradient)
```

其参数分别解释如下。

❑ image：用来进行边缘检测的图像。

❑ threshold1：下阈值，为 minVal。

□　threshold2：上阈值，为 maxVal。

□　apertureSize：控制图像梯度中使用的 Sobel 卷积核的大小，默认为 3。

□　L2gradient：选择求梯度大小的方程，如果设为 True，其就会选择式（8.9）与式（8.10）来计算对应梯度，我们称其为 L2 范数；如果将其设置为 False，其就会选择式（8.11）来进行图像梯度的计算。

$$Gradient=|G_x|+|G_y| \tag{8.11}$$

即将两个方向导数的绝对值直接相加，我们称其为 L1 范数。显然，L2 范数比 L1 范数具有更高的精确度。

□　edges：经过 Canny 边缘检测后得到的轮廓。

注意：我们这里得到的只是原来图像中检测到的轮廓部分。

8.2.3　Canny 边缘检测实例

现在我们以图 8.6 所示的原图为例来进行测试，示例代码如下。

```
import numpy as np
import cv2
#读取图像
img=cv2.imread('2.jpg')
x=img.shape[0]
y=img.shape[1]
#转换为灰度图
grey=cv2.cvtColor(img,cv2.COLOR_BGR2GRAY)
#高斯模糊
gauss=cv2.GaussianBlur(grey,(3,3),0)
#Canny 边缘检测
edges=cv2.Canny(gauss,50,150)
#图像显示
cv2.namedWindow('edges',cv2.WINDOW_NORMAL)
cv2.resizeWindow('edges',int(y/2),int(x/2))
cv2.imshow('edges',edges)
cv2.waitKey(0)
cv2.destroyAllWindows()
```

运行上述代码，结果如图 8.7 所示。可以看出，使用 Canny 算子来进行边缘检测，可以很轻松地得到图像中的边缘特征信息。

注意：cv2.Canny 函数中的参数 minVal 和参数 maxVal，一般按照 1:3 或者 1:2 的比例来进行设置，这有助于轮廓的选取，如 50 与 150、100 与 200 就是两组常用的上下阈值。

图 8.6　原图

图 8.7　Canny 边缘检测效果

图像金字塔

一般情况下，我们需要进行处理的始终是一张固定大小的图像。

但在比较特别的情况下，我们需要对同一张图像的不同分辨率的相似图像进行图像数据处理，例如我们需要查找一张图像中的某个人脸目标，但不知道目标在输入图像中的尺寸大小。

这种情况下，为了能够提高匹配的准确率，我们往往会选择创建一组相同图像、不同尺寸的图集。这组图集是不同分辨率的原始图像，我们将其称为图像金字塔。图像金字塔一般分为两种：高斯金字塔与拉普拉斯金字塔。

图像金字塔的本质是同一图像的不同分辨率的子图的集合。我们把分辨率最大的图像放在底部，分辨率最小的图像放在顶部，从物理角度上来看，这个集合就像一座金字塔。

8.3.1　构建图像金字塔

在 OpenCV 中，我们可以使用 cv2.pyrDown 函数和 cv2.pyrUp 函数来构建输入图像的图像金字塔。

1. cv2.pyrDown 函数

cv2.pyrDown 函数可以从一个高分辨率的图像（金字塔底层）逐层向上构建金字塔，整个过程中图像尺寸逐渐变小，分辨率逐步降低。该函数语法如下。

```
dst=cv2.pyrDown(src)
```

其参数分别解释如下。

❑ src：需要进行操作的输入图像。

❑ dst：获得的低分辨率的图像。

需要注意的是，这里的 src 最好满足以下两个条件：图像的长为 2 的整数次幂，如 1024；

图像的宽为 2 的整数次幂，如 1024。

如果图像的长和宽只是均为偶数，虽然进行一次操作可能不会出现问题，但随着金字塔层数的向上增加，可能会出现因为不能整除 2 而造成代码出错的情况。

注意：这里是从金字塔底层向上获得上层图像，所以这种操作称为下采样。

2. cv2.pyrUp 函数

cv2.pyrUp 函数可以从一个低分辨率的图像（金字塔顶层）逐层向下构建金字塔，整个过程中图像尺寸逐渐变大，但分辨率保持不变，因此得到的底层图像越来越模糊。该函数语法如下。

```
dst=cv2.pyrUp(src)
```

其参数分别解释如下。

❑ src：需要进行操作的输入图像。

❑ dst：获得的与 src 相同分辨率的图像。

这里的 src 最好也满足上文中的两个条件，因为有的时候在向上以后还需要进行向下的操作。

注意：这里是从金字塔顶层向下获得底层图像，所以这种操作称为上采样。

8.3.2 高斯金字塔

高斯金字塔的顶部是底部图像进行一系列连续的行、列像素点去除操作而得到的图像，第 n 层图像中的每个像素值等于第 $n+1$ 层图像中 5 个像素点的高斯加权平均值。为此，对大小为 $M×N$ 的第 $n+1$ 层图像进行如上操作后，就会得到一个 $M/2×N/2$ 的图像，也就是高斯金字塔的第 n 层，很显然，第 n 层图像的面积为第 $n+1$ 层图像面积的四分之一。这种操作我们称为 Octave。

连续对最底层进行这样的操作后，我们就可以得到一个从下到上分辨率不断下降的图像金字塔。

以图 8.8 所示最右侧的图（img）为例构建高斯金字塔，其尺寸为 512 像素×512 像素，示例代码如下。

```python
import numpy as np
import cv2
#读取图像
img=cv2.imread('1.jpg')
x=img.shape[0]
y=img.shape[1]
#下采样
img_d1=cv2.pyrDown(img)
img_d2=cv2.pyrDown(img_d1)
#上采样
```

```
img_u1=cv2.pyrUp(img_d2)
img_u2=cv2.pyrUp(img_u1)
#图像显示
cv2.imshow('img',img)
cv2.imshow('img_d1',img_d1)
cv2.imshow('img_d2',img_d2)
cv2.imshow('img_u2',img_u2)
cv2.waitKey(0)
cv2.destroyAllWindows()
```

运行上述代码，结果如图 8.8 所示。在图 8.8 中，最左侧的图为经历了两次下采样后得到的 img_d2，从左往右的第二张图为经历了一次下采样后得到的 img_d1，从左往右的第三张图为 img_d2 经历了两次上采样后得到的 img_u2，最右侧的是原图 img。可以看出，img_u2 相比原图 img 丢失了很多像素点。

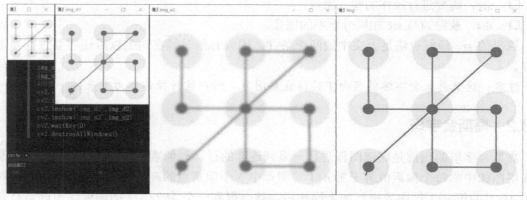

图 8.8　高斯金字塔

8.3.3　拉普拉斯金字塔

从图 8.8 可以看出，一旦使用 cv2.pyrDown 函数后，原图像的分辨率就会随之降低，从而造成图像信息的丢失。于是就有了拉普拉斯金字塔的概念，它是在高斯金字塔的基础上进行像素点补充，换句话说，拉普拉斯金字塔能够弥补下采样时造成的像素点丢失。

第 i 层的拉普拉斯金字塔可以由式（8.12）得来。

$$L_i = G_i - pyrUp(G_{i+1}) \tag{8.12}$$

拉普拉斯金字塔产生的图像看起来很像图像的轮廓图，因为像素点丢失的部分大多位于轮廓处。因为图像中很多部分都为 0，所以整张图像可以看作一个稀疏矩阵，为此拉普拉斯金字塔也常用在图像压缩中。

以图 8.8 中最右侧的图像（img）为例来介绍拉普拉斯金字塔的生成，示例代码如下。

```
import numpy as np
import cv2
#高斯金字塔
def gause(image):
    #设置金字塔的层数为 6
    level=6
    temp=image.copy()
    gause_images=[]
    for i in range(level):
        dst = cv2.pyrDown(temp)
        gause_images.append(dst)
        cv2.imshow("pyramid"+str(i), dst)
        temp = dst.copy()
    return gause_images
#拉普拉斯金字塔
def laplacian(image):
    gause_images = gause(image)
    level = len(gause_images)
    for i in range(level-1, -1, -1):
        if (i-1) < 0:
            expand = cv2.pyrUp(gause_images[i], dstsize = image.shape[:2])
            lpls = cv2.subtract(image, expand)
            cv2.imshow("lapalian_down_"+str(i), lpls)
        else:
            expand = cv2.pyrUp(gause_images[i], dstsize = gause_images[i-1].shape[:2])
            lpls = cv2.subtract(gause_images[i-1], expand)
            cv2.imshow("lapalian_down_"+str(i), lpls)
src=cv2.imread('1.jpg')
cv2.namedWindow('out', cv2.WINDOW_AUTOSIZE)
cv2.imshow('out', src)
laplacian(src)
cv2.waitKey(0)
cv2.destroyAllWindows()
```

运行上述代码，结果如图 8.9 所示。这里一共搭建了 6 层高斯金字塔，如果图的尺寸不满足长、宽均为 2 的整数次幂，很有可能就会报错（因为每下采样一次，长、宽都要除以 2，除不尽的时候就会报错）。而呈黑色背景的则是每一层高斯金字塔分别对应的拉普拉斯金字塔的图像，第 n 层的拉普拉斯金字塔实为第 $n+1$ 层的高斯金字塔上采样后与第 n 层高斯金字塔之间的每个像素点像素值的差，所以第 n 层拉普拉斯金字塔的图像意义实为第 $n+1$ 层的高斯金字塔上采样后造成的模糊区域。

注意： 在运用拉普拉斯金字塔前一定要先搭建高斯金字塔。

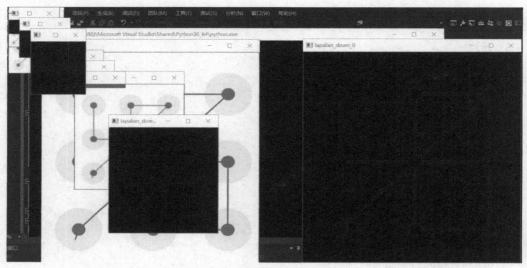

图 8.9　拉普拉斯金字塔

第 9 章　图像轮廓

上一章我们介绍了图像的边缘检测以及图像金字塔，本章介绍关于图像轮廓的内容。图像轮廓可以说是计算机视觉中非常重要的内容，因为它会涉及很多之前学习过的知识，应用面也相当广泛。

本章的主要内容如下。

❏　什么是轮廓。

❏　如何找出轮廓。

❏　如何画出轮廓。

❏　轮廓的相关性质。

❏　轮廓的相关函数。

❏　轮廓之间的层次结构的关系。

注意： 本章会运用到前面章节的很多知识，所以有一定难度，同时后文会大量用到与图像轮廓相关的内容。

9.1　什么是轮廓

首先要明白轮廓和边缘的区别。轮廓是由一系列具有相同或类似的 BGR 值或灰度值的点构成的曲线；而边缘是数字图像中亮度变化明显的点所构成的曲线，两者在定义上存在着较大的差异。

其次要区分边缘检测和轮廓检测。边缘检测是检测图像的边缘，也就是图像差异比较大的地方；而轮廓检测是提取出图像的轮廓，轮廓可能是边缘的一部分。除了定义上有差异外，边缘检测和轮廓检测关注的对象也不同。图像轮廓最后关注的是轮廓所构成的图像，而图像边缘的关注点则是图像的边缘。

最后，两者的产物也不同，边缘检测一般会将图像中边界的像素点标记为 1，其余部分标记为 0，只有两种取值；而轮廓提取则是将整个轮廓上的所有像素点的数值保留下来，因此取值比较多样。

9.2 轮廓的寻找与绘制

清楚了什么是轮廓以后，本节开始介绍轮廓的寻找与绘制。需要注意的是，一般不是在原图像中寻找轮廓，而是对原图像进行一定预处理后，在二值图中寻找轮廓。

我们寻找的对象在二值图中为白色区域，黑色区域为背景。

9.2.1 轮廓寻找

首先需要做的是轮廓寻找，这里需要使用 cv2.findContours 函数，该函数的主要语法如下。

```
contours,hierarchy=cv2.findContours(image,mode,method)
```

其参数分别解释如下。

- ❑ image：原图像。
- ❑ mode：寻找轮廓的模式。
- ❑ method：找到轮廓后的保存方式。
- ❑ contours：找到的轮廓，为列表的形式，列表中是一个个小的列表，每个小列表代表一条轮廓线。
- ❑ hierarchy：轮廓之间的结构关系。

寻找轮廓的模式（mode）一般有以下 4 种，如表 9.1 所示。

表 9.1　4 种寻找轮廓的模式

序号	模式参数	模式说明
1	cv2.RETR_EXTERNAL	只检测外轮廓
2	cv2.RETR_LIST	检测的轮廓不建立等级关系
3	cv2.RETR_CCOMP	建立两个等级的轮廓：最外层与内层
4	cv2.RETR_TREE	建立一个等级树结构的轮廓

以图 9.1 所示的图像为例来说明这 4 种模式的区别。假设有 3 个白色矩形 A、B、C（注意，这里并非轮廓 A、B、C，具体区别在后续内容中会介绍）。

如果采用第一种模式 cv2.RETR_EXTERNAL，只会检测到图 9.1 中矩形 A 外层的轮廓，矩形 A 内部的轮廓及其内部的两个矩形（B、C）的轮廓都不会被检测到。

如果采用第二种模式 cv2.RETR_LIST，图 9.1 中的所有轮廓都会被检测到，但轮廓与轮廓之间没有了包含与被包含的关系，相互独立。

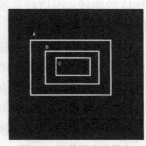

图 9.1　寻找轮廓的模式

如果采用第三种模式 cv2.RETR_CCOMP，能检测到图 9.1 中的所有轮廓，但所有轮廓分为两级：最外层的轮廓以及内部轮廓。

如果采用第四种模式 cv2.RETR_TREE，在获得所有轮廓的基础上，所有轮廓都具有完整的包含与被包含的关系。

关于找到轮廓后的保存方式（method），这里主要介绍以下两种。

- ❑ cv2.CHAIN_APPROX_NONE：保存找到的轮廓中的所有点。
- ❑ cv2.CHAIN_APPROX_SIMPLE：将找到的轮廓上的冗余点去掉，压缩轮廓，从而节省内存空间，节省内存主要是因为其会压缩垂直、水平、对角方向，只保留端点。

例如在一个二值化图像中寻找到一个白色矩形的轮廓，使用第一种保存方式会得到图 9.2 所示的点，包含一整个外界轮廓；使用第二种保存方式只会得到包含起点、终点在内的 4 个点，如图 9.3 所示。

图 9.2　第一种保存方式　　　　　　图 9.3　第二种保存方式

需要注意的是，cv2.findContours 函数在不同版本的 OpenCV 中，返回值的个数不同。在 4.0.0 版本之前的 OpenCV 中，使用这个函数会改变输入图像，返回值还有一个参数 img（输出图像），所以在老版本中使用时会通过复制原图像的方式来保护输入图像。

该函数在新版本的 OpenCV 中的语法已经在本节中介绍，没有返回值 img，只保留了 contours 和 hierarchy 这两个参数。

9.2.2　轮廓绘制

找到轮廓后需要进行的就是图像轮廓的绘制了，这里需要使用 cv2.drawContours 函数，该函数的主要语法如下。

```
dst=cv2.drawContours(image,contours,contoursIdx,color,thickness=None,lineType=None)
```

其参数分别解释如下。

- ❑ image：在哪张图像上绘制轮廓。
- ❑ contours：需要绘制的轮廓，必须以列表的形式传入，且列表内的元素也必须是列表。
- ❑ contoursIdx：轮廓的索引，当设置为-1 时，会绘制出所有传入的 contours。
- ❑ color：线条的颜色。
- ❑ thickness：线条的宽度。

□ lineType：线条的类型。

□ dst：绘制后输出的图像。

9.2.3 轮廓的寻找与绘制实例

以图 9.4 所示的原图为例来进行轮廓的寻找与绘制，示例代码如下。

```python
import numpy as np
import cv2
#读取图像
img=cv2.imread('2.jpg')
x=img.shape[0]
y=img.shape[1]
#转换为灰度图
grey=cv2.cvtColor(img,cv2.COLOR_BGR2GRAY)
#高斯模糊
gauss=cv2.GaussianBlur(grey,(3,3),0)
#Canny 边缘检测
edges=cv2.Canny(gauss,50,150)
#去噪处理
kernel=cv2.getStructuringElement(cv2.MORPH_RECT,(5,5))
closed=cv2.morphologyEx(edges,cv2.MORPH_CLOSE,kernel)
#寻找轮廓
contours,hierarchy=cv2.findContours(closed,cv2.RETR_TREE,cv2.CHAIN_APPROX_SIMPLE)
#画出轮廓
out=cv2.drawContours(img,contours,-1,(0,255,0),1)
#图像显示
cv2.namedWindow('out',cv2.WINDOW_NORMAL)
cv2.resizeWindow('out',int(y/2),int(x/2))
cv2.imshow('out',img)
cv2.waitKey(0)
cv2.destroyAllWindows()
```

运行上述代码，结果如图 9.5 所示。

图 9.4　原图

图 9.5　绘制的轮廓

注意：这里是以 BGR 的形式读入图片的，如果按照灰度图形式读入，那么我们就是在灰度图上绘制轮廓，即使线条设置为彩色，绘制出的线条也会变成灰色。

9.3 轮廓特征

我们已经能够得到各类图像的轮廓，接下来就是使用得到的轮廓来获得其相关特征，如轮廓面积、周长等。

9.3.1 图像的矩

首先需要获得图像的矩，图像的矩可以用来计算图像的质心、面积等。

在图像识别中，一直存在一个核心问题：如何用一组简单的数据集（也称图像描述量）来进行图像特征的提取以及描述整张图像。这组数据集越简单就表明实用性越高、越有代表性，而矩的存储就是其中的一个重要方式。

矩的种类有很多，有中心矩、Hu 矩、Zernike 矩等，这里只介绍其中比较简单的中心矩。

计算图像的中心矩时需要使用 cv2.moments 函数，该函数语法如下。

```
M=cv2.moments(array)
```

其参数分别解释如下。

❑ array：进行取矩的点集。

❑ M：得到的对应矩。

注意：这里输入的点集（array）应该为列表，列表中的元素为一个个像素点；与上文中 drawContours 的参数 contours 不同，contours 输入的元素必须为列表，且列表内的每个元素也同为列表才行（内部的列表代表一条条轮廓线的点的集合）。

9.3.2 轮廓的重心

根据获得的矩 M，再根据式（9.1）我们可以获得对应轮廓重心的坐标。

$$C_x = \frac{M_{10}}{M_{00}}, \ C_y = \frac{M_{01}}{M_{00}} \tag{9.1}$$

以图 9.6 所示的原图为例进行轮廓重心的介绍，示例代码如下。

```
import numpy as np
import cv2
#读取图像
img=cv2.imread('1.jpg')
x=img.shape[0]
y=img.shape[1]
#转换为灰度图
```

```
grey=cv2.cvtColor(img,cv2.COLOR_BGR2GRAY)
#高斯模糊
gauss=cv2.GaussianBlur(grey,(3,3),0)
#Canny 边缘检测
edges=cv2.Canny(gauss,50,150)
#去噪处理
kernel=cv2.getStructuringElement(cv2.MORPH_RECT,(5,5))
closed=cv2.morphologyEx(edges,cv2.MORPH_CLOSE,kernel)
#寻找轮廓
contours,hierarchy=cv2.findContours(closed,cv2.RETR_TREE,cv2.CHAIN_APPROX_SIMPLE)
#选择轮廓
cnt=contours[2]
#画出轮廓
out=cv2.drawContours(img,[cnt],-1,(0,255,0),7)
#计算重心
M=cv2.moments(cnt)
cx=int(M['m10']/M['m00'])
cy=int(M['m01']/M['m00'])
#图像显示
cv2.namedWindow('out',cv2.WINDOW_NORMAL)
cv2.resizeWindow('out',int(y/2),int(x/2))
cv2.imshow('out',img)
cv2.waitKey(0)
cv2.destroyAllWindows()
#显示重心坐标
print("cx:"+str(cx))
print("cy:"+str(cy))
```

运行上述代码，结果如图 9.7 和图 9.8 所示。可以看出，这里只选择图 9.6 中的一个矩形来进行绘制，其对应的 contours 索引为 2。从代码中可以看出，在获得 cnt 后，在 cv2.drawContours 函数中加入了列表符号，这是为了让传入的参数满足上述条件。

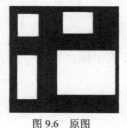

图 9.6　原图

图 9.7　轮廓选取

图 9.8　重心坐标

注意：如果在 drawContours 那行代码中加入列表符号，会因为不满足参数本身为列表、列表内部元素也为列表的条件而报错，这是因为 cnt 内部为一个个的点而非轮廓（列表）。

9.3.3　轮廓的面积

获得轮廓之后，可以通过矩来获得轮廓围成的面积，其对应在矩的 m00 中。

除了运用矩以外，还可以使用 OpenCV 中另外一个内置函数 cv2.contourArea 来获得轮廓对应的面积，该函数语法如下。

```
Area=cv2.contourArea(cnt)
```

其参数分别解释如下。

❑　cnt：轮廓对应的点集，参数类型为列表，列表内元素为一个个点。

❑　Area：轮廓对应的面积。

以图 9.6 所示的原图为例来进行轮廓面积的求取，示例代码如下。

```python
import numpy as np
import cv2
#读取图像
img=cv2.imread('1.jpg')
x=img.shape[0]
y=img.shape[1]
#转换为灰度图
grey=cv2.cvtColor(img,cv2.COLOR_BGR2GRAY)
#高斯模糊
gauss=cv2.GaussianBlur(grey,(3,3),0)
#Canny 边缘检测
edges=cv2.Canny(gauss,50,150)
#去噪处理
kernel=cv2.getStructuringElement(cv2.MORPH_RECT,(5,5))
closed=cv2.morphologyEx(edges,cv2.MORPH_CLOSE,kernel)
#寻找轮廓
contours,hierarchy=cv2.findContours(closed,cv2.RETR_TREE,cv2.CHAIN_APPROX_SIMPLE)
#选择轮廓
cnt=contours[2]
#画出轮廓
out=cv2.drawContours(img,[cnt],-1,(0,255,0),7)
#计算面积
M=cv2.moments(cnt)
area=cv2.contourArea(cnt)
#图像显示
cv2.namedWindow('out',cv2.WINDOW_NORMAL)
cv2.resizeWindow('out',int(y/2),int(x/2))
cv2.imshow('out',img)
cv2.waitKey(0)
cv2.destroyAllWindows()
#显示矩形面积
print("函数法得到的面积为"+str(area))
print("矩阵法得到的面积为"+str(M['m00']))
```

运行上述代码，结果如图 9.9 所示。函数法得到的面积为 57657.0，矩阵法得到的面积为 57657.0。两种方法得到的面积是一样的。

图 9.9　轮廓面积

掌握了 cv2.contourArea 函数后，下面来介绍如何在一堆轮廓中得到面积最大的轮廓，这里需要借助第 1 章的内容知识，使用 max 函数或 sorted 函数对轮廓面积进行排序后，即可得到面积最大的轮廓，以图 9.6 所示的原图为例进行介绍，示例代码如下。

```python
import numpy as np
import cv2
#读取图像
img=cv2.imread('1.jpg')
x=img.shape[0]
y=img.shape[1]
#转换为灰度图
grey=cv2.cvtColor(img,cv2.COLOR_BGR2GRAY)
#高斯模糊
gauss=cv2.GaussianBlur(grey,(3,3),0)
#Canny 边缘检测
edges=cv2.Canny(gauss,50,150)
#去噪处理
kernel=cv2.getStructuringElement(cv2.MORPH_RECT,(5,5))
closed=cv2.morphologyEx(edges,cv2.MORPH_CLOSE,kernel)
#寻找轮廓
contours,hierarchy=cv2.findContours(closed,cv2.RETR_TREE,cv2.CHAIN_APPROX_SIMPLE)
#通过面积选择轮廓
cnt=sorted(contours,key=cv2.contourArea,reverse=True)[0]
#使用效果与 max 函数一致
#cnt=max(contours,key=cv2.contourArea)
#画出轮廓
out=cv2.drawContours(img,[cnt],-1,(0,255,0),7)
#图像显示
cv2.namedWindow('max',cv2.WINDOW_NORMAL)
cv2.resizeWindow('max',int(y/2),int(x/2))
cv2.imshow('max',img)
cv2.waitKey(0)
cv2.destroyAllWindows()
```

运行上述代码后，运行结果与图 9.7 一致。

9.3.4 轮廓的周长

通过矩来计算轮廓的周长时，也可以将轮廓的周长称为轮廓的弧长，这主要取决于轮廓是否是闭合图形。

轮廓的周长可以通过 cv2.arcLength 函数得到，该函数语法如下。

```python
perimeter=cv2.arcLength(curve,closed)
```

其参数分别解释如下。

❑ curve：输入的轮廓。

❑ closed：指定输入轮廓的形状是否闭合（True 还是 False）。

❑　perimeter：计算得到的轮廓周长。

以图 9.10 所示的原图为例进行介绍，示例代码如下。

```python
import numpy as np
import cv2
#读取图像
img=cv2.imread('1.jpg')
x=img.shape[0]
y=img.shape[1]
#转换为灰度图
grey=cv2.cvtColor(img,cv2.COLOR_BGR2GRAY)
#高斯模糊
gauss=cv2.GaussianBlur(grey,(3,3),0)
#Canny 边缘检测
edges=cv2.Canny(gauss,50,150)
#去噪处理
kernel=cv2.getStructuringElement(cv2.MORPH_RECT,(5,5))
closed=cv2.morphologyEx(edges,cv2.MORPH_CLOSE,kernel)
#寻找轮廓
contours,hierarchy=cv2.findContours(closed,cv2.RETR_TREE,cv2.CHAIN_APPROX_SIMPLE)
#选择轮廓
cnt=contours[0]
#对选择的轮廓 cnt，认为它是一种闭合的图形，所以选择参数如下
perimeter=cv2.arcLength(cnt,True)
#画出轮廓
out=cv2.drawContours(img,[cnt],-1,(0,255,0),7)
#图像显示
cv2.namedWindow('out',cv2.WINDOW_NORMAL)
cv2.resizeWindow('out',int(y/2),int(x/2))
cv2.imshow('out',img)
cv2.waitKey(0)
cv2.destroyAllWindows()
#周长显示
print('其周长为'+str(perimeter))
```

运行上述代码后，可以看到绘制出了图像中的物体轮廓，如图 9.11 所示。控制台上显示了轮廓对应的周长约为 1190.6，如图 9.12 所示。

图 9.10　原图

图 9.11　绘制的轮廓

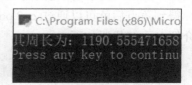

图 9.12　轮廓周长结果

123

9.3.5 轮廓近似

OpenCV 中还提供了一种构建近似轮廓形状的方法，该方法的原理为用另一个由更少点组成的轮廓来代替原图像。构成近似轮廓的点的数目由设定的准确度来决定。

轮廓近似在目标查询中十分重要，假设我们要在一张图像中查找一个三角形的物体，但是图像中的三角形由于边角破损而变成了其他形状,此时就可以使用轮廓近似的方法来查找近似三角形的形状。

轮廓近似的内容较为复杂，我们会在第 10 章中详细介绍，这里只需要知晓具有这个功能即可。

9.4 凸包

凸包跟轮廓多边形近似比较相似，只不过凸包只关注输入图像中物体最外层的凸多边形。在图像处理中，假设一捕捉到的物体的点的集合为 A，从 A 中任意取两个不相同的点，如果点的连线均在物体内，则称该物体为凸物体。

凸包因为其特殊的性质，在手势识别中会不可避免地使用它。

以图 9.13 所示的图像为例来具体说明什么是凸包，什么是凸缺陷。假设以手为输入的物体，可以看到凸包其实就是输入物体的角点所组成的图形，而有黑色箭头的部分就是图像的凸缺陷部分。

在 OpenCV 中，构建凸包的函数为 cv2.convexHull，该函数语法如下。

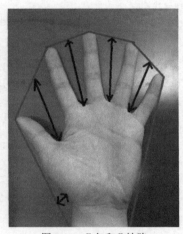

图 9.13　凸包和凸缺陷

```
hull=cv2.convexHull(points)
```

其参数分别解释如下。

❑　points：构建凸包的外在轮廓。

❑　hull：得到的凸包的角点。

得到角点后就可以通过 cv2.polylines 函数将凸包画出。我们以图 9.14 所示的原图为例进行介绍，示例代码如下。

```
import numpy as np
import cv2
#读取图像
img=cv2.imread('2.jpg')
```

```
x=img.shape[0]
y=img.shape[1]
grey=cv2.cvtColor(img,cv2.COLOR_BGR2GRAY)
#二值化
ret,thresh=cv2.threshold(grey,0,255,cv2.THRESH_BINARY+cv2.THRESH_OTSU)
#寻找轮廓
contours,hierarchy=cv2.findContours(thresh,cv2.RETR_EXTERNAL,cv2.CHAIN_APPROX_SIMPLE)
cnt=contours[0]
#得到凸包角点
hull=cv2.convexHull(cnt)
#绘制凸包
img=cv2.polylines(img,[hull],True,(0,255,0),2)
#图像显示
cv2.namedWindow('img',cv2.WINDOW_NORMAL)
cv2.resizeWindow('img',int(y/2),int(x/2))
cv2.imshow('img',img)
cv2.waitKey(0)
cv2.destroyAllWindows()
```

运行上述代码，结果如图 9.15 所示。

图 9.14　原图

图 9.15　绘制的凸包

9.5　凸性检测

有的时候我们只是想判断图像内的物体是否为凸形物体，此时 9.4 节中的代码就显得有些复杂了。OpenCV 专门提供了 cv2.isContourConvex 函数来进行物体的凸性检测。该函数能快速实现物体的凸性检测，判断图像中是否存在凸形物体，函数语法如下。

```
result=cv2.isContourConvex(contour)
```

其参数分别解释如下。

❑　contour：凸性检测的轮廓，为列表，列表内为点。

❑　result：返回值为布尔型，具体为 True 与 False，如果轮廓为凸形则返回 True，否则返回 False。

现在有一凸物体、一凹物体，分别如图 9.16 和图 9.17 所示。

图 9.16　凸物体

图 9.17　凹物体

分别对它们进行凸性检测，示例代码如下。

```python
import numpy as np
import cv2
#读取图像
img1=cv2.imread('1.jpg')#凸物体
img2=cv2.imread('2.jpg')#凹物体
x1=img1.shape[0]
y1=img1.shape[1]
x2=img2.shape[0]
y2=img2.shape[1]
grey1=cv2.cvtColor(img1,cv2.COLOR_BGR2GRAY)
grey2=cv2.cvtColor(img2,cv2.COLOR_BGR2GRAY)
#二值化
ret,thresh1=cv2.threshold(grey1,0,255,cv2.THRESH_BINARY+cv2.THRESH_OTSU)
ret,thresh2=cv2.threshold(grey2,0,255,cv2.THRESH_BINARY+cv2.THRESH_OTSU)
#寻找轮廓
contours1,hierarchy1=cv2.findContours(thresh1,cv2.RETR_EXTERNAL,cv2.CHAIN_APPROX_SIMPLE)
contours2,hierarchy2=cv2.findContours(thresh2,cv2.RETR_EXTERNAL,cv2.CHAIN_APPROX_SIMPLE)
cnt1=contours1[0]
cnt2=contours2[0]
#凸性检测
result1=cv2.isContourConvex(cnt1)
result2=cv2.isContourConvex(cnt2)
print(result1)
print(result2)
```

运行上述代码，结果如图 9.18 所示。可以看出，结果显示矩形是一个凸物体。

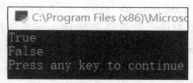

图 9.18　凸性检测结果

这个函数看起来很简单，但使用起来仍需小心，我们以图 9.19 所示的图像为例来说明这一点。

圆很显然是一个凸物体，现在我们对其进行凸性检测，示例代码如下。

```
import numpy as np
import cv2
#读取图像
img1=cv2.imread('1.jpg')#圆
grey1=cv2.cvtColor(img1,cv2.COLOR_BGR2GRAY)
#二值化
ret,thresh1=cv2.threshold(grey1,0,255,cv2.THRESH_BINARY+cv2.THRESH_OTSU)
#寻找轮廓
contours1,hierarchy1=cv2.findContours(thresh1,cv2.RETR_EXTERNAL,cv2.CHAIN_APPROX_SIMPLE)
cnt1=contours1[0]
#凸性检测
result1=cv2.isContourConvex(cnt1)
print(result1)
```

运行上述代码，结果如图 9.20 所示。我们发现对圆进行凸性检测的时候，它的返回值为 False。

这时我们不妨将图 9.19 所示的图像放大，如图 9.21 所示。可以看出，圆的边缘并非光滑曲线，而是由一些锯齿构成，尽管人眼观察不到，但对于机器而言，这就足以判定这张图像为凹形了。

对于这种情况，我们可以通过模糊图像来解决。

图 9.19　圆

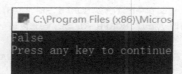

图 9.20　圆的凸性检测结果

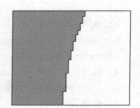

图 9.21　放大图

9.6 轮廓框定

在前几节中，介绍了如何获取图像中物体的轮廓，对于物体轮廓的性质我们已经有了一定的了解。在对图像中物体进行追踪、锁定时，我们对物体的锁定并不是直接将物体进行描边，而是通过一个个小矩形框对目标进行框取，其中运用的就是轮廓框定。

9.6.1 轮廓外接

1. 轮廓矩形

在获得了物体的轮廓后，除了可以通过 cv2.moments 函数得到相对应的矩以外，还可以计算包含这些轮廓上的点的最小矩形，我们称其为轮廓矩形。

构建轮廓矩形的函数为 cv2.boundingRect，该函数语法如下。

```
x,y,w,h=cv2.boundingRect(array)
```

其参数分别解释如下。

- array：输入的轮廓。
- x：轮廓矩形左上角点的 x 坐标。
- y：轮廓矩形左上角点的 y 坐标。
- w：轮廓矩形的宽。
- h：轮廓矩形的高。

得到 x、y、w 和 h 后，我们就可以使用 cv2.rectangle 函数来进行轮廓矩形的绘制了，以图 9.22 所示的原图为例进行介绍，示例代码如下。

```python
import numpy as np
import cv2
#读取图像
img=cv2.imread('1.jpg')
x=img.shape[0]
y=img.shape[1]
grey=cv2.cvtColor(img,cv2.COLOR_BGR2GRAY)
#形态学去噪
kernel=cv2.getStructuringElement(cv2.MORPH_RECT,(3,3))
gray=cv2.morphologyEx(grey,cv2.MORPH_CLOSE,kernel)
#二值化
ret,thresh=cv2.threshold(gray,0,255,cv2.THRESH_BINARY+cv2.THRESH_OTSU)
#寻找轮廓
contours,hierarchy=cv2.findContours(thresh,cv2.RETR_EXTERNAL,cv2.CHAIN_APPROX_SIMPLE)
cnt=contours[0]
#绘制轮廓矩形
x,y,w,h=cv2.boundingRect(cnt)
img=cv2.rectangle(img,(x,y),(x+w,y+h),(0,255,0),3)
cv2.namedWindow('img',cv2.WINDOW_NORMAL)
cv2.resizeWindow('img',int(y*2),int(x*2))
cv2.imshow('img',img)
cv2.waitKey(0)
cv2.destroyAllWindows()
```

运行上述代码，结果如图 9.23 所示。

图 9.22 原图

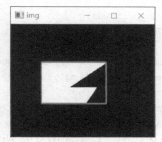

图 9.23 绘制的轮廓矩形

OpenCV 中有一种旋转矩形法，可以得到有倾斜角的轮廓矩形，其使用的函数为 **cv2.minAreaRect** 函数，但它只是通过旋转轮廓矩形来使其更贴合物体，操作略显烦琐，感兴趣的读者可以自行查阅相关资料。

2. 最小外接圆

除去最小外接矩形外，OpenCV 还提供了获取物体轮廓最小外接圆的函数，即 **cv2.minEnclosingCircle** 函数，该函数语法如下。

```
(x,y),radius=cv2.minEnclosingCircle(points)
```

其参数分别解释如下。

❑ points：输入的轮廓。

❑ (x,y)：最小外接圆的圆心坐标。

❑ radius：最小外接圆的半径。

得到上述数据后，即可使用 **cv2.circle** 函数来进行最小外接圆的绘制。

以图 9.24 所示的原图为例进行介绍，示例代码如下。

```python
import numpy as np
import cv2
#读取图像
img=cv2.imread('1.jpg')
x=img.shape[0]
y=img.shape[1]
grey=cv2.cvtColor(img,cv2.COLOR_BGR2GRAY)
#形态学去噪
kernel=cv2.getStructuringElement(cv2.MORPH_RECT,(3,3))
gray=cv2.morphologyEx(grey,cv2.MORPH_CLOSE,kernel)
#二值化
ret,thresh=cv2.threshold(gray,0,255,cv2.THRESH_BINARY+cv2.THRESH_OTSU)
#寻找轮廓
contours,hierarchy=cv2.findContours(thresh,cv2.RETR_EXTERNAL,cv2.CHAIN_APPROX_SIMPLE)
cnt=contours[0]
#绘制最小外接圆
(x,y),radius=cv2.minEnclosingCircle(cnt)
center=(int(x),int(y))
```

```
radius=int(radius)
img=cv2.circle(img,center,radius,(0,255,0),2)
#图像显示
cv2.namedWindow('img',cv2.WINDOW_NORMAL)
cv2.resizeWindow('img',int(y*2),int(x*2))
cv2.imshow('img',img)
cv2.waitKey(0)
cv2.destroyAllWindows()
```

运行上述代码，结果如图 9.25 所示。

图 9.24　原图

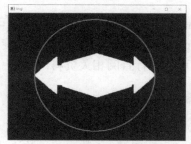

图 9.25　最小外接圆

除了上面介绍的两种最小外接方法外，OpenCV 中还提供了几种其他的外接方法，如最小外接三角形，其使用的函数为 **cv2.minEnclosingTriangle**，感兴趣的读者可以自行查阅相关资料进行学习。

9.6.2　图像拟合

除了轮廓外接以外，我们还经常使用图像拟合技术。这种技术可以将外表复杂的物体用一些简单的物体来进行拟合替换。这里我们主要介绍两种拟合方式，分别为椭圆拟合和直线拟合。

1. 椭圆拟合

椭圆拟合对应的函数为 **cv2.fitEllipse**，该函数语法如下。

```
ellipse = cv2.fitEllipse(points)
```

其参数分别解释如下。

❑　points：输入的轮廓。

❑　ellipse：替换的拟合椭圆。

得到返回值 ellipse 后，就可以使用 **cv2.ellipse** 函数来进行拟合轮廓的椭圆的绘制了，以图 9.26 所示的原图为例进行介绍，示例代码如下。

```
import numpy as np
import cv2
#读取图像
img=cv2.imread('1.jpg')
x=img.shape[0]
```

```
y=img.shape[1]
grey=cv2.cvtColor(img,cv2.COLOR_BGR2GRAY)
#形态学去噪
kernel=cv2.getStructuringElement(cv2.MORPH_RECT,(3,3))
gray=cv2.morphologyEx(grey,cv2.MORPH_CLOSE,kernel)
#二值化
ret,thresh=cv2.threshold(gray,0,255,cv2.THRESH_BINARY+cv2.THRESH_OTSU)
#寻找轮廓
contours,hierarchy=cv2.findContours(thresh,cv2.RETR_EXTERNAL,cv2.CHAIN_APPROX_SIMPLE)
cnt=contours[0]
#椭圆拟合
ellipse=cv2.fitEllipse(cnt)
img=cv2.ellipse(img,ellipse,(0,255,0),2)
#图像显示
cv2.namedWindow('img',cv2.WINDOW_NORMAL)
cv2.resizeWindow('img',int(y),int(x))
cv2.imshow('img',img)
cv2.waitKey(0)
cv2.destroyAllWindows()
```

运行上述代码，结果如图 9.27 所示。

图 9.26　原图

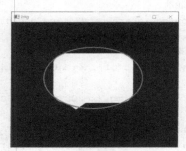

图 9.27　椭圆拟合

2. 直线拟合

在 OpenCV 中实现直线拟合需要用到 cv2.fitLine 函数，该函数语法如下。

```
vx,vy,x,y=cv2.fitLine(points,distType,param,reps,aeps)
```

其参数分别解释如下。

❑　points：输入的轮廓。

❑　distType：距离类型，常用的为 cv2.DIST_L2，表示采用最小二乘法（在第 10 章中会对其进行一些简单的介绍）。

❑　param：距离参数，与所选的距离类型有关，如果设置为 0，函数会自动选择最优化的值。

❑　reps：拟合直线所需要的径向精度，通常设置为 0.01。

❑　aeps：拟合直线所需要的角度精度，通常设置为 0.01。

❑ vx、vy：计算拟合得到的直线的斜率。

❑ x：直线上一点的 *x* 坐标。

❑ y：直线上一点的 *y* 坐标。

拟合的直线可以通过点斜式的方式得到，斜率 *k* 可以通过 vy 除以 vx 得到。

得到以上 4 个参数后，拟合直线便可以通过 cv2.line 函数画出。以图 9.28 所示的原图为例来进行介绍，示例代码如下。

```python
import numpy as np
import cv2
#读取图像
img=cv2.imread('1.jpg')
xx=img.shape[0]
yy=img.shape[1]
grey=cv2.cvtColor(img,cv2.COLOR_BGR2GRAY)
#形态学去噪
kernel=cv2.getStructuringElement(cv2.MORPH_RECT,(3,3))
gray=cv2.morphologyEx(grey,cv2.MORPH_CLOSE,kernel)
#二值化
ret,thresh=cv2.threshold(gray,0,255,cv2.THRESH_BINARY+cv2.THRESH_OTSU)
#寻找轮廓
contours,hierarchy=cv2.findContours(thresh,cv2.RETR_EXTERNAL,cv2.CHAIN_APPROX_SIMPLE)
cnt=contours[0]
#直线拟合
vx,vy,x,y=cv2.fitLine(cnt,cv2.DIST_L2,0,0.1,0.1)
k=vy/vx
img=cv2.line(img,(x-200,y-int(200*k)),(x+200,y+int(200*k)),(0,0,255),3)
#图像显示
cv2.namedWindow('img',cv2.WINDOW_NORMAL)
cv2.resizeWindow('img',int(y),int(x))
cv2.imshow('img',img)
cv2.waitKey(0)
cv2.destroyAllWindows()
```

运行上述代码，结果如图 9.29 所示。

图 9.28 原图

图 9.29 直线拟合

9.7 轮廓的性质

接下来介绍轮廓的一些其他简单性质。这一块内容讲解了如何借助轮廓来获取一些在计算机视觉中时常用到的数据，以图 9.30 所示的原图为例来进行说明。

需要说明的是，本节涉及的代码在获取轮廓处均一致，示例代码如下，并将该代码记为代码块 A。

```python
import numpy as np
import cv2
#读取图像
img=cv2.imread('1.jpg')
xx=img.shape[0]
yy=img.shape[1]
grey=cv2.cvtColor(img,cv2.COLOR_BGR2GRAY)
#形态学去噪
kernel=cv2.getStructuringElement(cv2.MORPH_RECT,(3,3))
gray=cv2.morphologyEx(grey,cv2.MORPH_CLOSE,kernel)
#二值化
ret,thresh=cv2.threshold(gray,0,255,cv2.THRESH_BINARY+cv2.THRESH_OTSU)
#寻找轮廓
contours,hierarchy=cv2.findContours(thresh,cv2.RETR_EXTERNAL,cv2.CHAIN_APPROX_SIMPLE)
cnt=contours[0]
```

图 9.30　原图

得到对应轮廓的点集后，对于不同的轮廓性质，接下来逐一进行解释。

9.7.1　面积占比

面积占比指的是图像轮廓面积与其轮廓矩形面积的比值，可以通过如下代码获得。

```python
#面积占比
area=cv2.contourArea(cnt)
x,y,w,h=cv2.boundingRect(cnt)
```

```
rect_area=w*h
extent=float(area)/rect_area
print("面积占比为"+str(extent))
```

将本块代码结合代码块 A 后运行，结果如图 9.31 所示。

图 9.31　面积占比

9.7.2　密实度

密实度指的是图像轮廓面积与其对应凸包面积的比值，可以通过如下代码获得。

```
#密实度
area=cv2.contourArea(cnt)
hull=cv2.convexHull(cnt)
hull_area=cv2.contourArea(hull)
solidity=float(area)/hull_area
print("密实度为"+str(solidity))
```

将本块代码结合代码块 A 后运行，结果如图 9.32 所示。

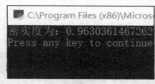

图 9.32　密实度

9.7.3　圆替换

圆替换指的是通过 OpenCV 内置函数求得与轮廓面积相等的圆形的直径后，构建与轮廓面积相等的圆，可以通过如下代码获得圆的直径。

```
#圆替换
area=cv2.contourArea(cnt)
d=np.sqrt(4*area/np.pi)
print("圆直径为"+str(d))
```

将本块代码结合代码块 A 后运行，结果如图 9.33 所示。

图 9.33　圆替换

9.7.4　轮廓夹角

有的时候物体并非水平放置，而是与 x 轴存在一定的夹角，这个时候可以通过如下代码来获得其对应的倾斜角。

```
#轮廓夹角
(x,y),(MA,ma),angle=cv2.fitEllipse(cnt)
print("轮廓夹角为"+str(angle))
```

将本块代码结合代码块 A 后运行，结果如图 9.34 所示。

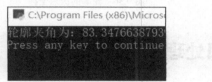

图 9.34　轮廓夹角

这种方法不仅能得到对应的夹角，还能得到对应椭圆的长轴与短轴的长度。

需要注意的是，得到的夹角并非是与水平方向的夹角，而是与 x 轴法线（即 y 轴正方向）的夹角，如图 9.35 所示。

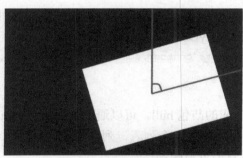

图 9.35　角度图

9.7.5　轮廓的极点坐标

如字面意思，轮廓的极点坐标是指可以获得图像轮廓中对应的最上、最下、最左、最右等极点的坐标，示例代码如下。

```
#轮廓的极点坐标
left=tuple(cnt[cnt[:,:,0].argmin()][0])
right=tuple(cnt[cnt[:,:,0].argmax()][0])
top=tuple(cnt[cnt[:,:,1].argmin()][0])
bottom=tuple(cnt[cnt[:,:,1].argmax()][0])
print("leftmost:"+str(left))
print("rightmost:"+str(right))
print("topmost:"+str(top))
```

```
print("bottommost:"+str(bottom))
```

将本块代码结合代码块 A 后运行，结果如图 9.36 所示。

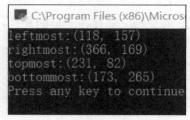

图 9.36　轮廓的极点坐标

9.8　常用的轮廓处理函数

本节将介绍计算机视觉中常用的 3 个轮廓处理函数，分别用于寻找图像缺陷、判断选中的点是否在轮廓上以及对两个不同的图形进行形状匹配。

9.8.1　找凸缺陷

前文介绍了如何找到图像中的凸包，此外还可以在凸包的基础上寻找图像中对应的凸缺陷，其使用的函数为 cv2.convexityDefects，该函数语法如下。

```
defects=cv2.convexityDefects(contour,convexhull)
```

其参数分别解释如下。

❑　contour：输入的轮廓。

❑　convexhull：轮廓对应的凸包 hull，可以通过 cv2.convexHull 函数得到。

❑　defects：找到的凸缺陷，为一个列表，列表中每一行包含对应凸缺陷的起点、终点、最远点以及到最远点的近似距离。

以图 9.37 所示的原图为例进行介绍，示例代码如下。

```
import numpy as np
import cv2
#读取图像
img=cv2.imread('1.jpg')
x=img.shape[0]
y=img.shape[1]
grey=cv2.cvtColor(img,cv2.COLOR_BGR2GRAY)
#二值化
ret,thresh=cv2.threshold(grey,0,255,cv2.THRESH_BINARY+cv2.THRESH_OTSU)
#寻找轮廓
contours,hierarchy=cv2.findContours(thresh,cv2.RETR_EXTERNAL,cv2.CHAIN_APPROX_SIMPLE)
cnt=contours[0]
#得到凸包角点
```

```
hull=cv2.convexHull(cnt,returnPoints=False)#下方有说明为什么设置returnPoints=False
#绘制凸缺陷
defects=cv2.convexityDefects(cnt,hull)
for i in range(defects.shape[0]):
    s,e,f,d=defects[i,0]
    start=tuple(cnt[s][0])
    end=tuple(cnt[e][0])
    far=tuple(cnt[f][0])
    cv2.line(img,start,end,[0,255,0],4)
    cv2.circle(img,far,10,[0,0,255],-1)
#图像显示
cv2.namedWindow('img',cv2.WINDOW_NORMAL)
cv2.resizeWindow('img',int(y/2),int(x/2))
cv2.imshow('img',img)
cv2.waitKey(0)
cv2.destroyAllWindows()
```

运行上述代码，结果如图 9.38 所示，具有凸缺陷特性的所在点为图 9.38 中的 5 个圆点。

图 9.37　原图

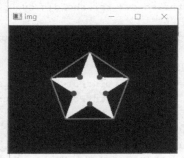

图 9.38　凸缺陷

需要注意的是，使用 cv2.convexHull 函数的时候加入了 returnPoints 设置，而在前文中使用该函数后直接用 cv2.polyLines 函数来进行凸包绘制。如果不加 returnPoints=False，其返回的是凸包角点的图像坐标；而加入 returnPoints=False 后，返回的就是与凸包角点对应的轮廓上的点。

9.8.2　判断点与轮廓的位置关系

有时需要判断图像上某个点与选定轮廓的位置关系，这里可以借助最短距离来进行判断：如果点在选定轮廓的外侧，那么认为该点与轮廓的最短距离为负；如果点在选定轮廓上，那么最短距离为 0；如果点在选定轮廓的内部，则最短距离为正。

计算点与轮廓之间最短距离的函数为 cv2.pointPolygonTest，该函数语法如下。

```
dist=cv2.pointPolygonTest(contour,pt,measureDist)
```

其参数分别解释如下。

❑　contour：选定的轮廓。

- ❑ pt：点，以元组的形式传入点的坐标。
- ❑ measureDist：用来确定是否计算距离，如果设置为 True，就会计算点与轮廓之间的最短距离；如果设置为 False，只会判断点与轮廓之间的位置关系，返回值只有 1、−1、0 这 3 种。
- ❑ dist：点与轮廓之间的最短距离（或特征值）。

以图 9.39 所示的原图为例进行介绍，选定(0,0)（图像中最左上角的点）以及图像的正中心点作为测试点，示例代码如下。

```python
import numpy as np
import cv2
#读取图像
img=cv2.imread('1.jpg')
x=img.shape[0]
y=img.shape[1]
grey=cv2.cvtColor(img,cv2.COLOR_BGR2GRAY)
#二值化
ret,thresh=cv2.threshold(grey,0,255,cv2.THRESH_BINARY+cv2.THRESH_OTSU)
#寻找轮廓
contours,hierarchy=cv2.findContours(thresh,cv2.RETR_EXTERNAL,cv2.CHAIN_APPROX_SIMPLE)
cnt=contours[0]
#最短距离
distance1=cv2.pointPolygonTest(cnt,(0,0),True)
distance2=cv2.pointPolygonTest(cnt,(int(x/2),int(y/2)),True)
#距离显示
print("点 1 在外部" if distance1<0 else "点 1 在内部" if distance1>0 else "点 1 在轮廓上")
print("点 2 在外部" if distance2<0 else "点 2 在内部" if distance2>0 else "点 2 在轮廓上")
```

运行上述代码，结果如图 9.40 所示。可以看到，测试点 1 与轮廓的距离为负，因此得出点 1 在轮廓外部的结论；此外，以原图的中间点进行测试时，得出的距离为正，得出点 2 在轮廓内部的结论。

图 9.39　原图

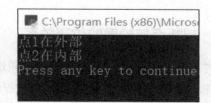

图 9.40　点与轮廓的位置关系

9.8.3　形状匹配

对于两个不同形状的轮廓，可以使用 cv2.matchShapes 函数来匹配两个轮廓的相似度，该函数语法如下。

```
match=cv2.matchShapes(contour1,contour2,method,param)
```

其参数分别解释如下。

❑　contour1：轮廓 1。

❑　contour2：轮廓 2。

❑　method：匹配的方法，有以下 3 种，分别为 CONTOURS_MATCH_I1、CONTOURS_MATCH_I2 和 CONTOURS_MATCH_I3，通常使用 CONTOURS_MATCH_I1；这 3 种匹配方法的原理较为复杂，感兴趣的读者可以参考官方文档进行学习。

❑　param：默认为 0。

❑　match：得到的匹配度，得到的匹配度越小，说明两个轮廓之间的相似度越高。

以图 9.41 和图 9.42 所示的图像为例进行介绍，示例代码如下。

```
import numpy as np
import cv2
#读取图像
img1=cv2.imread('1.jpg')
img2=cv2.imread('2.jpg')
grey1=cv2.cvtColor(img1,cv2.COLOR_BGR2GRAY)
grey2=cv2.cvtColor(img2,cv2.COLOR_BGR2GRAY)
#二值化
ret,thresh1=cv2.threshold(grey1,0,255,cv2.THRESH_BINARY+cv2.THRESH_OTSU)
ret,thresh2=cv2.threshold(grey2,0,255,cv2.THRESH_BINARY+cv2.THRESH_OTSU)
#寻找轮廓
contours1,hierarchy1=cv2.findContours(thresh1,cv2.RETR_EXTERNAL,cv2.CHAIN_APPROX_SIMPLE)
contours2,hierarchy2=cv2.findContours(thresh2,cv2.RETR_EXTERNAL,cv2.CHAIN_APPROX_SIMPLE)
cnt1=contours1[0]
cnt2=contours2[0]
#形状匹配
match=cv2.matchShapes(cnt1,cnt2,1,0)
print('匹配指数为'+str((1-match)*100)+"%")
```

运行上述代码，结果如图 9.43 所示。轮廓 1 与轮廓 2 的匹配指数约为 97.469，说明两个轮廓的相似度很高。这里的匹配指数实质为 "1 减去匹配度"，当匹配度越小的时候，匹配指数越高。

图 9.41　轮廓 1

图 9.42　轮廓 2

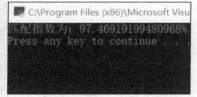

图 9.43　匹配结果

139

9.9 轮廓的层次结构

最后介绍轮廓的层次结构关系。

在使用 cv2.findContours 函数时，除了 contours 返回值以外，还有一个返回值 hierarchy，hierarchy 中保存的就是各个轮廓之间的层次结构关系。

一般情况下，我们将外部的轮廓称为"父"，内部的轮廓称为"子"。以这种方式对轮廓进行分类后，一张图像中的所有轮廓之间就具有父子或者兄弟关系（兄弟关系指的是轮廓之间同级）。

有了上述规定后，一张图像就能够确定一个固定的关系以及一个轮廓与其他轮廓之间的关系：父轮廓、子轮廓或兄弟轮廓。这种关系的集合称为轮廓的组织结构。

以图 9.44 所示的图像为例来进行轮廓结构的说明。图中有 6 个封闭物体，将其逐个编号，分别为 0、1、2、3、4、5。2 与 2a 分别代表最外层矩形的外轮廓和内轮廓。

注意：非实心物体都会有内、外轮廓。

图 9.44　轮廓关系图

图 9.44 所示的图像中，轮廓 0、1、2 均在最外层（无父轮廓），可以认为是组织结构的第零级，这 3 个轮廓之间为兄弟关系。对于轮廓 2a，可将其看作轮廓 2 的子轮廓，且没有与它同级的轮廓，称其为组织结构第一级。

以此类推，轮廓 3 是轮廓 2a 的子轮廓，为组织结构第二级；轮廓 3a 是轮廓 3 的子轮廓，为组织结构第三级；轮廓 4 和轮廓 5 是轮廓 3a 的子轮廓，为组织结构第四级（最后一级）。

在 OpenCV 中，对于图像中的每一个轮廓，hierarchy 都包含 4 个整型数据，分别表示下一个兄弟轮廓（next）的序号、前一个兄弟轮廓（previous）的序号、第一个子轮廓（first_child）

的序号、父轮廓（father）的序号。

对于轮廓 2a 而言，因为其没有兄弟轮廓，可将它的 next 赋值为−1；而轮廓 4 的 next 为轮廓 5，所以可将轮廓 4 的 next 赋值为 5。

previous 的用法与 next 相同，轮廓 1 的 previous 为轮廓 0，轮廓 2 的 previous 为轮廓 1。因为轮廓 0 没有前一个兄弟轮廓，所以其 previous 为−1。

轮廓 2 的子轮廓为轮廓 2a，它的 first_child 就为 2a。轮廓 3a 有两个子轮廓，分别为轮廓 4 和轮廓 5，但是 hierarchy 默认只保留第一个子轮廓，而取轮廓的顺序是从上往下、从左往右进行的。如果没有子轮廓，则 first_child 为−1。

轮廓 4 和轮廓 5 的父轮廓为轮廓 3a，而轮廓 3a 的父轮廓为轮廓 3。如果没有父轮廓，则 father 为−1。

最后再谈一谈之前在 9.2 节中提到的 4 种轮廓检索模式。

从结构上来讲，RETR_LIST 应该是 4 种轮廓检索模式中使用起来最简单的，它只提取所有的轮廓，而不创建任何父与子的关系，即所有的轮廓都属于同一级组织结构。

而使用 RETR_EXTERNAL 只会得到外层的轮廓，所有的子轮廓会被忽略，这点需要注意。

对于 RETR_TREE，它是一种非常规范的轮廓检索模式，在需要清楚轮廓之间的所有关系时，它是非常适用的一种轮廓检索模式。

对于 RETR_CCOMP，我们则使用得相对少一些。

第 10 章　综合运用 1：现代物体追踪

本章将前文介绍的知识进行综合运用，主要介绍现代物体的几种常见追踪方法。

本章的主要内容如下。

❑　霍夫变换的基本原理。

❑　"HSV+轮廓"的追踪方式。

❑　运用 Camshift、光流法、KCF 来进行单个目标的追踪。

❑　多目标追踪。

注意：为了用比较好的方式去解决问题，本章所用知识十分广泛，如果遗忘了某些知识点，希望读者能够复习知识点之后再进行本章的学习。

10.1　霍夫变换——动态检测

图像识别时经常会用到直线、圆等图形的动态检测，如障碍物检测、避障的过程等往往会用到这一块内容，现在开始介绍如何通过 OpenCV 实现动态的物体检测。

10.1.1　霍夫变换

霍夫变换（Hough Transform，HT）是图像检测中常用的一种处理技巧，可以用来检测直线、曲线等。

霍夫变换是保罗·霍夫在 1959 年根据气泡室图像的机器分析而发明的，其被定义为"用于识别复杂图案的方法和手段"。而现在所说的霍夫变换一般指 1972 年由 Richard Duda 和 Peter Hart 提出的广义霍夫变换（Generalised Hough Transform，GHT）。

霍夫变换最初是为了分析定义的形状（如线、圆、椭圆等）而发明的，通过了解其形状来找出其在图像中的位置和方向。因此霍夫变换能够检测用相应模型描述的任意对象。广义霍夫变换使用模板匹配原理对霍夫变换进行了修改，将在图像中查找对象（用模型描述）的问题等价转换为通过查找模型在图像中的位置来解决。利用广义霍夫变换，将寻找模型位置的问题转换为寻找将模型映射到图像中的变换参数的问题。给定变换参数的值，我们就可以确定模型在图像中的位置。

随着计算机视觉技术的发展，产生了很多霍夫变换的变体和扩展，如 KHT、3DKHT 等，这里就不详细说明了。

10.1.2　霍夫变换的工作原理

动态的直线检测就是一个简单的霍夫变换的应用。我们知道，直线的方程可以由斜率和截距来表示，即斜截式，如式（10.1）所示。

$$y = mx + b \qquad (10.1)$$

用参数空间表示则为(b,m)，这个公式表明，用斜率和截距就能表示一条直线。

但是这里存在一个关于参数的问题：因为垂直 x 轴的直线的斜率不存在（或者可以认为是无限大），所以其斜率参数 m 的值接近于无限大。为此，为了更好地计算和处理垂直 x 轴的直线的问题，Richard Duda 和 Peter Hart 在 1971 年 4 月提出了另一种表示直线的方法，即 Hesse（黑塞）法线式，如式（10.2）所示。

$$r = x\cos\theta + y\sin\theta \qquad (10.2)$$

其中，r 表示原点到直线上最近点的距离（也可以记为 ρ，两者在含义上等价），θ 是 x 轴与连接原点和最近点直线之间的夹角，如图 10.1 所示。

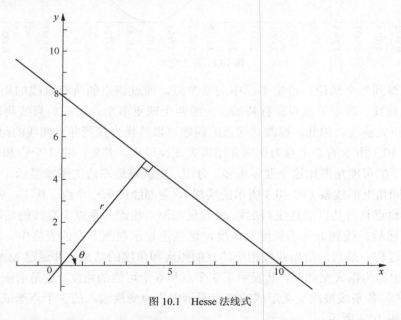

图 10.1　Hesse 法线式

因此，可以将图像上的任意一条直线与一对参数(r,θ)相关联。这个参数(r,θ)平面也称为霍夫空间，作为二维直线的集合。

在概念上，霍夫变换很接近 Radon（拉东）变换，所以也有人将它们看成同一变换的不同形式。

霍夫变换可以将图像空间中的一个点映射到霍夫空间，举个例子，固定一个点(3,4)，在角度 θ 取 0° 到 2π 时，观察 r 的取值范围，霍夫空间如图 10.2 所示。图 10.2 显示了经过定点(3,4)时，r 与 θ 的关系。在霍夫空间中对所有一般笛卡儿平面上通过该定点的直线对应的(r,θ)进行标识，得到一条正弦曲线。正弦曲线的形状取决于点到所定义原点的距离 r，通常，r 越大，正弦曲线的振幅越大，反之则越小。

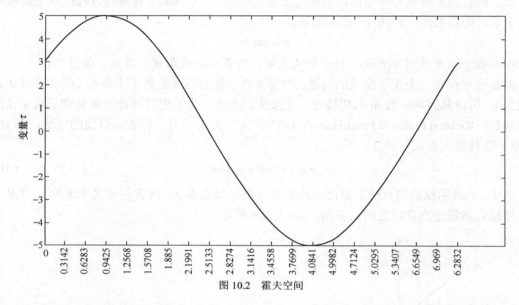

图 10.2　霍夫空间

我们可以得到一个结论，给定平面中的某个点，通过该点的所有直线的集合对应于(r,θ)平面中的正弦曲线，这对于该点是独特的。一组两个或更多个点形成的直线将产生在该线的(r,θ)处交叉的正弦曲线。因此，检测共线点的问题可以转换为找到并发曲线的问题。

下面以图 10.3 所示的 3 个点为例来介绍霍夫变换过程。首先，将 3 个点和 6 个可能的角度（真实情况下的可能角度比这个要多很多）分组，也就是最左边的图像显示正在变换的第一个点。绘制不同角度的线条（图 10.3 所示的实线），全部经过第一个点。其次，对于每条实线，找到一条通过原点且与其直的直线（法线，或者说与原点相连并垂直于直线的线段），即图 10.3所示的虚线。然后，找到虚线的长度和角度，这些值显示在图下方的表格中。对被变换的 3个点都重复该过程。最后，给出曲线相交的点的距离和角度的结果，并通过 MATLAB 绘制成图。该图有时也称为霍夫空间图，其表示了 3 个点和 6 个可能的角度。这是前面表格中数据的一个简单展示图。各条线彼此交叉形成的交点表示由作为变换输入的 3 个点形成的线的角度和距离，具体如图 10.4 所示。

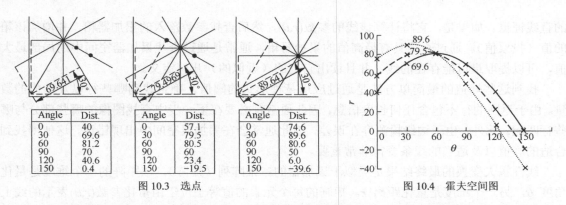

图 10.3 选点　　　　　　　　　　　　　　图 10.4 霍夫空间图

在进行图像分析时，边缘段的点（一个或多个）的坐标(x_i, y_i)在图像中是已知的，并且作为参数线等式中的常量，而r与θ是未知变量。如果在图中表示由每个(r,θ)定义的可能值(x_i, y_i)，并将笛卡儿图像空间中的点映射到极性霍夫参数空间中的曲线（即正弦曲线），那么这个点到曲线的变换就是直线的霍夫变换。在笛卡儿图像空间中共线的点在霍夫参数空间中变得很明显，因为它们产生在点(r,θ)相交的曲线。

图 10.5 所示的图像是霍夫变换在包含两条不同方向直线的光栅图像上的结果对比图。该变换的结果存储在矩阵中，(r,θ)坐标轴上对应点的值表示取到该直线的次数，更大的值则对应着更亮的点。图 10.5 所示的图像中两个明显亮点的坐标分别对应着两条线的霍夫参数，通过确定这两个点的位置，就可以确定输入图像中两条线分别对应的角度θ和距离r。

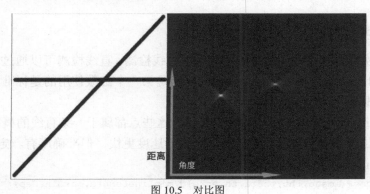

图 10.5 对比图

10.1.3 霍夫变换提取直线的实现原理

我们可以通过将霍夫参数空间量化为有限间隔或累加器单元来实现变换。随着算法的运行，每个算法都把(x_i, y_i)转换为一条离散化的(r,θ)曲线，并且沿着这条曲线的累加器单元递增。累加器阵列中产生的峰值是图像中存在相应直线的证据。

注意，现在考虑的是直线的霍夫变换，所以累加器阵列是二维的（也就是只有r和θ）。

对于图像(x_i, y_i)处的每个像素点及其邻域，霍夫变换算法被用于确定该像素点是否有足够的直线证据。如果是，它将计算该线的参数(r,θ)，然后查找参数落入的累加器箱，并增加该箱的值（投票值）。通过查找具有最高值的累加器箱，通常是通过查找累加器空间中的局部最大值，可以提取最可能存在的线，并且读出它们的（近似的）几何定义。

找到这些峰值的最简单方法是通过应用某种形式的阈值，确定找到哪些行以及它们的数量。由于返回的行不包含任何长度信息，因此通常有必要在下一步中查找图像的哪些部分与哪些行匹配。此外，由于边缘检测存在误差，因此通常会在累加器空间中出现错误，这使得找到合适的峰值以及适当的线条变得非常重要。

线性霍夫变换的最终结果是类似于累加器的二维阵列（矩阵），该矩阵的一个维度是量化角度 θ，另一个维度是量化距离 r。矩阵的每个元素的值等于位于由量化参数(r,θ)表示的线上的点或像素点的总和，所以具有最高值的元素表示输入图像中点或像素最多的直线。

在某些论文中，可能把累加器单元的结果认为是投票值。换句话说，将每个交点看成一次投票，也就是说 $A(r,\theta)=A(r,\theta)+1$，所有点都进行这样的计算后，可以设置一个阈值，投票值大于这个阈值的直线可以认为是找到的直线。

霍夫变换可用于识别最适合一组给定边缘点的曲线的参数。该边缘描述通常从 Roberts Cross、Sobel、Canny 等边缘检测器的特征检测算子获得，并且可能是嘈杂的，即其可能包含对应单个整体特征的多个边缘片段。此外，由于边缘检测器的输出仅限定图像中的特征的位置，因此霍夫变换需要进一步确定两个特征是什么，即检测其具有参数（或其他）的特征描述，以及它们有多少个存在于图像中。

10.1.4 直线检测

现在来进行实际操作——借助霍夫变换实现直线检测。直线检测可以通过 cv2.HoughLines 函数和 cv2.HoughLinesP 函数来完成，它们的区别是第一个函数使用的是标准霍夫变换，第二个函数使用的是概率霍夫变换。

cv2.HoughLinesP 函数只分析点的子集并计算这些点都属于一条直线的概率，这是标准霍夫变换函数的优化版本。该函数计算成本低，执行速度更快，但准确度有一定程度的下降。

cv2.HoughLinesP 函数的语法如下。

```
cv2.HoughLinesP(image,rho,theta,threshold,minLineLength,maxLineGap)
```

其参数分别解释如下。

- ❑ image：要处理的二值图像。
- ❑ rho：线段的几何表示，表示取距离的间隔，一般取 1。
- ❑ theta：线段的几何表示，表示取角度的间隔，一般取 np.pi/180。
- ❑ threshold：阈值，低于该阈值的会被忽略。
- ❑ minLineLength：最小直线长度，小于该长度会被忽略。
- ❑ maxLineGap：最大线段间隙，大于此间隙才会被认为是两条直线。

现在来进行直线检测，为了减少计算量，先通过图像压缩，将图像大小变为原来的四分之一，并将其转换为灰度图像。然后使用 Canny 函数来进行边缘的提取。之后调用计算量较少的 cv2.HoughLinesP 函数来进行直线检测。将检测到的直线保存在 lines 中，将其中最长的一条直线通过 cv2.line 函数画出。示例代码如下。

```python
import cv2
import numpy as np
cap = cv2.VideoCapture(0)
while True:
    ret, frame = cap.read()
    x, y = frame.shape[0:2]
    small_frame = cv2.resize(frame, (int(y/2), int(x/2)))
    cv2.imshow('small', small_frame)
    gray = cv2.cvtColor(small_frame, cv2.COLOR_BGR2GRAY)
    edges = cv2.Canny(gray,50,120)
    minLineLength = 10
    maxLineGap = 5
    lines=cv2.HoughLinesP(edges,1,np.pi/180,100,minLineLength=minLineLength,maxLineGap=minLineLength)
    if lines == None or len(lines) == 0:
        continue
    for x1, y1, x2, y2 in lines[0]:
        cv2.line(small_frame, (x1, y1), (x2, y2), (0, 255, 0), 2)
    cv2.imshow("lines", small_frame)
    if cv2.waitKey(1) & 0xFF == ord('q'):
        break
cap.release()
cv2.destroyAllWindows()
```

10.1.5　基本霍夫变换的局限性

首先，霍夫变换只有在大量选票落入正确的分箱时才有效，因此要在背景噪声中轻松检测分箱就意味着垃圾箱（非正确的分箱）不能太小，否则有些选票会落入邻近垃圾箱，从而降低主垃圾箱的准确度。

此外，当参数数量很大（超过 3 个参数）时，单个分箱中投的平均票数非常少，而这些分箱对应的实际数量在图像中的投票数量并不一定会比其邻居要多得多。复杂性以一定的速率增加 $O(Am-2)$，其中 A 是图像空间的大小，m 是参数的数量。因此，必须非常小心地使用霍夫变换来检测线条或圆以外的其他内容。

最后，霍夫变换的效率主要取决于输入数据的质量。为了使霍夫变换高效运行，必须检测边缘。在噪声图像上使用霍夫变换非常棘手，一般而言，在这之前必须进行降噪处理。在图像被噪声破坏的情况下（如雷达图像中的情况），Radon 变换有时更适合用来检测线，因为它是通过求和的方式来去除噪声的。

10.1.6 动态圆形检测

10.1.4 小节已经介绍了将霍夫变换用于直线检测的过程，这里再简单介绍一下关于圆形检测的霍夫变换。

圆形检测的霍夫变换对应的参数方程如式（10.3）所示。

$$(x-a)^2+(y-b)^2=r^2 \tag{10.3}$$

其中，a 和 b 是圆心坐标，r 是半径。在这种情况下，算法的计算复杂度开始增加，因为在参数空间和三维累加器中有 3 个坐标。（通常，累加器阵列的计算复杂度和大小随着参数数量的增加而增加，因此，基本霍夫变换仅适用于简单曲线。）

1. 圆形检测原理

第一步，创建一个累加器空间，这个空间由一个个像素点单元格构成。最初每个单元格都默认设置为 0。

第二步，对每张图像中的边缘点(i, j)，按照式（10.4）所示的圆方程将那些可能是一个圆中心的单元格的值进行累加运算，这些单元格在等式中由字母 a 来表示。

$$(i-a)^2+(j-b)^2=r^2 \tag{10.4}$$

第三步，根据在前面的步骤中每个可能找到的值 a，去找到满足上列等式的所有可能的 b 值。

第四步，搜索累加器空间中的局部最大值。用单元格表示算法检测到的圆形，然后将它画出。

如果事先需要定位圆的半径，也可以使用三维的累加器空间来搜索具有任意半径的圆。当然，这会导致计算量的大幅度增加，但是因为其具有对任意圆进行检测的能力，所以还是有一定的使用空间的。

我们也可以使用该方法来检测部分位于累加器空间外部的圆，前提是该圆的区域内仍有足够数量的圆。

2. 圆形检测

现在来尝试进行圆形检测，需要使用 cv2.HoughCircles 函数，其语法如下。

```
circles=cv2.HoughCircles(image,method,dp,minDist,param1=None,param2=None,minRadius=None,maxRadius=None)
```

其参数分别解释如下。

- ❑ image：输入图像，为灰度图。
- ❑ method：检测方法，常用的是 cv2.HOUGH_GRADIENT。
- ❑ dp：检测内侧圆心的累加器图像的分辨率与输入图像之比的倒数。如果 dp=1，则累加器图像和输入图像具有相同的分辨率；如果 dp=2，则累计器图像的分辨率为输入图像的一半。

- □ minDist：两个圆心之间的最小距离。
- □ param1：默认值为 100，它是 method 设置的检测方法的对应参数，对当前唯一的方法霍夫梯度法 cv2.HOUGH_GRADIENT，它表示传递给 Canny 边缘检测算子的高阈值，而低阈值为高阈值的一半。
- □ param2：默认值为 100，它是 method 设置的检测方法的对应参数，对当前唯一的方法霍夫梯度法 cv2.HOUGH_GRADIENT，它表示在检测阶段圆心的累加器阈值，越小就越可以检测到更多类似于圆的图形；而越大的话，通过检测的图形就越接近完美的圆形。
- □ minRadius：默认值为 0，表示圆半径的最小值。
- □ maxRadius：默认值为 0，表示圆半径的最大值。

现在来进行具体的圆形检测，此处还是进行了图像的压缩来降低计算的复杂度，因为圆形检测本身计算量比较大，运算速度比较慢。对于圆形检测，cv2.HoughCircles 函数只能处理灰度图，所以在转换前需要使用 cv2.cvtColor 函数将其转换为灰度图。转换后对其使用卷积核大小为 5 的中值滤波进行过滤，然后对其进行圆形检测，将得到的结果放入 circles 中，并将其画出。这样就完成了整个圆形检测的过程。示例代码如下。

```
import cv2
import numpy as np
cap = cv2.VideoCapture(0)
while True:
    ret,frame=cap.read()
    x,y=frame.shape[0:2]
    small_frame=cv2.resize(frame,(int(y/2),int(x/2)))
    cv2.imshow('small',small_frame)
    gray=cv2.cvtColor(small_frame,cv2.COLOR_BGR2GRAY)
    gray_img=cv2.medianBlur(gray, 5)
    cimg=cv2.cvtColor(gray_img, cv2.COLOR_GRAY2BGR)
    circles=cv2.HoughCircles(gray_img,cv2.HOUGH_GRADIENT,1,120,param1=100,param2=30,
minRadius=0,maxRadius=0)
    circles=np.uint16(np.around(circles))
    for i in circles[0,:]:
        cv2.circle(small_frame,(i[0],i[1]),i[2],(0, 255, 0),2)
        cv2.circle(small_frame,(i[0],i[1]),2,(0, 0, 255),3)
    cv2.imshow("circles",small_frame)
    if cv2.waitKey(1)&0xFF == ord('q'):
        break
cap.release()
cv2.destroyAllWindows()
```

圆形检测的更多内容可参考 OpenCV 官网上关于 cv2.HoughCircles 函数的说明。

10.1.7　其他图形检测

OpenCV 还提供了 cv2.approxPloyDP 函数来检测所有轮廓的形状,该函数提供了一种多边形的近似方法。结合 cv2.findContours 函数和 cv2.approxPloyDP 函数,可以相当准确地将多边形检测出来。

cv2.approxPloyDP 函数的语法如下。

```
cv2.approxPloyDP(curve,epsilon,closed,approxCurve=None)
```

其参数分别解释如下。

❑　curve:由图像的轮廓点组成的点集。

❑　epsilon:输出的精度,就是两个轮廓点之间的最大距离数。

❑　closed:输出的多边形是否封闭。

❑　approxCurve:输出的多边形点集。

为了让大家详细理解这个函数的工作原理以及各个参数的作用,这里举一个简单的例子来说明,原图如图 10.6 所示。

图 10.6　原图

添加一个滑动条,这样可以通过改变不同的数值,更加直观地显示参数改变会有怎样的效果,示例代码如下。

```
import cv2
import numpy as np
from matplotlib import pyplot as plt
def nothing(x):  # 这个为滑动条的回调函数
    pass
src = cv2.imread('2.jpg')
imgray = cv2.cvtColor(src, cv2.COLOR_BGR2GRAY)
ret, thresh = cv2.threshold(imgray, 127, 255, 0)
WindowName = 'Approx'  # 窗口名
cv2.namedWindow(WindowName, cv2.WINDOW_AUTOSIZE)  # 建立空窗口
cv2.createTrackbar('epsilon', WindowName, 0, 10, nothing)  # 创建滑动条
```

```
while(1):
    img = src.copy()
    n = 10 - cv2.getTrackbarPos('epsilon', WindowName)  # 获取滑动条值
    contours,hierarchy=cv2.findContours(thresh,cv2.RETR_TREE,cv2.CHAIN_APPROX_SIMPLE)
    cnt = contours[0]
    length = cv2.arcLength(cnt, True)
    epsilon = (n/100)*length
    approx = cv2.approxPolyDP(cnt, epsilon, True)
    M = cv2.moments(approx)
    area = cv2.contourArea(approx)
    length1 = cv2.arcLength(approx, True)
    cv2.drawContours(img, approx, -1, (0, 255, 0), 3)
    cv2.polylines(img, [approx], True, (0, 255, 0), 3)
    font = cv2.FONT_HERSHEY_SIMPLEX  # 设置字体样式
    text1 = 'Area: '+str(int(area))+'  Length:  '+str(int(length1))
    text2 = 'epsilon = ' + str(n) + '%'
    cv2.putText(img, text1, (10, 30), font, 0.5, (0, 255, 0), 1, cv2.LINE_AA, 0)
    cv2.putText(img, text2, (10, 60), font, 0.5, (0, 255, 0), 1, cv2.LINE_AA, 0)
    cv2.imshow(WindowName, img)
    k = cv2.waitKey(1) & 0xFF
    if k == 27:
        break
cv2.destroyAllWindows()
```

运行代码，默认 epsilon 的值为 0，运行结果如图 10.7 所示。从左上方 cv2.putText 函数得到的信息来看，当前识别出的图形围成的面积为 0（因为只有一条直线），它对应的长度为 698，但我们期望的是绿线与白色轮廓几乎相重合。

图 10.7　默认图

为了达到这个效果，需要改变 epsilon 的值。将 epsilon 的值拉到 5，滑动过程中可以发现绿色线条会不断改变，如图 10.8 所示；然后尝试将 epsilon 的值拉到 10，滑动过程中会感觉到明显的卡顿，这是因为计算量增大了；最后当 epsilon 为 10 的时候，白色轮廓与绿色曲线完美重合，如图 10.9 所示。

| 图 10.8 epsilon=5 | 图 10.9 epsilon=10 |

10.1.8　广义霍夫变换

当我们希望隔离的特征形状不具有描述其轮廓的简单解析方程时，可以使用广义霍夫变换。在这种情况下，不使用曲线的参数方程，而是使用查找表来定义轮廓位置和方向与霍夫参数之间的关系（必须使用原型形状在初步阶段计算查找表的值）。

举个例子，假设知道所需特征的形状和方向，如图 10.10 所示，可以让 (X_{ref}, Y_{ref}) 在特征中指定一个任意参考点，其中定义了特征的形状（即 r 从轮廓到这个参考点的法线的距离和角度 ω）。查找表（即 R 表）将由这些距离和方向对组成，由轮廓的方向 ω 索引。

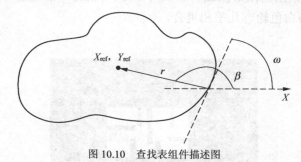

图 10.10　查找表组件描述图

霍夫变换空间现在是根据图像中形状的可能位置来定义的，即可能的范围 (X_{ref}, Y_{ref})。换句话说，转换定义如式（10.5）和式（10.6）所示（对于特定的已知方向 r，β 值来自表 ω 值）。

$$X_{ref} = x + r\cos\beta \tag{10.5}$$

$$Y_{ref} = y + r\sin\beta \tag{10.6}$$

如果所需特征的方向未知，则该过程会很复杂，必须通过引入额外参数来扩展累加器，以考虑方向。

10.2 "HSV+轮廓" 追踪物体

前文介绍了如何通过物体的 HSV 值来进行颜色的追踪，但是这一方法会因为存在很多的噪点而难以操作；还介绍了通过图像梯度来获取图像的轮廓，然后通过轮廓来进行物体的追踪，但是这可能会因为背景轮廓的颜色变化起伏比要捕捉物体的颜色变化起伏大，从而导致追踪的时候出现异常。所以这里就有了两者的结合，借助"HSV+轮廓"的方法来追踪物体。

10.2.1 基本原理

首先，使用 HSV 追踪的方式进行追踪物体的颜色提取，获得一个大致的轮廓范围；然后借助形态学操作和滤波的方法来进行物体的过滤、腐蚀、膨胀等操作。

接着，使用 cv2.findContours 函数进行轮廓的选取，获得所有对应的轮廓后，将轮廓画在实际的图像上。

先采用 HSV 进行图像处理，目的在于去除非追踪物体等干扰物（干扰物和追踪物体同色的情况后续会介绍）。去除干扰物以后，视野内就只保留了要追踪的物体，然后就能很自然地使用轮廓选取的方式将所有要追踪的物体选中，这种算法的计算量较少。

10.2.2 实际运用

为了方便操作，这里先以图像为例进行介绍，进行实际的操作，原图如图 10.11 所示，假设要捕捉的是黄色物体（见图中标注）。

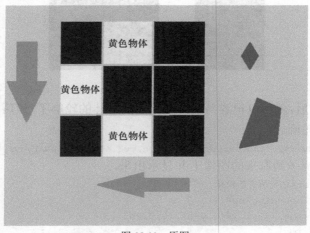

图 10.11　原图

将整张图像放入程序中，接着对整张图像进行 HSV 转换，代码如下。

```
import numpy as np
import cv2
img=cv2.imread('4.jpg')
hsv=cv2.cvtColor(img,cv2.COLOR_BGR2HSV)
```

设置识别黄色的上下阈值，可以用之前讲过的方法获取指定颜色的 HSV 值，设置的上下阈值如下。

```
Lower = np.array([20, 20, 20])
Upper = np.array([30, 255, 255])
```

把阈值范围内的部分做成掩膜 mask，将范围内的部分设置为白色，其余部分设置为黑色。

```
mask = cv2.inRange(hsv, Lower, Upper)
```

设计一个大小为 4 的卷积核，这里还提供了另外两种大小分别为 2 和 3 的卷积核，感兴趣的读者可以尝试用不同大小的卷积核去运行代码。

```
kernel_2 = np.ones((2,2),np.uint8)
kernel_3 = np.ones((3,3),np.uint8)
kernel_4 = np.ones((4,4),np.uint8)
```

使用上述卷积核进行一些简单的卷积操作，其中包含 2 次形态学腐蚀和 2 次形态学膨胀。

```
erosion = cv2.erode(mask,kernel_4,iterations = 2)
dilation = cv2.dilate(erosion,kernel_4,iterations = 2)
```

此时得到的图像如图 10.12 所示。

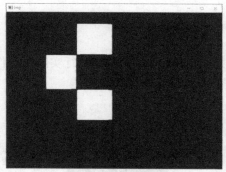

图 10.12　形态学操作图

经过 HSV 处理之后，就可以很容易获得要追踪的物体的轮廓了，然后使用 cv2.findContours 函数找到其中的白色轮廓。

```
contours,hierarchy=cv2.findContours(dilation,cv2.RETR_EXTERNAL,cv2.CHAIN_APPROX_SIMPLE)
```

最后将找到的轮廓画到原来的图像上并显示出来。

```
for i in contours:#遍历所有的轮廓
    x,y,w,h = cv2.boundingRect(i)
    cv2.rectangle(img,(x,y),(x+w,y+h),(0,0,255),3)
cv2.imshow('img',img)
cv2.waitKey(0)
cv2.destroyAllWindows()
```

将轮廓画上去之后，效果如图 10.13 所示。

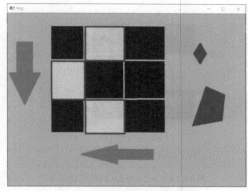

图 10.13 有轮廓的图像效果

10.2.3 优化算法

上述算法使用了很多的数学计算，例如 2 次形态学腐蚀和 2 次形态学膨胀。如果是更加复杂的情况，可能还需要通过滤波操作进行去噪，那样计算量会变得非常大。对一张图像来说可能还好，但如果是摄像头操作的话，就会变得卡顿。举个简单的例子，假设现在视频流为 1 帧换一张图，如果在一张图上的计算操作时间大于 1 帧，那么在下一帧到来的时候前一帧还没处理好，后一帧只能在那里等待，并且这个误差是会累积的。

所以对于大多数的图像操作，都要尽可能缩短在每一张图像上的计算时间。很自然，这里的代码是可以进行优化的，可以使用 cv2.Canny 函数来优化代码，优化后的代码如下。

```
import numpy as np
import cv2
img=cv2.imread('4.jpg')
hsv=cv2.cvtColor(img,cv2.COLOR_BGR2HSV)
Lower = np.array([20, 20, 20])
Upper = np.array([30, 255, 255])
mask=cv2.inRange(hsv,Lower,Upper)
kernel_2 = np.ones((2,2),np.uint8)
kernel_3 = np.ones((3,3),np.uint8)
kernel_4 = np.ones((4,4),np.uint8)
edge=cv2.Canny(mask,100,200)
contours,hierarchy=cv2.findContours(edge,cv2.RETR_EXTERNAL,cv2.CHAIN_APPROX_SIMPLE)
for i in contours:
    x,y,w,h = cv2.boundingRect(i)
    cv2.rectangle(img,(x,y),(x+w,y+h),(0,0,255),3)
cv2.imshow('contours',img)
cv2.waitKey(0)
cv2.destroyAllWindows()
```

上面的代码使用了 cv2.Canny 函数来减少代码运行一些复杂操作的时间，代码运行结果如

图 10.14 所示。

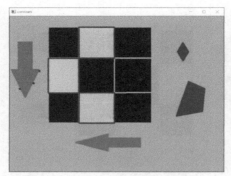

图 10.14　cv2.Canny 函数优化结果

需要注意的是，使用 cv2.Canny 函数虽然会减少一定的计算时间，但是也会降低获取轮廓的准确度，如左侧指向下方的箭头上出现了 3 个小点，这就是 cv2.Canny 函数造成的误差。

10.2.4　噪点去除

图 10.14 所示的图像上出现了 3 个噪点，这是在调用 cv2.Canny 函数时产生的，常用的解决方法有两种。第一种方法是手动设置 cv2.Canny 函数的参数，从而达到将 3 个噪点去除的效果。

首先通过 cv2.imshow 函数确认现在的情况，方便接下来的操作。

```
cv2.imshow('contours',edge)
```

运行结果如图 10.15 所示。相比图 10.14，图 10.15 能够比较清楚地显示通过 cv2.Canny 函数选取的点的具体分布情况，并将它作为工作台来进行接下来的操作。

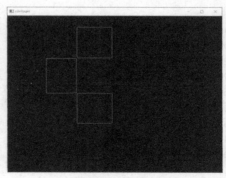

图 10.15　确认情况

可以看到左边确实存在 3 个噪点，通过调节 cv2.Canny 函数的参数来进行噪点的去除，改变上述代码中 cv2.Canny 函数的两个参数为如下内容。

```
edge=cv2.Canny(mask,1000,1500)
```

修改后的代码运行结果如图 10.16 所示。

这个时候可以很清楚地看到左边的 3 个噪点已经被去除了，这种修改参数的方法虽然不会增加额外的计算量，但是使用时需要寻找合适的参数，而参数的寻找比较麻烦。

第一种方法需要寻找参数，相比之下，接下来介绍的第二种方法会更加快捷，也更加常用。

对于噪点的去除，前文提过可以通过滤波的方式来去除各种类型的噪点，但是那样会导致计算量过大。

噪点本质上可以看作一些很小的轮廓（点的集合），所以处理轮廓的方法也能用在噪点上，这是一个

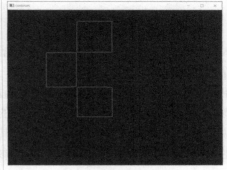

图 10.16　噪点去除效果

很重要的思想。我们不妨思考一下，为什么要处理噪点？第一，噪点出现在工作台上；第二，噪点影响了我们的正常工作。

之前的处理方式都是在第一步默认成立的情况下采取的，通过滤波的方式将它对我们的影响给消除，这是一种很常见的思维模式。但现在要介绍的方法并不是在第二步上进行优化，而是在第一步上进行优化，试图让噪点不出现在工作台上，也就是采取某种方式将噪点屏蔽。

如果把噪点看作一种特殊的轮廓，那噪点的屏蔽是相对简单的。因为噪点对我们要寻找的轮廓来说，其面积是很小的，此时可以通过调用 **cv2.contourArea** 函数来进行轮廓面积的获取，再通过 if 语句判断轮廓是否是噪点，从而实现对噪点的屏蔽。示例代码如下。

```python
import numpy as np
import cv2
import time
img=cv2.imread('4.jpg')
hsv=cv2.cvtColor(img,cv2.COLOR_BGR2HSV)
Lower = np.array([20, 20, 20])
Upper = np.array([30, 255, 255])
start=time.time()
mask=cv2.inRange(hsv,Lower,Upper)
kernel_2 = np.ones((2,2),np.uint8)
kernel_3 = np.ones((3,3),np.uint8)
kernel_4 = np.ones((4,4),np.uint8)
edge=cv2.Canny(mask,100,200)
contours,hierarchy=cv2.findContours(edge,cv2.RETR_EXTERNAL,cv2.CHAIN_APPROX_SIMPLE)
for i in contours:
    if cv2.contourArea(i)<200:
        continue
    x,y,w,h = cv2.boundingRect(i)
    cv2.rectangle(img,(x,y),(x+w,y+h),(0,0,255),3)
cv2.imshow('contours',img)
print(time.time()-start)
```

```
cv2.waitKey(0)
cv2.destroyAllWindows()
```

运行代码，结果和图 10.16 一致，意味着成功屏蔽了噪点。

相比第一种方法，第二种方法会增加额外的计算量，因为它需要遍历每一个轮廓来计算每个轮廓的面积，所以运行速度不如第一种方法。这里通过 time 模块来进行了一个简单的计时，通过时间来比较两者的效率，两种方法的用时分别如图 10.17 和图 10.18 所示。第一种通过修改 cv2.Canny 函数的参数的方法耗费的时间比遍历所有轮廓的第二种方法要少得多，几乎可以说是第二种方法耗费时间的一半。这其实也很正常，因为计算轮廓的面积本身就需要耗费不少的时间，所以修改 cv2.Canny 函数的参数这种方法在时间上肯定是占有优势的。

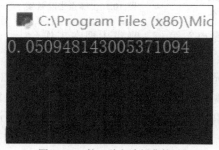

图 10.17　第一种方法耗费的时间

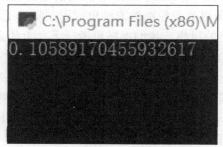

图 10.18　第二种方法耗费的时间

但是使用修改 cv2.Canny 函数的参数的方法也有它的不足之处，其对现实具体情况的适应性比较差，如果意外的情况导致出现了参数范围外的噪点，程序就会出现漏洞（bug），从而出现不想要的结果。而第二种通过遍历计算面积的方法虽然比较耗时间，但是它的适应能力强，因为它是从噪点的本质切入的，无论噪点的出现形式如何，只要是噪点，它的轮廓面积就不会太大，所以第二种方法虽然耗费时间长，但是普适性高。

10.3　Camshift 目标追踪

10.2 节介绍了如何利用"HSV+轮廓"实现物体的追踪，那是一种比较基础和简单的动态追踪方法。本节将介绍一种新的目标追踪法，即 Camshift 目标追踪法。

10.3.1　Camshift 目标追踪的原理

Camshift 算法，全称是 Continuously Adaptive Meanshift 算法，顾名思义，它是 Meanshift 算法的改进，能够自动调节搜索窗口的大小来适应目标的大小，可以追踪视频中尺寸变化的目标。它是一种半自动追踪算法，需要手动标定追踪目标。

它的基本思想是以视频图像中运动物体的颜色信息作为特征，对输入图像的每一帧分别做

Meanshift 运算，并将上一帧的目标中心和搜索窗口大小（核函数带宽）作为下一帧 Meanshift 算法的中心和搜索窗口大小的初始值，如此迭代下去，就可以实现对目标的追踪。因为该算法在每次搜索前将搜索窗口的位置和大小设置为了运动目标当前中心的位置和大小，而运动目标通常在这个区域附近，所以缩短了搜索时间。

另外，在目标运动过程中，颜色变化不大，故该算法具有良好的鲁棒性，已被广泛应用到运动人体追踪、人脸追踪等领域。

Camshift 算法利用追踪目标的颜色直方图模型，将图像转换为颜色概率分布图，初始化一个搜索窗口的大小和位置，并根据上一帧得到的结果自动调整搜索窗口的位置和大小，从而定位出当前图像中目标的中心位置。

整个算法主要分为 3 个部分。

1. 产生色彩投影图（反向投影）

（1）RGB 颜色空间对光照亮度变化较为敏感，为了减小此变化对追踪效果的影响，应先通过 cv2.cvtColor 函数将图像从 RGB 图转换为 HSV 图。

（2）对其中的 H 分量作直方图。在直方图中，x 轴对应着 H 的值，取值范围为 0～179；而 y 轴代表的是与 x 轴相对应的不同 H 分量在图中出现的概率或者像素点的个数，也就是说可以查找出 H 分量大小为 h 的概率或者像素点的个数，从而得到颜色概率查找表。

（3）将图像中每个像素点的值用其颜色出现的概率来进行替换，就得到了颜色概率分布图。这个过程叫反向投影，颜色概率分布图是一个灰度图像。

2. 使用 Meanshift 算法

Meanshift 算法是一种密度函数梯度估计的非参数方法，通过迭代寻优找到概率分布的极值来定位目标。

这部分的算法过程如下。

（1）在颜色概率分布图中选取搜索窗 W。

（2）计算零阶矩，如式（10.7）所示。

$$M_{00} = \sum_x \sum_y I(x, y) \tag{10.7}$$

计算对应的一阶矩，分别如式（10.8）和式（10.9）所示。

$$M_{10} = \sum_x \sum_y x I(x, y) \tag{10.8}$$

$$M_{01} = \sum_x \sum_y y I(x, y) \tag{10.9}$$

计算搜索窗的质心，如式（10.10）所示。

$$X_c = \frac{M_{10}}{M_{00}}, \quad Y_c = \frac{M_{01}}{M_{00}} \tag{10.10}$$

（3）调整搜索窗大小，如式（10.11）所示。

$$S = \sqrt{\frac{M_{00}}{256}} \tag{10.11}$$

（4）移动搜索窗的中心到质心。如果移动的距离大于或等于预设的固定阈值，则不断重复执行步骤（2）～（4），直到搜索窗的中心与质心之间的移动距离小于预设的固定阈值；或者循环运算的次数达到某一最大值，停止计算。关于 Meanshift 的收敛性证明，读者可以自行查阅相关文献，在此不进行说明。

3. 使用 Camshift 算法

将 Meanshift 算法扩展到连续图像序列，就是 Camshift 算法。它对视频的所有帧进行 Meanshift 运算，并将上一帧的结果，即搜索窗的大小和中心，作为下一帧 Meanshift 算法搜索窗的初始值。如此迭代下去，就可以实现对目标的追踪。

这部分的算法过程如下。

（1）初始化搜索窗。

（2）计算搜索窗的颜色概率分布（反向投影）。

（3）运行 Meanshift 算法，获得搜索窗新的大小和位置。

（4）在下一帧视频图像中用步骤（3）中的值重新初始化搜索窗的大小和位置，再跳转到步骤（2）继续进行。

Camshift 算法能有效解决目标变形和遮挡的问题，对系统资源要求不高，时间复杂度低，在简单背景下能够取得良好的追踪效果。但在背景较为复杂，或者有许多与目标颜色相似像素点干扰的情况下，会出现追踪失败的现象。因为它只单纯地考虑了颜色直方图，而忽略了目标的空间分布特性，所以这种情况下需加入对追踪目标的预测算法。

从本质上来看，运动目标的追踪就是在相邻帧中寻找具有相同或相似特征的目标。因此，可以将其看成目标与目标间的特征匹配。

10.3.2 颜色直方图

颜色直方图是对运动目标表面颜色分布的统计，不受目标的形状、姿态等的影响。所以用直方图作为目标的特征，依据颜色分布进行匹配，具有稳定性好、抗部分遮挡、计算方法简单、计算量少等特点，是比较理想的目标颜色特征。为了减小光线强度变化带来的影响，一般的颜色直方图均在 HSV 色系下提取。

对 HSV 的各个分量按照对颜色变化的敏感程度不同分别进行量化。设量化后 3 个分量的取值范围分别如式（10.12）～式（10.14）所示。

$$\{0,1,2,\cdots,L_H-1\} \tag{10.12}$$

$$\{0,1,2,\cdots,L_S-1\} \tag{10.13}$$

$$\{0,1,2,\cdots,L_V-1\} \tag{10.14}$$

按照 H、S、V 的顺序将其排列成一个矢量，则其范围如式（10.15）所示。

$$\{0,1,2,\cdots,L_H-1,\cdots,L_H+L_S-1,\cdots,L_H+L_S+L_V-1\} \tag{10.15}$$

设颜色 i 的像素点个数为 m_i，图像的像素点的总数如式（10.16）所示。

$$M=\sum_{i=0}^{L_H+L_S+L_V-1} m_i \tag{10.16}$$

则颜色 i 的出现概率 p_i，即被定义为颜色直方图的值如式（10.17）所示。

$$p_i=\frac{m_i}{M} \tag{10.17}$$

因为颜色直方图是矢量，以此作为特征进行目标追踪时，即基于颜色直方图进行目标追踪时，可采用 Bhattachary.yadistance（巴氏距离），作为两直方图相似度的度量。计算公式如式（10.18）和式（10.19）所示。

$$\rho(p,q)=\sum_{k=1}^{m}\sqrt{p(k)\cdot q(k)} \tag{10.18}$$

$$d(p,q)=\sqrt{1-\rho(p,q)} \tag{10.19}$$

其中，ρ 为两直方图的 Bhattacharyya 系数（巴式系数）；p 为候选目标直方图分布；q 为模板直方图分布；d 为两直方图的 Bhattacharyya 距离，其值越小，表明两直方图的相似度越高，反之，两直方图相似度越低。

10.3.3　Camshift 目标追踪代码分析

对于 Camshift 操作，由于它整体的运行代码比较长，因此可将整个算法分成两个部分。第一部分是整个追踪的基类，全部放入名为 tracker_base.py 的文件中，其中包含了一些常用的方法。主要操作过程属于第二部分，放在 camshift.py 文件中，通过子类的继承去调用里面的方法，从而使代码结构看起来更加清晰。

1．Camshift 目标追踪基类

第一部分 Camshift 目标追踪基类的代码如下。

```
import cv2
import numpy as np
import time
class TrackerBase(object):
    #设置基类所需成员
```

```
    def __init__(self, window_name):
        self.window_name = window_name
        self.frame = None
        self.frame_width = None
        self.frame_height = None
        self.frame_size = None
        self.drag_start = None
        self.selection = None
        self.track_box = None
        self.detect_box = None
        self.display_box = None
        self.marker_image = None
        self.processed_image = None
        self.display_image = None
        self.target_center_x = None
        self.cps = 0
        self.cps_values = list()
        self.cps_n_values = 20
#设置不同的鼠标事件
    def onMouse(self, event, x, y, flags, params):
        if self.frame is None:
            return
        if event == cv2.EVENT_LBUTTONDOWN and not self.drag_start:
            self.track_box = None
            self.detect_box = None
            self.drag_start = (x, y)
        if event == cv2.EVENT_LBUTTONUP:
            self.drag_start = None
            self.detect_box = self.selection
        if self.drag_start:
            xmin = max(0, min(x, self.drag_start[0]))
            ymin = max(0, min(y, self.drag_start[1]))
            xmax = min(self.frame_width, max(x, self.drag_start[0]))
            ymax = min(self.frame_height, max(y, self.drag_start[1]))
            self.selection = (xmin, ymin, xmax-xmin, ymax-ymin)
    def display_selection(self):
        if self.drag_start and self.is_rect_nonzero(self.selection):
            x, y, w, h = self.selection
            cv2.rectangle(self.marker_image, (x, y), (x + w, y + h), (0, 255, 255), 2)
    def is_rect_nonzero(self, rect):
        try:
            (_,_,w,h) = rect
            return ((w>0)and(h>0))
        except:
            try:
                ((_,_),(w,h),a) = rect
```

```
                return (w > 0) and (h > 0)
            except:
                return False
#设置回调函数
def rgb_image_callback(self, data):
#开始计时
        start = time.time()
        frame = data
        #若图像不存在
        if self.frame is None:
            self.frame = frame.copy()
            self.marker_image = np.zeros_like(frame)
            self.frame_size = (frame.shape[1], frame.shape[0])
            self.frame_width, self.frame_height = self.frame_size
            cv2.imshow(self.window_name, self.frame)
            cv2.setMouseCallback(self.window_name,self.onMouse)
            cv2.waitKey(3)
        else:
            self.frame = frame.copy()
            #创建一个相同的黑色空矩阵
            self.marker_image = np.zeros_like(frame)
            processed_image = self.process_image(frame)
            self.processed_image = processed_image.copy()
            self.display_selection()
            #进行逻辑"与"运算
            self.display_image = cv2.bitwise_or(self.processed_image, self.marker_image)
            if self.track_box is not None and self.is_rect_nonzero(self.track_box):
                tx, ty, tw, th = self.track_box
                cv2.rectangle(self.display_image, (tx, ty), (tx+tw, ty+th), (0, 0, 0), 2)
            elif self.detect_box is not None and self.is_rect_nonzero(self.detect_box):
                dx, dy, dw, dh = self.detect_box
                cv2.rectangle(self.display_image, (dx, dy), (dx+dw, dy+dh), (255, 50,
50), 2)

            #得到对应的时间周期
            end = time.time()
            duration = end - start
            #计算当前 FPS
            fps = int(1.0/duration)
            self.cps_values.append(fps)
            if len(self.cps_values)>self.cps_n_values:
                self.cps_values.pop(0)
            self.cps = int(sum(self.cps_values)/len(self.cps_values))
            font_face = cv2.FONT_HERSHEY_SIMPLEX
            font_scale = 0.5
            #判断窗口大小
            if self.frame_size[0] >= 640:
```

```
                        vstart = 25
                        voffset = int(50+self.frame_size[1]/120.)
                  elif self.frame_size[0] == 320:
                        vstart = 15
                        voffset = int(35+self.frame_size[1]/120.)
                  else:
                        vstart = 10
                        voffset = int(20 + self.frame_size[1] / 120.)
                  #显示当前对应CPS值
                  cv2.putText(self.display_image, "CPS: " + str(self.cps), (10, vstart),
font_face, font_scale,(255, 255, 0))
                        #显示对应RES值
                  cv2.putText(self.display_image, "RES: " + str(self.frame_size[0]) + "X"
+ str(self.frame_size[1]), (10, voffset), font_face, font_scale, (255, 255, 0))
                  cv2.imshow(self.window_name, self.display_image)
                  cv2.waitKey(3)
      #返回画面
      def process_image(self, frame):
            return frame
   if __name__=="__main__":
      #打开摄像头
      cap = cv2.VideoCapture(0)
      #创建对象
      trackerbase = TrackerBase('base')
      while True:
            ret, frame = cap.read()
            x, y = frame.shape[0:2]
            #调整画面大小
            small_frame = cv2.resize(frame, (int(y/2), int(x/2)))
            trackerbase.rgb_image_callback(small_frame)
            if cv2.waitKey(1) & 0xFF == ord('q'):
                  break
      cap.release()
      cv2.destroyAllWindows()
```

这里简要说明代码中几个主要函数的作用。

❑ init：初始化这个类的方法。

❑ onMouse：监听鼠标事件的方法，用来框选要追踪的目标。

❑ rgb_image_callback：上述代码的核心，主要用来读取摄像头回传图像并进行处理
   工作。

❑ process_image：图像处理的代码，后续继承类主要就是修改此处的代码，不同的修改
   方式代表不同的追踪方法。

运行上述代码，运行结果如图 10.19 所示。

图 10.19 左上角通过 cv2.putText 函数显示了计算出的当前分辨率和每秒处理次数（Cycles Per Second，CPS）。

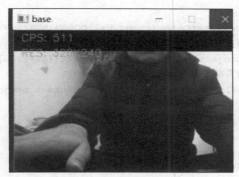

图 10.19 基类运行图

2. Camshift 追踪类

第二部分通过继承第一部分中写好的 tracker_base.py 中的子类来进行 Camshift 目标追踪，示例代码如下。

```python
import cv2
import numpy as np
from tracker_base import TrackerBase
class Camshift(TrackerBase):
    def __init__(self, window_name):
        super(Camshift, self).__init__(window_name)
        self.detect_box = None
        self.track_box = None
    #进行画面的检测
    def process_image(self, frame): #Camshift 的查找方法
        try:
            #判断检测是否为空
            if self.detect_box is None:
                return frame
            src = frame.copy()
            #判断当前是否存在搜索框
            if self.track_box is None or not self.is_rect_nonzero(self.track_box):
                self.track_box = self.detect_box
                x,y,w,h = self.track_box
                #提取感兴趣区域
                self.roi = cv2.cvtColor(frame[y:y+h, x:x+w], cv2.COLOR_BGR2HSV)
                #得到图像直方图
                roi_hist = cv2.calcHist([self.roi], [0], None, [16], [0, 180])
                #正则化，将直方图的 y 轴取值缩小到 0～255 以内，从而将概率以灰度值来表示
                self.roi_hist = cv2.normalize(roi_hist, roi_hist, 0, 255, cv2.NORM_
MINMAX)
```

165

```
                        #设立停止条件：每次至少移动 10 个像素点，每一帧只改变搜索框一次
                        self.term_crit = (cv2.TERM_CRITERIA_EPS | cv2.TERM_CRITERIA_COUNT,
10, 1)
                else:
                        hsv = cv2.cvtColor(frame,cv2.COLOR_BGR2HSV)
                        #构建直方图反向投影
                        back_project = cv2.calcBackProject([hsv],[0],self.roi_hist,[0,180],1)
                        #更新搜索框位置
                        ret, self.track_box = cv2.CamShift(back_project, self.track_box, self.
term_crit)

                        #转换点的格式
                        pts = cv2.boxPoints(ret)
                        pts = np.int0(pts)
                        #得到点后开始绘制多条直线
                        cv2.polylines(frame,[pts],True,255,1)
            except:
                pass
            return frame
    if __name__ == '__main__':
        cap = cv2.VideoCapture(0)
        camshift = Camshift('camshift')
        while True:
            ret, frame = cap.read()
            #获取图像的尺寸大小
            x, y = frame.shape[0:2]
            #调整大小
            small_frame = cv2.resize(frame, (int(y/2), int(x/2)))
            camshift.rgb_image_callback(small_frame)
            if cv2.waitKey(1) & 0xFF == ord('q'):
                break
        cap.release()
        cv2.destroyAllWindows()
```

上述代码中，第 4 行代码的 Camshift 类继承 tracker_base 类，因此 tracker_base 类是它的一个父类，具有它全部的内置方法。加粗部分的代码重写了一个 process_image 方法来覆盖掉子类中的 process_image 方法。

第 22～第 27 行的代码都是关于颜色直方图的一个反投影以及追踪。当得到追踪目标以后，通过调用 cv2.polylines 函数进行追踪目标对象的框定。

运行代码后，框选我们要追踪的目标，代码开始自动追踪，最后的运行结果如图 10.20 所示。

图 10.20　最后的追踪效果

10.4　光流法追踪

10.3 节介绍了 Camshift 目标追踪，相比通俗易懂的"HSV+轮廓"追踪方法，它是有一定理解难度的。本节再介绍一种被称为光流法追踪的目标追踪方法。

10.4.1　运动场与光流场

在理解光流法前，先要对运动场的概念有基本的理解。运动场其实就是物体在三维（3D）真实世界中运动过程的集合，它由图像中所有图像点的运动矢量组成，其中的每一个图像点都是一个三维的运动矢量。

光流法是在光流场上进行的一种预估计算。光流场简单来说就是运动场在二维（2D）图像平面上的投影，它是指图像中所有像素点构成的一种二维瞬时速度场，其中的二维速度矢量是景物中可见点的三维速度矢量在成像表面的投影。由定义来看，光流场中不仅包含了被观察物体的运动信息，还包含了有关景物三维结构的信息。

运动场与光流场之间还有以下一些基本知识需要了解。

- ❑ 运动场只能是理想的构造，用来表示二维平面与三维真实世界之间的一种运动的映射关系。但实际上，我们只能基于对图像数据的测量来模拟真实的运动场，因为不可能达到真正理想的情况。
- ❑ 在大多数情况下，摄像头中的每个图像点都有一个单独的运动，因此一般通过对图像数据的邻域操作来进行局部测量（这也是稀疏光流法的思想）。一定会存在无法为某些特定类型的邻域所正确确定的运动场，它们通常被称为光流的近似值。
- ❑ 因为不能正确测量所有图像点的运动场，所以一般采用的都不会是运动场，而是用光流场作为对它的一种近似，因为光流场本身就是运动场的近似值。

当然，现在有好几种不同的方法可以进行光学估算，也可以用不同的标准来计算光流。这里只介绍一种比较常用的积分方法，对于其他的光流计算方法，感兴趣的读者可以自行查阅相关资料。

需要注意的是，这里只介绍了一种稀疏光流法，但这并不意味着不能对所有图像的像素点进行估算，相应的算法称为稠密光流法，但这一算法十分耗时，这里不进行过多描述。

10.4.2　光流法

光流计算基于物体移动的光学特性提出了 3 个基本假设。

- ❑ 运动物体的亮度在很短的间隔时间内保持不变。
- ❑ 给定邻域内的速度向量场的变化是缓慢的。

❑　保持空间一致性，即同一子图像的像素点具有相同的运动。

注意：这 3 个基本假设在后续的积分过程中十分重要。

1．光流法原理

光流法进行目标追踪的原理如下。

（1）对一个连续的视频帧序列（也可以是摄像头产生的视频流）进行处理。

（2）针对每一个视频序列，利用一定的目标检测方法检测可能出现的前景目标。（光流法具有提前预测的能力。）

（3）如果某一帧出现了前景目标，找到其具有代表性的关键特征点（可以随机产生，也可以把自己选定的点作为特征点）。

（4）对之后的任意两个相邻视频帧而言（逐帧作差），寻找上一帧中出现的关键特征点在当前帧中的最佳位置（即预判），从而得到前景目标在当前帧中的位置坐标。

（5）重复上述过程，便可以实现目标的追踪。

2．LK 算法

光流法根据计算像素点的数量可以分为两种类型。

❑　稀疏光流法：计算部分像素点的运动，常见的是以 Lucas-Kanade（卢卡斯-卡纳德）为代表的 LK 算法。

❑　稠密光流法：计算所有像素点的运动。

这里只介绍比较基础的 LK 算法。

根据光流假设的前提，即同一个空间点的像素点的灰度值在各个图像中是固定不变的（也称为灰度不变假设），有如下结论。

假如像素点 t 时刻位于(x,y)处，设 $t+dt$ 的位置为$(x+dt,y+dt)$，则假设条件表示为式（10.20）。

$$I(x + dx, y + dy, t+dt) = I(x, y, t) \qquad (10.20)$$

对左边的式子进行三元一阶的泰勒展开，得到式（10.21）。

$$I(x + dx, y + dy, t+dt) \approx I(x, y, t) + \frac{\partial I}{\partial x}dx + \frac{\partial I}{\partial y}dy + \frac{\partial I}{\partial t}dt \qquad (10.21)$$

将依假设条件获得的式子代入后相减，得到式（10.22）。

$$\frac{\partial I}{\partial x}dx + \frac{\partial I}{\partial y}dy + \frac{\partial I}{\partial t}dt = 0 \qquad (10.22)$$

将第三项移到右侧，左右两侧同时除以 dt，整理得到式（10.23）。

$$\frac{\partial I}{\partial x} \cdot \frac{dx}{dt} + \frac{\partial I}{\partial x} \cdot \frac{dy}{dt} = -\frac{\partial I}{\partial t} \qquad (10.23)$$

为了看起来方便，不妨记为式（10.24）。

$$\frac{\mathrm{d}x}{\mathrm{d}t}=u,\frac{\mathrm{d}y}{\mathrm{d}t}=v,\frac{\partial I}{\partial x}=I_x,\frac{\partial I}{\partial y}=I_y \qquad (10.24)$$

将其写成矩阵形式，如式（10.25）所示。

$$\begin{bmatrix} I_x & I_y \end{bmatrix} \cdot \begin{bmatrix} u \\ v \end{bmatrix} = -I_t \qquad (10.25)$$

很显然，这是一个带有两个变量的一次方程，但是此刻只有一个点，所以无法准确计算出 u 和 v。

在这里 LK 算法的做法是，假设某一个窗口内的像素点具有相同的运动（或者说相同的运动轨迹，即相同的 u 与 v，只要选定的窗口足够小，可以无限逼近这个假设）。假设窗口大小为 $w×w$，那么它就有 w^2 个像素点，所以共有 w^2 个方程，如式（10.26）所示。

$$\begin{bmatrix} I_x & I_y \end{bmatrix}_k \begin{bmatrix} u \\ v \end{bmatrix} = -I_{tk}, k=1,2,3,\cdots,w^2 \qquad (10.26)$$

将所有式子相加后，对应的矩阵分别记为 A 和 b，如式（10.27）所示。

$$A = \begin{bmatrix} [I_x,I_y]_1 \\ \vdots \\ [I_x,I_y]_k \end{bmatrix}, b = \begin{bmatrix} I_{t1} \\ \vdots \\ I_{tk} \end{bmatrix} \qquad (10.27)$$

则方程可变为式（10.28）。

$$A \begin{bmatrix} u \\ v \end{bmatrix} = -b \qquad (10.28)$$

这是一个超定线性方程，可以采用最小二乘法算得一个误差最小的解，如式（10.29）所示。

$$\begin{bmatrix} u \\ v \end{bmatrix} = -(A^{\mathrm{T}}A)^{-1}A^{\mathrm{T}}b \qquad (10.29)$$

即可得到 u 和 v。

3. 超定方程组和最小二乘法

对于方程组 $Ax=b$，A 为 $n×m$ 的一个矩阵。如果 A 列满秩，且 $n>m$，则方程组没有精确解，此时称方程组为超定方程组。

线性超定方程组经常遇到的问题是数据的曲线拟合。对于一个超定方程，常常利用左除命令来寻求它的最小二乘解。

最小二乘法（又称最小平方法）是一种数学优化技术，它通过最小化误差的平方和寻找数据的最佳函数进行匹配。利用最小二乘法可以简便地求得未知的数据，并使得这些求得的数据与实际数据之间误差的平方和最小。最小二乘法还可用于曲线拟合，其他的一些优化问题（如最小化能量或最大化熵问题）也可通过最小二乘法来解决。

4. 光流法的不足

由于光流法的前提条件约束性非常强，以及它本身算法的一些特点，因此有很多的不足，例如下面几点。

- [ ] 关键点与描述子计算非常耗时。
- [ ] 忽略除特征点外的所有信息。
- [ ] 不能快速处理特征缺失的问题。

10.4.3　直接法

为解决光流法存在的问题，人们提出了一种更加有效的方法：直接法。

直接法的思路有两种：

- [ ] 保留特征点，只计算关键点，不计算描述子，用直接法计算特征点下一时刻在图像中的位置；
- [ ] 既不计算关键点，也不计算描述子，根据像素点灰度的差异直接计算相机运动。

设空间点 P 的世界坐标为 (X,Y,Z)，与前文的稀疏光流法相比较，其需要使用两个相机来加以跟踪。我们记所跟踪的物体在两个相机上成像的非齐次坐标分别为 $\vec{p}_1$、$\vec{p}_2$。现在需要解决的问题是计算第一个相机的非齐次坐标到第二个相机的非齐次坐标的相对位姿变换，思路为根据当前相机的位姿估计值来寻找 $\vec{p}_2$ 的位置，这里涉及极几何的相关知识，只做一些简单的公式推导。

以第一个相机为相对参考系，第二个相机的旋转和平移分别为 R 和 $\vec{t}$（在李代数中为 ξ）。另外两个相机的内参 K 相同，所以投影方程如式（10.30）所示。

$$\vec{p}_1 = \begin{bmatrix} u \\ v \\ 1 \end{bmatrix}_1 = \frac{1}{Z_1}KP, \quad \vec{p}_2 = \begin{bmatrix} u \\ v \\ 1 \end{bmatrix}_2 = \frac{1}{Z_2}K(RP+\vec{t}) = \frac{1}{Z_2}K(\exp(\xi^{\wedge})P)_{1:3} \quad （10.30）$$

其中，Z_1 是 P 的深度，Z_2 是 P 在第二个相机坐标系下的深度，也是 $RP+\vec{t}$ 的第三个坐标值。

目标是最小化光度误差，如式（10.31）所示。

$$e = I_1(\vec{p}_1) - I_2(\vec{p}_2) \quad （10.31）$$

优化方程可写为式（10.32）所示。

$$\min_{\xi} J(\xi) = \|e\|^2 \tag{10.32}$$

假设有 N 个空间点 P_i，则整个相机位姿为式（10.33）和式（10.34）。

$$e_i = I_1(\vec{p}_1, i) - I_2(\vec{p}_2, i) \tag{10.33}$$

$$\min_{\xi} J(\xi) = \sum_{i=1}^{N} e^{i^T} e^i \tag{10.34}$$

这里的优化变量为相机位姿 ξ。使用李代数上的扰动模型，给 $\exp(\xi)$ 左乘一个小扰动 $\exp(\delta\xi)$，如式（10.35）所示。

$$
\begin{aligned}
e_i(\xi \oplus \delta\xi) &= I_1\left(\frac{1}{Z_1} KP\right) - I_2\left(\frac{1}{Z_2} K \cdot \exp(\delta\xi^\wedge)\exp(\xi^\wedge)P\right) \\
&\approx I_1\left(\frac{1}{Z_1} KP\right) - I_2\left(\frac{1}{Z_2} K \cdot (1+\delta\xi^\wedge) \cdot \exp(\xi^\wedge)P\right) \\
&= I_1\left(\frac{1}{Z_1} KP\right) - I_2\left(\frac{1}{Z_2} K \cdot \exp(\xi^\wedge)P + \frac{1}{Z_2} K\delta\xi^\wedge \cdot \exp(\delta\xi^\wedge)P\right)
\end{aligned}
\tag{10.35}
$$

为简化上式，进行式（10.36）和式（10.37）的替换操作。

$$\vec{q} = \delta\xi^\wedge \exp(\xi^\wedge)P \tag{10.36}$$

$$\vec{u} = \frac{1}{Z_2} \cdot K\vec{q} \tag{10.37}$$

其中，$\vec{q}$ 为 P 在扰动后位于第二个相机坐标系下的坐标，而 $\vec{u}$ 为对应的像素点坐标。

然后对上式进行一阶的泰勒展开，如式（10.38）所示。

$$
\begin{aligned}
e(\xi \oplus \delta\xi) &= I_1\left(\frac{1}{Z_1} KP\right) - I_2\left(\frac{1}{Z_2} K \cdot \exp(\xi^\wedge)P + \vec{u}\right) \\
&\approx I_1\left(\frac{1}{Z_1} KP\right) - I_2\left(\frac{1}{Z_2} K \cdot \exp(\xi^\wedge P)\right) - \frac{\partial I_2}{\partial \vec{u}} \cdot \frac{\partial \vec{u}}{\partial \vec{q}} \cdot \frac{\partial \vec{q}}{\partial \delta\vec{\xi}} \cdot \delta\xi \\
&= e(\xi) - \frac{\partial I_2}{\partial \vec{u}} \cdot \frac{\partial \vec{u}}{\partial \vec{q}} \cdot \frac{\partial \vec{q}}{\partial \delta\vec{\xi}} \cdot \delta\xi
\end{aligned}
\tag{10.38}
$$

其中，$\frac{\partial I_2}{\partial \vec{u}}$ 为 $\vec{u}$ 处的像素梯度，$\frac{\partial I_2}{\partial \vec{q}}$ 为 $\vec{q}$ 在相机坐标系下的三维点的导数。根据之前的介绍，记为式（10.39）。

$$\vec{q} = [X, Y, Z]^{\mathrm{T}} \tag{10.39}$$

替换后，得到式（10.40）。

$$\frac{\partial \vec{u}}{\partial \vec{q}} = \begin{bmatrix} \dfrac{\partial \vec{u}}{\partial X} & \dfrac{\partial \vec{u}}{\partial Y} & \dfrac{\partial \vec{u}}{\partial Z} \\[2mm] \dfrac{\partial \vec{v}}{\partial X} & \dfrac{\partial \vec{v}}{\partial Y} & \dfrac{\partial \vec{v}}{\partial Z} \end{bmatrix} = \begin{bmatrix} \dfrac{f_x}{Z} & 0 & \dfrac{-f_x X}{Z^2} \\[3mm] 0 & \dfrac{f_y}{Z} & \dfrac{f_y Y}{Z^2} \end{bmatrix} \tag{10.40}$$

$\dfrac{\partial \vec{u}}{\partial \delta \xi}$ 是变换后的三维点对变换的导数，在李代数中有详细介绍，这里就不进行过多描述了，其值为式（10.41）。

$$\frac{\partial \vec{q}}{\partial \delta \xi} = \begin{bmatrix} I, & -\vec{q}^{\,\wedge} \end{bmatrix} \tag{10.41}$$

后两项只与三维点相关，而与图像无关，所以经常把它们合在一起，如式（10.42）所示。

$$\frac{\partial \vec{u}}{\partial \delta \xi} = \begin{bmatrix} \dfrac{f_x}{Z} & 0 & \dfrac{-f_x X}{Z^2} & \dfrac{-f_x XY}{Z^2} & f_x + \dfrac{f_x X^2}{Z} & \dfrac{-f_x Y}{Z} \\[3mm] 0 & \dfrac{f_y}{Z} & \dfrac{-f_y Y}{Z^2} & -f_y - \dfrac{f_y Y^2}{Z^2} & \dfrac{f_y XY}{Z^2} & \dfrac{-f_x X}{Z} \end{bmatrix} \tag{10.42}$$

误差相对于李代数的雅可比矩阵而言，为式（10.43）。

$$J = -\frac{\partial I_2}{\partial \vec{u}} \cdot \frac{\partial \vec{u}}{\partial \delta \xi} \tag{10.43}$$

对于 N 个点的问题，可以用这个方法计算优化的雅可比矩阵，然后用 GN（Girvan-Newman）算法或 LM（Levenberg-Marqvard）算法计算增量，迭代求解。

在上面的推导中，P 是一个已知位置的空间点。根据空间点的不同来源，直接法又可以分为以下几类。

❑ 若来自稀疏关键点，称为稀疏直接法。

❑ 若来自部分像素点，称为半稠密直接法。

❑ 若来自所有像素点，称为稠密直接法。

直接法有如下优点。

❑ 省去计算特征点、描述子的时间，计算速度快。

❑ 有像素梯度即可，无须特征点，省去了特征点的选取时间。

❑ 可构建稠密的地图，这是特征点无法做到的。

直接法有如下缺点。

❑ 非凸性。

❑ 单个像素点没有区分度。

❑ 灰度值不变是一个限制性很强的假设（这点与光流法一样）。

10.4.4　光流法的代码实现

现在回到光流法，光流法的代码实现有两个过程。首先是特征点的选取，提取特征点的方法是哈里斯角点提取法，选取的角为哈里斯角。选取好特征点后，再进行光流追踪。

1. 特征点提取

下面进行特征点的提取，使用 10.3 节中写的 tracker_base.py 作为基类，示例代码如下。

```python
import cv2
from tracker_base import TrackerBase
import numpy as np
#基类继承
class GoodFeatures(TrackerBase):
    def __init__(self, window_name):
        super(GoodFeatures, self).__init__(window_name)
        self.feature_size = 1
        self.gf_maxCorners = 200
        self.gf_qualityLevel = 0.02
        self.gf_minDistance = 7
        self.gf_blockSize = 10
        #提取哈里斯角点
        self.gf_useHarrisDetector = True
        self.gf_k = 0.04
        self.gf_params = dict(maxCorners = self.gf_maxCorners,
                        qualityLevel = self.gf_qualityLevel,
                        minDistance = self.gf_minDistance,
                        blockSize = self.gf_blockSize,
                        useHarrisDetector = self.gf_useHarrisDetector,
                        k = self.gf_k)
        self.keypoints = list()
        self.detect_box = None
        self.mask = None
    #图像预处理
    def process_image(self, frame):
        try:
            if not self.detect_box:
                return frame
            src = frame.copy()
            gray = cv2.cvtColor(src, cv2.COLOR_BGR2GRAY)
            gray = cv2.equalizeHist(gray)
            keypoints = self.get_keypoints(gray, self.detect_box)
            if keypoints is not None and len(keypoints) > 0:
                for x, y in keypoints:
```

```
                            cv2.circle(self.marker_image, (x, y), self.feature_size, (0, 255,
0), -1)
        except:
            pass
        return frame
    #得到关键点
    def get_keypoints(self, input_image, detect_box):
        #构建与原图相同大小的掩膜
        self.mask = np.zeros_like(input_image)
        try:
            x, y, w, h = detect_box
        except:
            return None
        self.mask[y:y+h, x:x+w] = 255
        keypoints = list()
        kp = cv2.goodFeaturesToTrack(input_image, mask = self.mask, **self.gf_params)
        if kp is not None and len(kp) > 0:
            for x, y in np.float32(kp).reshape(-1, 2):
                keypoints.append((x, y))
        return keypoints
if __name__ == '__main__':
    cap = cv2.VideoCapture(0)
    goodfeatures = GoodFeatures('good_feature')
    while True:
        ret, frame = cap.read()
        x,y = frame.shape[0:2]
        #调整界面大小
        small_frame = cv2.resize(frame, (int(y/2), int(x/2)))
        goodfeatures.rgb_image_callback(small_frame)
        if cv2.waitKey(1) & 0xFF == ord('q'):
            break
    cap.release()
    cv2.destroyAllWindows()
```

提取角点的函数有以下几个参数。

❑ Max_coners：最大角点数。

❑ QualityLevel：角点质量。

❑ Min_distance：最小角点距离。

❑ Use_HarrisDetector：使用哈里斯角点提取法。

运行上述代码，结果如图 10.21 所示。

在程序框内出现的黄色小点（图 10.21 中长方形框内）就是提取出的哈里斯角点，也就是需要的光流追踪点。

图 10.21　特征点提取图

2. 光流追踪

选取特征点后，就可以进行 LK 算法的光流追踪了，示例代码如下。

```python
import cv2
import numpy as np
from good_features import GoodFeatures
#继承上述基类
class LKTracker(GoodFeatures):
    def __init__(self, window_name):
        super(LKTracker, self).__init__(window_name)
        self.feature_size = 1
        self.lk_winSize = (10, 10)
        self.lk_maxLevel = 2
        self.lk_criteria = (cv2.TERM_CRITERIA_EPS | cv2.TERM_CRITERIA_COUNT, 20, 0.01)
        self.lk_params = dict(winSize = self.lk_winSize,
                              maxLevel = self.lk_maxLevel,
                              criteria = self.lk_criteria)
        #设置光流参数
        self.detect_interval = 1
        self.keypoints = None
        self.detect_box = None
        self.track_box = None
        self.mask = None
        self.gray = None
        self.prev_gray = None
    #父类覆盖
    def process_image(self, frame):
        try:
            if self.detect_box is None:
                return frame
            src = frame.copy()
            #格式转换
            self.gray = cv2.cvtColor(src, cv2.COLOR_BGR2GRAY)
            #直方图均衡化
            self.gray = cv2.equalizeHist(self.gray)
            if self.track_box is None or not self.is_rect_nonzero(self.track_box):
                self.track_box = self.detect_box
                self.keypoints = self.get_keypoints(self.gray, self.track_box)
            else:
                if self.prev_gray is None:
                    self.prev_gray = self.gray
                self.track_box = self.track_keypoints(self.gray, self.prev_gray)
            self.prev_gray = self.gray
        except:
            pass
        return frame
```

```
        def track_keypoints(self, gray, prev_gray):
            img0, img1 = prev_gray, gray    # A
            p0 = np.float32([p for p in self.keypoints]).reshape(-1, 1, 2)
            #获取角点坐标
            p1, st, err = cv2.calcOpticalFlowPyrLK(img0, img1, p0, None, **self.lk_params) #B
            try:
                p0r,st,err=cv2.calcOpticalFlowPyrLK(img1, img0, p1,None,**self.lk_params) #C
                d = abs(p0-p0r).reshape(-1, 2).max(-1)
                good = d<1
                new_keypoints = list()
                for(x, y), good_flag in zip(p1.reshape(-1, 2), good):
                    if not good_flag:
                        continue
                    new_keypoints.append((x, y))
                    cv2.circle(self.marker_image, (x, y), self.feature_size, (255, 255,
0), -1)
                self.keypoints = new_keypoints
                keypoints_array = np.float32([p for p in self.keypoints]).reshape(-1, 1, 2)
                #画取轮廓矩形
                if len(self.keypoints)>6:
                    track_box = cv2.boundingRect(keypoints_array)
                else:
                    track_box = cv2.boundingRect(keypoints_array)
            except:
                track_box = None
            return track_box
    if __name__ == '__main__':
        cap = cv2.VideoCapture(0)
        lk_tracker = LKTracker('lk_tracker')
        while True:
            ret, frame = cap.read()
            x, y = frame.shape[0:2]
            #调整界面大小
            small_frame = cv2.resize(frame, (int(y/2), int(x/2)))
            lk_tracker.rgb_image_callback(small_frame)
            if cv2.waitKey(1) & 0xFF == ord('q'):
                break
        cap.release()
        cv2.destroyAllWindows()
```

其中，track_keypoints 函数是光流追踪的主要函数。

　　track_keypoints 函数在代码 A 处得到当前帧和上一帧的图像，分别为 img0 和 img1；代码 B 处是对两帧进行正向计算，算出上一帧到当前帧的光流对应点；代码 C 处是对两帧进行反向计算，算出当前帧到上一帧的光流对应点。

　　代码只保留正反两次计算都通过的特征点，这些点即目标特征点。

运行上述代码，结果如图 10.22 所示。

图 10.22　追踪图

10.5　KCF 目标追踪

10.4 节介绍了 LK 光流法，LK 光流法适合追踪移动速度缓慢的物体，所以无人机上会有这种类似的光流器件。本节介绍 KCF 目标追踪。

KCF 目标追踪是一种鉴别式追踪方法，这类方法一般都是在追踪过程中训练一个目标检测器，使用目标检测器检测下一帧预测位置是否是目标出现的位置，然后再使用检测结果去更新训练集，进而更新目标检测器。在训练目标检测器时一般选取目标区域为正样本，目标周围的区域为负样本。越靠近目标的区域，为正样本的可能性越大。

KCF 目标追踪的好处在于它的追踪速度很快，与光流法的应用场景刚好相反。但是 KCF 目标追踪有以下两个缺点。

❑　KCF 目标追踪在追踪过程中的目标框是已经设定好的，从始至终大小都没有发生变化，但是追踪序列的目标大小是发生变化的，这个差异可能会导致追踪器在追踪过程中目标框产生漂移，从而导致追踪失败。

❑　KCF 目标追踪的目标被遮挡问题没有被很好地解决。

10.5.1　工作原理

KCF 目标追踪需要很强的专业知识，这里简单介绍一下其中的部分工作原理，对于剩余部分，感兴趣的读者可以自行查阅相关资料，这里不进行过多描述。

1．循环矩阵

首先介绍一下循环矩阵。循环矩阵是一种特殊形式的 Toeplitz matrix（托普利兹矩阵），托普利兹矩阵的形式如式（10.44）所示。

$$A = \begin{bmatrix} a_0 & a_{-1} & a_{-2} & \cdots & a_{-(n-1)} \\ a_1 & a_0 & a_{-1} & \cdots & a_{-(n-2)} \\ a_2 & a_1 & a_0 & \cdots & a_{-(n-3)} \\ \vdots & \vdots & \vdots & & \vdots \\ a_{n-1} & a_{n-2} & a_{n-3} & \cdots & a_0 \end{bmatrix} \tag{10.44}$$

只要满足 $A_{i,j} = A_{i+1,j+1} = a_{i-j}$ 的矩阵，都可称为托普利兹矩阵，而循环矩阵就是其中的一种特殊形式，其形式如式（10.45）所示。

$$B = \begin{bmatrix} 1 & 2 & 3 & 4 & 5 \\ 5 & 1 & 2 & 3 & 4 \\ 4 & 5 & 1 & 2 & 3 \\ 3 & 4 & 5 & 1 & 2 \\ 2 & 3 & 4 & 5 & 1 \end{bmatrix} \tag{10.45}$$

KCF 目标追踪常常用循环矩阵来辅助运算，因为它能够减少大量的运算量，主要是因为循环矩阵的特殊性质。相比其他矩阵，循环矩阵的自由度为 $2n-1$，而不是 n 的平方，这是因为它可以用类似于 Levinson 算法的算法来进行简单计算，Levinson 算法这里就不详细介绍了，感兴趣的读者可以查阅相关资料。

KCF 目标追踪用目标区域来形成一个循环矩阵，再利用循环矩阵在傅里叶空间中的可对角化等性质，通过岭回归得到通用的预测公式。特别要说明的一点就是该预测公式没有矩阵求逆的计算，这是因为 KCF 目标追踪的创造者巧妙地将循环矩阵在傅里叶空间的性质与目标追踪时的循环采样相结合，从而大大减少了计算量。

托普利兹矩阵还有很多的特性，例如可以被分解，常用方法有用于 LU 分解的 Bareiss（巴里斯）算法等。但更重要的是，卷积也可以用托普利兹矩阵相乘的形式来表达，由此可以简化计算的自相关等过程。

2. 卡尔曼滤波

定位追踪时，可以通过某种定位技术（例如位置指纹法）得到一个位置估计（观测位置）；也可以根据经验（运动目标常常是匀速运动的），由上一时刻的位置和速度来预测出当前位置（预测位置）。把这个观测结果和预测结果做一个加权平均，并把加权平均值作为定位结果，加权平均值的大小取决于观测位置和预测位置的不确定程度，在数学上可以证明当预测过程和观测过程都是线性高斯过程时，按照卡尔曼滤波的方法做加权是最优的。

卡尔曼滤波的 5 个公式分别如式（10.46）～式（10.47）所示。

$$\hat{x}_k^- = A\hat{x}_{k-1} + Bu_{k-1} \tag{10.46}$$

$$P_k^- = AP_{k-1}A^\mathrm{T} + Q \tag{10.47}$$

$$K_k = P_k^- \boldsymbol{H}^{\mathrm{T}} (\boldsymbol{H} P_k^- \boldsymbol{H}^{\mathrm{T}} + R)^{-1} \quad\quad (10.48)$$

$$\hat{x}_k = \hat{x}_k^- + K_k \left(z_k - \boldsymbol{H}\hat{x}_k^- \right) \quad\quad (10.49)$$

$$P_k = P_k^- - K_k \boldsymbol{H} P_k^- \quad\quad (10.50)$$

这里简单地解释一下上述公式的含义。

- 式（10.46）：由上一时刻的状态预测当前状态，加上外界的输入。
- 式（10.47）：预测过程增加了新的不确定性 Q，加上之前存在的不确定性。
- 式（10.48）：由预测结果的不确定性 P_k^- 和观测结果的不确定性 R 来计算卡尔曼增益（权重）。
- 式（10.49）：对预测结果和观测结果做加权平均，得到当前时刻的状态估计。
- 式（10.50）：更新 P_k，代表本次状态估计的不确定性。

需要注意的是，在定位中，状态是一个向量，除了坐标外还可以包含速度，例如 x_k =(坐标 x,坐标 y,速度 x,速度 y)。由此可见，状态是向量，而不仅仅是一个标量。上面的几个公式中的矩阵乘法实际上是同时对多个状态进行计算，表示不确定性的方差也就成为了协方差矩阵。

10.5.2　KCF 目标追踪实例

KCF 目标追踪的具体细节比较复杂，所以上文只是简单地介绍了 KCF 目标追踪的一些基础知识，方便大家查看相关资料。现在基于前面的基础理论来进行实例的代码讲解，示例代码如下。

```python
import cv2
import numpy as np
from tracker_base import TrackerBase
class KcfKalmanTracker(TrackerBase):
    def __init__(self, window_name):
        super(KcfKalmanTracker, self).__init__(window_name)
        self.tracker = cv2.TrackerKCF_create()
        self.detect_box = None
        self.track_box = None
        #设置卡尔曼参数
        self.kalman = cv2.KalmanFilter(4, 2)
        self.kalman.measurementMatrix = np.array([[1,0,0,0],[0,1,0,0]],np.float32)
        self.kalman.transitionMatrix = np.array([[1,0,1,0],[0,1,0,1],[0,0,1,0],[0,0,
0,1]],np.float32)
        self.kalman.processNoiseCov=
                        np.array([[1,0,0,0],[0,1,0,0],[0,0,1,0],[0,0,0,1]],np.
float32)*0.03
        self.measurement = np.array((2,1),np.float32)
        self.prediction = np.array((2,1),np.float32)
    #图像预处理
```

```python
    def process_image(self, frame):
        try:
            if self.detect_box is None:
                return frame
            src = frame.copy()
            if self.track_box is None or not self.is_rect_nonzero(self.track_box):
                self.track_box = self.detect_box
                if self.tracker is None:
                    raise Exception("tracker not init")
                status = self.tracker.init(src, self.track_box)
                if not status:
                    raise Exception("tracker initial failed")
            else:
                self.track_box = self.track(frame)
        except:
            pass
        return frame
    def track(self, frame):
        #更新画面
        status, coord = self.tracker.update(frame)
        center = np.array([[np.float32(coord[0]+coord[2]/2)],[np.float32(coord[1]+
coord[3]/2)]])
        self.kalman.correct(center)
        #卡尔曼预测
        self.prediction = self.kalman.predict()
        cv2.circle(frame, (int(self.prediction[0]),int(self.prediction[1])),4,(255,
60,100),2)
        round_coord = (int(coord[0]), int(coord[1]), int(coord[2]), int(coord[3]))
        return round_coord
if __name__ == '__main__':
    cap = cv2.VideoCapture(0)
    kcfkalmantracker = KcfKalmanTracker('base')
    while True:
        ret, frame = cap.read()
        x, y = frame.shape[0:2]
        #调整画布大小
        small_frame = cv2.resize(frame, (int(y/2), int(x/2)))
        kcfkalmantracker.rgb_image_callback(small_frame)
        if cv2.waitKey(1) & 0xFF == ord('q'):
            break
    cap.release()
    cv2.destroyAllWindows()
```

运行上述代码，结果如图 10.23 所示。其中，图中左上角显示的是屏幕分辨率和 CPS，图中框中的蓝色光点（见标注处）就是卡尔曼滤波预测结果。

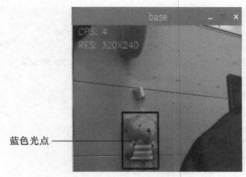

蓝色光点 ——

图 10.23 KCF 目标追踪

10.6 多目标追踪

图像对齐可以用在很多地方，例如将已经歪曲的图像摆正。前几节介绍了单目标追踪，方法有很多种，例如光流法追踪、KCF 目标追踪等。本节将介绍多目标追踪，继续介绍目标追踪的算法。

多目标追踪的原理和单目标追踪的原理有相似之处，多目标追踪有以下几个主要步骤。

（1）创建单目标对象追踪器。

（2）读取摄像头（视频）内初帧。

（3）在初帧内确定追踪的所有对象。

（4）初始化多目标追踪的类。

（5）更新图像并输出图像。

10.6.1 创建单目标对象追踪器

前面在 Camshift 算法中介绍过追踪基类，它的用途是在运用不同追踪方法时能够通过父类覆盖的方式得到对应的追踪方法，这里采用的基本原理也是相似的。

对于多目标追踪，OpenCV 提供了一个多目标追踪器类，即 MultiTracker，但是这个类只负责追踪对象，而不对追踪的对象做任何操作。

多对象追踪器是一个个单目标对象追踪器的集合。单目标对象追踪器的创建步骤如下：首先定义一个追踪器类型作为输入，然后根据类型来创建追踪器对象的函数（或者类）。在 OpenCV 中，默认有 8 种不同的追踪器，分别是 KCF、TLD、MEDIANFLOW、BOOSTING、MIL、GOTURN、CSRT 和 MOSSE。一般情况下，先给定追踪器类的名称，再返回单追踪器对象（这个就好比在 Camshift 算法里写的 tracker 类），之后再建立多追踪器类。

相关函数的代码如下。

```
from __future__ import print_function
```

```
import sys
import cv2
from random import randint
trackerTypes = ['BOOSTING', 'MIL', 'KCF','TLD', 'MEDIANFLOW', 'GOTURN', 'MOSSE', 'CSRT']
def createTrackerByName(trackerType):
    # Create a tracker based on tracker name
    if trackerType == trackerTypes[0]:
        tracker = cv2.TrackerBoosting_create()
    elif trackerType == trackerTypes[1]:
        tracker = cv2.TrackerMIL_create()
    elif trackerType == trackerTypes[2]:
        tracker = cv2.TrackerKCF_create()
    elif trackerType == trackerTypes[3]:
        tracker = cv2.TrackerTLD_create()
    elif trackerType == trackerTypes[4]:
        tracker = cv2.TrackerMedianFlow_create()
    elif trackerType == trackerTypes[5]:
        tracker = cv2.TrackerGOTURN_create()
    elif trackerType == trackerTypes[6]:
        tracker = cv2.TrackerMOSSE_create()
    elif trackerType == trackerTypes[7]:
        tracker = cv2.TrackerCSRT_create()
    else:
        tracker = None
        print('错误的追踪器的名字')
        print('我们有以下几种追踪器:')
        for t in trackerTypes:
            print(t)
    return tracker
```

10.6.2 读取摄像头（视频）内初帧

创建好单目标对象追踪器后，多对象的追踪器还需要两个输入，分别是一个视频帧和追踪对象的位置。只要在初帧（第一帧）中确定这些信息后，多目标追踪器就能够在所有的后续帧中追踪指定对象的位置。

下面的代码使用 cv2.VideoCapture 函数来加载摄像头（或视频）的第一帧，通过对第一帧进行一些数据读取操作后，使用这些数据来初始化多目标追踪器 MultiTracker。

```
# 设置路径
videoPath = "1.mp4"
# 创建一个 caputure 类
cap=cv2.VideoCapture(videoPath)
# 读取初帧
ret,frame = cap.read()
# 判断是否读取成功
```

```
if not ret:
    print('读取失败')
    sys.exit(1)
```

10.6.3　在初帧内确定追踪的所有对象

读取完初帧后，还需要在已经读取的第一帧中框出追踪对象，这一过程可以使用 OpenCV 中的 cv2.selectROI 函数。

当使用这个函数时，默认情况下它会弹出一个 UI 来进行边框的选取，即选取感兴趣区域。

需要注意的是，在 Python 中使用 cv2.selectROI 函数时每次只能获得一个边框，如果想要实现多目标追踪的话，需要使用循环来对每个追踪对象进行选取。

这里用随机颜色来显示边框，这样可以准确区分勾选的不同物体。cv2.selectROI 函数首先是在图像上对目标进行选取；然后按 Enter 键确定后完成画框，如果有循环的话就会开始画下一个框，按 q 键后退出画框，然后开始执行程序。示例代码如下。

```
bboxes = []
colors = []
while 1:
    bbox = cv2.selectROI('MultiTracker', frame)
    bboxes.append(bbox)
    colors.append((randint(0, 255), randint(0, 255), randint(0, 255)))
    print("按 q 键退出，按其他键继续画下一个框")
    if cv2.waitKey(0) & 0xFF==ord('q'):
        break
print('选取的边框为{}'.format(bboxes))
```

10.6.4　初始化多目标追踪的类

进行到这一步，多目标追踪已经读取到了视频的第一帧，并在追踪对象的周边画出了相应的边框，这两个数据用来初始化多对象追踪器所需的数据。

先通过调用上面写好的函数来创建一个 MultiTracker 的对象，然后添加进行单个对象追踪的追踪器。为了尽可能地提升多目标追踪器的性能，此处使用 CSRT 作为单目标对象追踪器，感兴趣的读者可以通过修改 trackerType 变量的值来使用其他 7 种追踪器进行相关的多目标追踪尝试。

需要说明的是，这里使用的 CSRT 追踪器不一定是运行速度、追踪速度最快的，但是它的鲁棒性很强，能够适应很多种环境变化的情况，运行结果普遍比较好。

也可以对一张图像中的多个不同追踪对象使用包含在同一个 MultiTracker 对象中的不同追踪器。如果使用这种方法，并不建议随便选一个追踪器来进行使用，例如光流法追踪只能在满足光流法的 3 个前提的情况下使用，并不能满足绝大多数的情况。综合来说，CSRT 是其中精度最高的；KCF 是速度、精度综合水平最高的；MOSSE（Minimum Output Sum of Squared Error）

追踪器是速度最快的，但精度会稍微偏低一些。

　　需要注意的是，**MultiTracker** 类只是一个个对象追踪器的集合，而真正使用的时候，需要用视频的第一帧和选取的边框来初始化一个个对象追踪器（如果使用了多个追踪器），然后该边框指出追踪对象的位置。在这个过程中，**MultiTracker** 将两类数据传递给它集合内部包装好的单目标对象追踪器，起着桥梁的作用。

　　示例代码如下。

```
# 选择单个追踪器的类型
trackerType = "CSRT"
# 实例化
multiTracker = cv2.MultiTracker_create()
# 初始化追踪器
for bbox in bboxes:
    multiTracker.add(createTrackerByName(trackerType), frame, bbox)
```

10.6.5　更新图像并输出图像

　　现在 MultiTracker 已经初始化了，可以在视频的后续帧中追踪多个已经选取的对象。在视频的后续帧中，可以使用 update 函数来定位追踪对象。

　　update 函数的返回值为布尔值（True 和 False），用来判断后续的视频中的多目标追踪是否成功。如果追踪失败，update 函数会返回 False，但这只是提醒出现了错误，代码不会因此而停止追踪，而是选择继续更新画面，给出追踪对象的边框。示例代码如下。

```
# 开始对后续帧进行追踪
while cap.isOpened():
    ret,frame =cap.read()
    if not ret:
        break
    # 更新位置
    ret,boxes = multiTracker.update(frame)
    #显示是否出错
    print(ret)
    # 画出边框
    for i,newbox in enumerate(boxes):
        p1=(int(newbox[0]), int(newbox[1]))
        p2=(int(newbox[0] + newbox[2]), int(newbox[1] + newbox[3]))
        cv2.rectangle(frame, p1, p2, colors[i], 2, 1)
    # 显示画面
    cv2.imshow('MultiTracker', frame)
    # 按 q 键退出
    if cv2.waitKey(1) & 0xFF == ord('q'):
        break
```

　　将上面的所有代码放入同一个 ".py" 文件，在相同的文件夹内放入 1.mp4 视频后，运行上述代码，会跳出来视频的第一帧，我们需要先选取追踪对象，如图 10.24 所示。

图 10.24 选取追踪对象

选定后按 Enter 键，再按 q 键退出选取界面，画布就开始展示视频的后续帧，其中选定的追踪对象上始终会出现不同颜色的框来进行实时追踪，如图 10.25 所示。

控制台上也会显示当前的追踪状态。如果显示 True，则表明追踪状态正常；如果显示 False，则表明追踪失败，如图 10.26 所示。

图 10.25 追踪图

图 10.26 追踪状态图

需要注意的是，代码中使用的是 CSRT 追踪器，运行上述代码后会发现视频帧运动起来比较缓慢，但是追踪的准确度比较高。感兴趣的读者可以尝试使用 MOSSE 追踪器来进行追踪，那样的话追踪速度会快很多，但是准确度会明显下降。

第 11 章　综合运用 2：图像数据交互

第 10 章介绍了几种常见的物体图像追踪方法。本章将介绍 OpenCV 在图像数据交互上的运用。

本章的主要内容如下。

- ❏　图像的裁剪。
- ❏　单目测距。
- ❏　数据邮件传输。
- ❏　远程实时数据交互。

注意：本章所用的知识相对第 10 章而言比较好理解，但数据交互才是读取图像的目的；读取图像中的数据，然后交给不同的机器去进行分析处理，最后得出相对应的结论。

11.1　图像中物体的裁剪

本节的目标是从图像中捕捉一个红色的矩形物体（本书为单色印刷，红色矩形物体即图中深色矩形）并将它截取出来。在整个过程中，需要克服的难点在于噪点的去除、轮廓的寻找以及矩形的拟合。首先来看一下使用的原图，如图 11.1 所示。

图 11.1　原图

11.1.1 图像的转换和捕捉

将图 11.1 所示的图像放置到.py 文件所在的文件夹后，图像的转换和捕捉的步骤如下。

（1）加载图像，转成灰度图，代码如下。

```
image = cv2.imread("1.jpg")
gray = cv2.cvtColor(image, cv2.COLOR_BGR2GRAY)
```

注意：因为本书是黑白打印，所以看起来并没有太大差异，但是这个图像矩阵中的每个像素的通道数都从 3 变为了 1，所以无论做什么图像处理，这一步都是必不可少的。

（2）用 Sobel 算子计算 x 和 y 方向上的梯度，之后用 y 方向上的梯度减去 x 方向上的梯度，通过这个减法留下具有高水平梯度和低垂直梯度的图像区域，此时噪点会很多，代码如下。

```
gradX = cv2.Sobel(gray, ddepth=cv2.CV_32F, dx=1, dy=0, ksize=-1)
gradY = cv2.Sobel(gray, ddepth=cv2.CV_32F, dx=0, dy=1, ksize=-1)
#用 y 方向上的梯度减去 x 方向上的梯度
gradient = cv2.subtract(gradX, gradY)
gradient = cv2.convertScaleAbs(gradient)
```

执行完这一步后，得到的图像如图 11.2 所示。

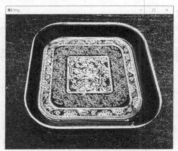

图 11.2 具有高水平梯度和低垂直梯度的图像区域

11.1.2 图像的去噪和填充

可以看到图 11.2 所示图像的背景内存在着大量的噪点和干扰直线，这会对选取中间的矩形造成很大干扰，所以需要进行去噪处理，步骤如下。

（1）使用低通滤波器平滑图像（9×9 内核），这有助于平滑图像中的高频噪声。低通滤波器的目标是降低图像的变化率，如将每个像素点替换为该像素点周围像素的均值。这样就可以平滑并替代那些强度变化明显的区域。

（2）对模糊图像二值化。将梯度图像中不大于 190 像素的所有像素值都设置为 0（黑色），其余的像素值设置为 255（白色）。

（3）这里采用平均滤波的方式处理图像，代码如下。

```
blurred = cv2.blur(gradient, (5, 5))
ret, thresh = cv2.threshold(blurred, 150, 255, cv2.THRESH_BINARY)
```

执行完这一步后，得到的图像如图 11.3 所示。

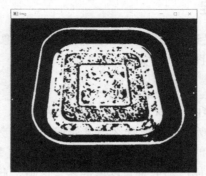

图 11.3　步骤（3）执行结束后的图

（4）在图 11.3 所示的矩形区域中有很多黑色的空余，需要用白色填充这些空余，使程序在后面的操作中更容易识别矩形区域，这需要做一些形态学方面的操作，代码如下。

```
#采用大小为 15×15 的卷积核进行闭运算操作
kernel = cv2.getStructuringElement(cv2.MORPH_RECT, (25, 25))
closed = cv2.morphologyEx(thresh, cv2.MORPH_CLOSE, kernel)
```

处理之后的图像如图 11.4 所示。

（5）图 11.4 所示的图像中还有一些很小的白色斑点（噪点），这会干扰之后的矩形轮廓的检测。这里分别执行 1 次形态学腐蚀与膨胀操作（根据情况可以增加或减少次数）将噪点去除，代码如下。

```
#分别进行 1 次形态学腐蚀与膨胀操作
closed = cv2.erode(closed, None, iterations=1)
closed = cv2.dilate(closed, None, iterations=1)
```

执行完这一步后，得到的图像如图 11.5 所示。

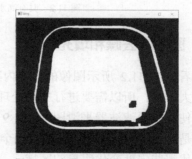

图 11.4　步骤（4）执行结束后的图　　　　图 11.5　步骤（5）执行结束后的图

11.1.3　画图像轮廓

图像上的噪点完全去除了，现在需要将矩形区域的轮廓识别出来，并获得其相关的一些数据，步骤如下。

（1）首先复习一下 **cv2.findContours** 函数。该函数的第一个参数是要检索的图像，必须为二值图，即黑白的图像（不是灰度图），所以读取的图像要先转成灰度图，再转成二值图，在 11.1.2 小节中已经用 **cv2.threshold** 函数得到了二值图。第二个参数表示轮廓的检索模式，有 4 种，这里采用 **cv2.RETR_EXTERNAL**，用于寻找最外层的轮廓。因为只取特征点来节约计算空间，所以第三个参数为 **cv2.CHAIN_APPROX_SIMPLE**。

然后得到了一个轮廓列表，调用 sorted 函数（或者 max 函数）来获得最大的轮廓，并用 **cv2.drawContour** 函数来画出轮廓，代码如下。

```
contours,hierarchy=cv2.findContours(closed,cv2.RETR_EXTERNAL,cv2.CHAIN_APPROX_SIMPLE)
cnt=sorted(contours,key=cv2.contourArea,reverse=True)[0]#面积最大的那个
img=cv2.drawContours(img,[cnt],-1,(0,255,0),3)
```

执行完这一步后，得到的图像如图 11.6 所示。

（2）运用矩形拟合画出轮廓矩形，代码如下，结果如图 11.7 所示。

```
x,y,w,h=cv2.boundingRect(cnt)
img=cv2.rectangle(img,(x,y),(x+w,y+h),(0,255,0),2)
cv2.imshow("img", img)
cv2.waitKey(0)
cv2.destroyAllWindows()
```

注意：在执行这步的时候记得把上面的 cv2.drawContours 函数注释掉，不然会画出两个轮廓。

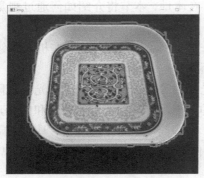

图 11.6　步骤（1）执行结束后的图

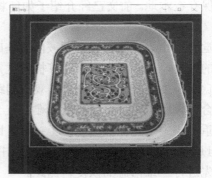

图 11.7　步骤（2）执行结束后的图

11.1.4　图像的截取

这时已经识别出图像的轮廓并且进行了矩形拟合，从而获得了轮廓矩形。现在只需要根据 **cv2.boundingRect** 函数获得的数据来进行图像的截取即可。

(*x*,*y*)为左上角的像素点坐标，*w* 是矩形的宽，*h* 是矩形的高，裁剪代码如下。

```
crop = img[y:y+h, x:x+w]
cv2.imshow("crop",crop)
```

裁剪出的图像如图 11.8 所示。

图 11.8　裁剪出的图像

注意：这时的 crop 还是有边框的，如果想要去掉，把 cv2.drawContours 函数注释掉即可。

11.2　单目测距

第 1 章中介绍了一个示例代码，它的作用是打开摄像头，找到图像梯度最大的子图像，不断地测算它与摄像头的距离，然后将距离数据显示在屏幕的右下角，关闭程序后将摄像头录下的数据保存在本地。前文已经介绍了如何将视频保存在本地，本节将介绍如何通过视觉来测算距离。

视觉测距作为计算机视觉领域内的基础技术之一，受到了广泛关注，其在机器人领域内占有重要的地位，被广泛应用于计算机视觉定位、目标追踪、视觉避障等。

视觉测距主要分为单目测距、双目测距、结构光测距等。结构光测距由于光源的限制，应用的场合比较固定；而双目测距的难点在于特征点的匹配，会影响测量的精度和效率，其理论研究的重点集中于特征点的匹配上；而单目测距由于结构简单、运算速度快，具有广阔的应用前景，但是单目测距只是一种从二维平面中获取距离信息的技术，如果想要更高的距离精确度，则需要先进行三维信息的恢复再测距。

11.2.1　单目测距的原理

单目测距的原理简单来说就是"相似"。

单目测距是指在已知物体信息的条件下利用摄像机获得的目标图像得到深度信息。此类方法主要用于导航和定位，但其利用单个特征点进行测量，容易因特征点提取不准确而产生误差。

1.　相似三角形

接下来使用相似三角形来计算相机到一个已知物体（目标）的距离。

相似三角形的原理是，假设有一个宽度为 W 的物体（目标），其与相机的距离为 D。用相机对物体进行拍照，并且测得的物体的像素宽度为 P，得出相机焦距的公式，如式（11.1）所示。

$$F = (P \times D)/W \tag{11.1}$$

举个例子，假设在与相机距离 $D=25$ 英寸（1 英寸 $=2.54$ 厘米）的地方有一张标准的 8.5 英寸×11 英寸的 A4 纸（所以上边界 $W=11$），拍下一张照片并测量出照片中 A4 纸的像素宽度 $P=250$ 像素。

因此可根据上面的公式得出该摄像机的焦距 F，如式（11.2）所示。

$$F=(250\ 像素×25)/11\ 英寸=568.18\ 像素 \tag{11.2}$$

当移动相机靠近或者远离物体（目标）时，可以用相似三角形计算出物体离相机的距离 D'（单目摄像头焦距 F 不变），如式（11.3）所示。

$$D' = (W \times F)/P \tag{11.3}$$

举个例子，倘若将物体（A4 纸）移到 36 英寸的位置再次拍下照片，经过简单的图像处理之后，得知摄像头内 A4 纸的像素距离为 173 像素。将数值代入公式可以得到现在的距离 D'，如式（11.4）所示。

$$D' = (11英寸×568.18)/173 = 36.12英寸 \tag{11.4}$$

由此可以看出，要想得到单目视觉的距离，就要知道摄像头的焦距和目标物体的尺寸大小，再根据式（11.5）就能得到目标到摄像机的距离 D'。

$$D' = (W \times F)/P \tag{11.5}$$

其中，P 是指像素距离，W 是指 A4 纸的宽度，F 是指摄像机焦距。可以发现，这种算法得到的距离与实际距离有一定的误差，误差是由像素点必须是整数而非小数造成的。

2. 测量焦距

需要先测定摄像头的焦距 F，对于一个单目摄像头，焦距在测量完成后可以理解为一个常数，示例代码如下。

```python
import numpy as np
import cv2
#已知参数
KNOWN_DISTANCE = 24.0
KNOWN_WIDTH = 11.69
KNOWN_HEIGHT = 8.27
#计算焦距
def find_marker(image):
    gray_img = cv2.cvtColor(image, cv2.COLOR_BGR2GRAY)
    gray_img = cv2.GaussianBlur(gray_img, (5, 5), 0)
    edged_img = cv2.Canny(gray_img, 35, 125)
    countours,hierarchy=cv2.findContours(edged_img,cv2.RETR_LIST,cv2.CHAIN_APPROX_SIMPLE)
    c = max(countours, key = cv2.contourArea)
```

```
        rect = cv2.minAreaRect(c)
        return rect
def calculate_focalDistance(img_path):
        first_image = cv2.imread(img_path)
        marker = find_marker(first_image)
        focalLength = (marker[1][0] * KNOWN_DISTANCE) / KNOWN_WIDTH
        print('焦距（focalLength）= ',focalLength)
        return focalLength
if __name__ == "__main__":
        img_path = "Picture1.jpg"
        focalLength = calculate_focalDistance(img_path)
```

为了能够获得尽量清楚的轮廓，这里采用高斯滤波的方式先对原图像进行过滤，再进行 Canny 边缘的检测。然后在 cv2.findContours 函数之后通过调用 max 函数来获取轮廓面积最大的轮廓，并用面积最大的轮廓来进行剩下的操作。

在 find_marker 函数中有一个 rect 变量，它是构成最小外接矩形所需要的一些数值。其中，rect[1][0]是 width，rect[1][1]是 height，rect[2]是角度。

接下来计算焦距 F 的时候采用 marker[1][0]。

11.2.2 静态单目测距

得到摄像头的焦距 F 的数值后，根据公式，现在可以进行距离的计算了。先从简单的静态单目测距开始，以图 11.9 所示的原图为例进行介绍。

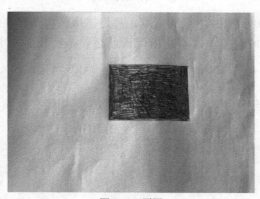

图 11.9 原图

借助已经得到的焦距 F 来计算这张图像与摄像头的距离，示例代码如下。

```
import cv2
import numpy as np
#已知参数
KNOWN_WIDTH=2.36
KNOWN_HEIGHT=8.27
KNOWN_DISTANCE=7.7
```

```
FOCAL_LENGTH=543.45
img=cv2.imread('9.jpg')
#构建结构化元素
kernel=cv2.getStructuringElement(cv2.MORPH_RECT,(9,9))
gray=cv2.cvtColor(img,cv2.COLOR_BGR2GRAY)
blurred=cv2.GaussianBlur(gray,(3,3),0)
edge=cv2.Canny(blurred,50,150)
#形态学操作
closed=cv2.morphologyEx(edge,cv2.MORPH_CLOSE,kernel)
closed=cv2.erode(closed,None,iterations=1)
closed=cv2.dilate(closed,None,iterations=1)
contours,hierarchy=cv2.findContours(closed,cv2.RETR_EXTERNAL,cv2.CHAIN_APPROX_SIMPLE)
cnt=max(contours,key=cv2.contourArea)
rect=cv2.minAreaRect(cnt)
distance=(KNOWN_WIDTH*FOCAL_LENGTH)/rect[1][0]
cv2.putText(img,"%.2fcm"%(distance*2.54),(img.shape[1]-300,img.shape[0]-20),cv2.FONT
_HERSHEY_SIMPLEX,2.0,(0,0,255),3)
    box=cv2.boxPoints(rect)
    #格式转换
    box=np.int0(box)
    cv2.drawContours(img,[cnt],-1,(0,255,0),3)
    cv2.imshow('edge',img)
    cv2.waitKey(0)
    cv2.destroyAllWindows()
```

运行上述代码，结果如图 11.10 所示。图中的边框是检测出的边缘，并不是最小外接矩形。计算距离依据的是最小外接矩形上边界的像素点的个数，所以图像中出现一些凹陷也没有关系，不影响计算。

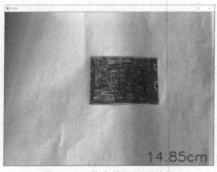

图 11.10　静态单目测距结果

11.2.3　动态单目测距

现在来尝试进行动态单目测距，示例代码如下。

```
import cv2
import numpy as np
```

```
#参数，根据测距公式:D=(F*W)/P
KNOWN_WIDTH=2.36
KNOWN_HEIGHT=8.27
KNOWN_DISTANCE=7.7
FOCAL_LENGTH=543.45
cap=cv2.VideoCapture(0)
fourcc = cv2.VideoWriter_fourcc(*'XVID')
out = cv2.VideoWriter('latest.avi',fourcc,20.0,(640,480))
while 1:
    ret,img=cap.read()
    #画面预处理
    img=cv2.flip(img,1)
    gray=cv2.cvtColor(img,cv2.COLOR_BGR2GRAY)
    blurred=cv2.GaussianBlur(gray,(5,5),0)
    edges=cv2.Canny(img,35,125)
    kernel=cv2.getStructuringElement(cv2.MORPH_RECT,(10,10))
    closed=cv2.morphologyEx(edges,cv2.MORPH_CLOSE,kernel)
    closed=cv2.erode(closed,None,iterations=4)
    closed=cv2.dilate(closed,None,iterations=4)
    contours,hierarchy=cv2.findContours(closed,cv2.RETR_EXTERNAL,cv2.CHAIN_APPROX_SIMPLE)
    #获得最大轮廓
    cnt=max(contours,key=cv2.contourArea)
    img=cv2.drawContours(img,[cnt],-1,(0,255,0),3)
    rect=cv2.minAreaRect(cnt)
    distance=(KNOWN_WIDTH*FOCAL_LENGTH)/rect[1][0]
    #提示距离
    cv2.putText(img,"%.2fcm"%(distance*2.54),(img.shape[1]-300,img.shape[0]-20),cv2.
FONT_HERSHEY_SIMPLEX,2.0,(0,0,255),3)
    out.write(img)
    #显示画面
    cv2.imshow('img', img)
    cv2.imshow('edges', edges)
    cv2.imshow('closed', closed)
    if cv2.waitKey(1)==ord('q'):
        break
cap.release()
out.release()
cv2.destroyAllWindows()
```

运行代码之前先准备好测试的工具，然后就可以进行动态单目测距了，运行结果如图 11.11 所示。

注意：进行单目测距时，如果待测物体不在视野内，数据会出现错误；当待测物体回到视野内的时候，数据就会恢复正常；所以开始运行代码时要保证待测物体处在镜头的视野内，不然数据会出错。

图 11.11　动态单目测距结果

11.3　图像数据上传

在很多时候机器人采用的是树莓派的主板，树莓派本身的处理能力有限，所以通常的做法是在树莓派上进行数据的收集，然后将数据通过邮箱发送到处理性能强的计算机上进行处理，处理后再把数据回传给机器人。

11.3.1　邮件的发送协议

将图像中获得的数据通过邮件发送到邮箱中，需要使用邮件的发送协议，目前常用的发送协议有以下这几种。

1. SMTP

SMTP（Simple Mail Transfer Protocol，简单邮件传输协议）定义了邮件客户端与 SMTP 服务器之间、两台 SMTP 服务器之间的通信规则。SMTP 分为标准 SMTP 和扩展 SMTP。扩展 SMTP 在标准 SMTP 的基础上增加了邮件安全的认证。

使用 SMTP 通信的双方采用一问一答的命令/响应模式。

SMTP 的底层是基于 TCP/IP 的应用层协议，它默认网络监听号为 25，有些情况下会有变动。

2. POP3

如果用户要从服务提供商提供的电子邮件中获取自己的电子邮件，就需要 POP3（Post Office Protocol-Version3，邮局协议版本 3）邮件服务器来帮忙完成，POP3 定义了邮件客户端与 POP3 服务器的通信规则。POP3 采用的网络监听端口号默认为 110。

3. IMAP

IMAP（Internet Message Access Protocol，交互邮件访问协议）是对 POP3 的一种扩展，相对于 POP3 而言，该协议定义了更为强大的邮件接收功能。

- ❑ IMAP 具有摘要浏览功能。
- ❑ IMAP 可以让用户选择性地下载邮件附件。
- ❑ IMAP 可以让用户在邮件服务器上创建自己的邮件夹，分类保存各个邮件。

IMAP 目前正在逐渐取代 POP3，但是 POP3 因为长期存在且有很多使用需求，短期内也不会被淘汰，所以目前基本是两种协议并存。

11.3.2 基于 SMTP 的邮件发送

这里使用的邮件发送协议是 SMTP，因为它使用起来比较方便，用 Python 写出的 SMTP 的代码也相对简洁。

基于 SMTP 的邮件发送的整个操作流程如下。

（1）开通 SMTP。

（2）使用计算机视觉技术获取视野内想要的视觉数据。

（3）借助 SMTP 将数据发送到本地主机。

（4）本地主机将数据进行相关处理后传回树莓派。

了解流程后就可以正式开始了。

这里以 QQ 邮箱为例来介绍 SMTP 的开通方法。QQ 邮箱的 SMTP 服务默认处于关闭状态。需要注意的是，SMTP 开通的是发件人的邮箱，收件人是不需要开通 SMTP 的。

注意：也可以用网易邮箱等其他邮箱来进行基于 SMTP 的邮件发送。

首先打开发件人的 QQ 邮箱，单击"设置"，如图 11.12 所示。进入"邮箱设置"页面后单击"账户"，如图 11.13 所示。

图 11.12 邮箱首页

图 11.13 "邮箱设置"页面

在账户页面找到 POP3/IMAP/SMTP/Exchange/CardDAV/CalDAV 服务，单击"开启"，打开图 11.14 所示的框选的 3 项服务，保存好授权码。

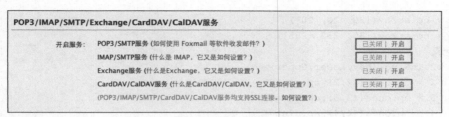

图 11.14 授权服务

最后单击"生成授权码",将授权码保存至 txt 文件中,如图 11.15 所示。

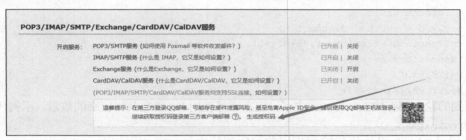

图 11.15 生成授权码

11.3.3 无附件的 SMTP 传输

基于 SMTP 的传输可分为无附件的 SMTP 传输与有附件的 SMTP 传输两种,这里先介绍无附件的 SMTP 传输。

在进行 SMTP 传输前,需要获取数据。举个简单的例子,以图 11.16 所示的原图为例进行介绍。

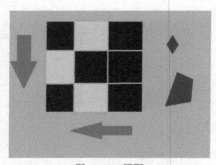

图 11.16 原图

先进行黄色轮廓的选取,示例代码如下。

```
import numpy as np
import cv2
#图像读取
img=cv2.imread('4.jpg')
hsv=cv2.cvtColor(img,cv2.COLOR_BGR2HSV)
```

```
Lower = np.array([20, 20, 20])
Upper = np.array([30, 255, 255])
#构建掩膜
mask=cv2.inRange(hsv,Lower,Upper)
kernel_2 = np.ones((2,2),np.uint8)
kernel_3 = np.ones((3,3),np.uint8)
kernel_4 = np.ones((4,4),np.uint8)
edge=cv2.Canny(mask,1000,1500)
contours,hierarchy=cv2.findContours(edge,cv2.RETR_EXTERNAL,cv2.CHAIN_APPROX_SIMPLE)
#画取最小外接矩形
for i in contours:
    x,y,w,h = cv2.boundingRect(i)
    cv2.rectangle(img,(x,y),(x+w,y+h),(0,0,255),3)
cv2.imshow('contours',img)
cv2.waitKey(0)
cv2.destroyAllWindows()
```

检测到的轮廓都存放在 contours 中了，现在通过使用 len 函数获得轮廓的数量，示例代码如下。

```
len(contours)
```

接着通过 SMTP 将该值传输到指定的 QQ 邮箱中，示例代码如下。

```
import smtplib
from email.mime.text import MIMEText
from email.mime.multipart import MIMEMultipart
import numpy as np
import cv2
#发件人的 QQ 邮箱
fromaddr = ""
#收件的 QQ 邮箱
toaddr = ""
#实例化一个 MIMEMultipart
msg = MIMEMultipart()
#设置来源的地址
msg['From'] = fromaddr
#设置目的地址
msg['To'] = toaddr
#设置的邮件主题
msg['Subject'] = "python"
img=cv2.imread('4.jpg')
hsv=cv2.cvtColor(img,cv2.COLOR_BGR2HSV)
Lower = np.array([20, 20, 20])
Upper = np.array([30, 255, 255])
mask=cv2.inRange(hsv,Lower,Upper)
kernel_2 = np.ones((2,2),np.uint8)
kernel_3 = np.ones((3,3),np.uint8)
kernel_4 = np.ones((4,4),np.uint8)
edge=cv2.Canny(mask,1000,1500)
contours,hierarchy=cv2.findContours(edge,cv2.RETR_EXTERNAL,cv2.CHAIN_APPROX_SIMPLE)
```

```
for i in contours:
    x,y,w,h = cv2.boundingRect(i)
    cv2.rectangle(img,(x,y),(x+w,y+h),(0,0,255),3)
cv2.imshow('contours',img)
cv2.waitKey(0)
cv2.destroyAllWindows()
#设置邮件的正文内容为黄色轮廓的数量
body = str(len(contours))
#第二个参数 plain 为设置正文的格式
msg.attach(MIMEText(body, 'plain'))
#设置 SMTP 的服务器和其相对应的 SMTP 接口
server = smtplib.SMTP("smtp.qq.com",587)
#开始
server.starttls()
#第二个参数为刚刚保存的邮件发送端的最后一个授权码
server.login(fromaddr , "")
#转换 message 的格式
text = msg.as_string()
#发送邮件
server.sendmail(fromaddr, toaddr, text)
server.quit()#结束
```

将需要填写的 3 个地方填写好后，运行代码，将图像关闭后过几秒钟，代码中指定的 QQ 邮箱就会收到相关的邮件信息，如图 11.17 所示。

图 11.17　收到邮件信息

注意：运行该代码的时候，一定要连接外部网络，不然邮件就会发送失败。

11.3.4　有附件的 SMTP 传输

上文讲述了如何进行无附件的 STMP 传输，大多数的情况下，只要将数据按照 json 结构封装好，直接通过无附件的 SMTP 来进行发送就已经足够了。但在一些特殊情况下，例如传输一个文本文件，需要先将文本从文件中读取出来再发送。

对于视频类数据，无法通过将它导入文本中再发送的方式进行数据上传，所以必须使用有附件的 SMTP 来进行视频的传输。以 11.2 节中的单目测距为例进行介绍，示例代码如下。

```
import smtplib
from email.mime.text import MIMEText
from email.mime.multipart import MIMEMultipart
from email.mime.base import MIMEBase
from email import encoders
import cv2
import numpy as np
#已知参数
KNOWN_WIDTH=2.36
KNOWN_HEIGHT=8.27
KNOWN_DISTANCE=7.7
FOCAL_LENGTH=543.45
cap=cv2.VideoCapture(0)
#设置 FourCC
fourcc = cv2.VideoWriter_fourcc(*'XVID')
out = cv2.VideoWriter('text.avi',fourcc,20.0,(640,480))
while 1:
    ret,img=cap.read()
    img=cv2.flip(img,1)
    gray=cv2.cvtColor(img,cv2.COLOR_BGR2GRAY)
    blurred=cv2.GaussianBlur(gray,(5,5),0)
    #边缘检测
    edges=cv2.Canny(img,35,125)
    kernel=cv2.getStructuringElement(cv2.MORPH_RECT,(10,10))
    closed=cv2.morphologyEx(edges,cv2.MORPH_CLOSE,kernel)
    closed=cv2.erode(closed,None,iterations=4)
    closed=cv2.dilate(closed,None,iterations=4)
    contours,hierarchy=cv2.findContours(closed,cv2.RETR_EXTERNAL,cv2.CHAIN_APPROX_SIMPLE)
    cnt=max(contours,key=cv2.contourArea)
    img=cv2.drawContours(img,[cnt],-1,(0,255,0),3)
    rect=cv2.minAreaRect(cnt)
    distance=(KNOWN_WIDTH*FOCAL_LENGTH)/rect[1][0]
    cv2.putText(img,"%.2fcm"%(distance*2.54),(img.shape[1]-300,img.shape[0]-20),cv2.
FONT_HERSHEY_SIMPLEX,2.0,(0,0,255),3)
    out.write(img)
    cv2.imshow('img', img)
    cv2.imshow('edges', edges)
    cv2.imshow('closed', closed)
    if cv2.waitKey(1)==ord('q'):
        break
cap.release()
out.release()
cv2.destroyAllWindows()
#邮件发送端的 QQ 邮箱
fromaddr = ""
#邮件接收端的 QQ 邮箱
```

```
toaddr = ""
msg = MIMEMultipart()
msg['From'] = fromaddr
msg['To'] = toaddr
# 邮件主题
msg['Subject'] = "python+OpenCV"
# 邮件正文
body = "fujianchuanshu"
msg.attach(MIMEText(body, 'plain'))
# 附件
filename = "text.avi"
attachment = open(filename, 'rb')
part = MIMEBase('application', 'octet-stream')
# 也可以写成：part = MIMEBase('application', 'pdf')
part.set_payload((attachment).read())
encoders.encode_base64(part)
part.add_header('Content-Disposition', 'attachment', filename=filename)
msg.attach(part)
# 设置 SMTP
server = smtplib.SMTP("smtp.qq.com",587)
server.starttls()
#第二个参数为邮件发送端的授权码
server.login(fromaddr , "")
text = msg.as_string()
server.sendmail(fromaddr, toaddr, text)
server.quit()
```

上述代码的流程是：先进行动态单目测距，录制视频文件 text.avi，然后调用有附加文件的 SMTP 将视频文件发送到指定的邮箱。

将上述代码中需要填写的 3 个地方填写好以后，运行代码，视频录制完成后等待几秒，指定的 QQ 邮箱就会收到邮件了。可以看到附件中确实存在已发送的 text.avi 文件，如图 11.18所示。

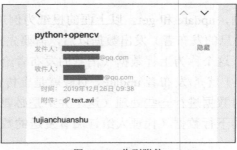

图 11.18　收到附件

这样就完成了基于 SMTP 的图像数据传输，很多地方都会用到这种传输方式，希望读者能够熟练掌握本小节内容。

注意：在运行上述代码时也需要连接外部网络，不然邮件无法发送成功。

11.4 图像数据远程交互

11.3 介绍了通过 SMTP 来进行图像数据的传输的方法，这样的传输方式具有非即时性，即需要在结束的时候进行传输，传输的数据并不是实时数据。如果想要实时传输数据，就得掌握本节内容。

11.4.1 MQTT 协议

在介绍实时传输之前，需要先了解什么是 MQTT 协议，因为整个信息的传输流程都依赖这个协议。

MQTT（Message Queuing Telemetry Transport，消息队列遥测传输）协议是一种基于发布/订阅模式的"轻量级"通信协议。什么是发布/订阅？发布/订阅结构其实应用十分广泛，C#中有个很重要的功能叫作"事件"，它就是基于发布/订阅的一种应用。

举个简单的例子，单击屏幕也是一种发布/订阅的结构。当然，还有更加形象的例子，例如报纸的订阅，在新一期的报纸发行后，所有订阅的人都会收到新一期的报纸，而没有订阅的人是不会收到的，这就是一个简单的发布/订阅结构。

实现 MQTT 协议需要客户端和服务器端通信完成，在通信过程中，在 MQTT 协议中有 3种身份：发布者（Publisher）、代理（Broker）、订阅者（Subscriber）。其中，消息的发布者和订阅者都是客户端，消息的代理是服务器，消息发布者同时也可以是订阅者。

MQTT 协议传输的消息分为主题（Topic）和负载（Payload）两部分。

❑ 主题，可以理解为消息的类型，订阅者订阅后，就会收到该主题的消息内容。

❑ 负载，可以理解为消息的内容，是指订阅者具体要使用的内容，也可以是发布者发布的消息内容。

本节主要使用两种主题，update 和 get。以上面的报纸为例进行介绍，报纸的制作商想和订阅者进行沟通，他（消息的发布者）发出数据以后，需要先把数据交给代理人，通过代理人来和订阅者进行联络，这个称为上行数据（消息的发布者给代理发送的数据），这个时候消息的主题（消息的类型）就是/发布者/update。负载就是上传数据的具体内容。代理人得到了发布者的数据后，会对数据进行一些处理（这个并不是必要的），处理完数据后，再把数据交给订阅者，这个称为下行数据（代理人给订阅者发送的数据），这个时候消息的主题就是/接收者/get。

然而一般情况下，订阅都是双向的，即订阅者会订阅报纸的制作商，因为要获得报纸；报纸的制作商也会订阅订阅者，因为订阅者有时候会进行反馈。所以发布者和订阅者只是相对数据而言的，可以相互转换，也就是发布者同时也可以是订阅者。

举个例子，例如有一天我们想要主动和报纸的制作商进行沟通，我们发出数据（这个时候，我们就是消息的发布者）后，也需要先把数据交给代理人。然后，通过代理人来帮助我们进行联络。同样，这个时候数据就是上行数据，主题是/发布者/update，只不过发布者变成了我们。代理人得到了发布者（我们）的数据，对数据进行一些处理后，把数据交给此刻担任订阅者角色的报纸制作商，此时处理完后转交的数据也就是下行数据了，这个时候消息的主题就是/接收者/get，接收者为报纸制作商。

关于主题，这里只有两个设备角色，所以一共有 4 种分配类型：/发布者/update、/发布者/get、/接收者/update 和/接收者/get。

报纸制作商联系我们的整个过程中，报纸制作商为发布者，我们为订阅者，所以上行数据的主题为/报纸制作商/update，下行的数据就是/我们/get。我们联系报纸制作商的整个过程中，我们是发布者，报纸制作商是订阅者，所以上行数据的主题为/我们/update，下行数据就是/报纸制作商/get。

需要注意的是，当应用数据通过 MQTT 协议发送时，MQTT 协议会把与之相关的 QoS（Quality of Service，服务质量）和主题名相关联。这里有一个概念叫作服务质量，也就是 QoS，QoS 一般由两个二进制位来控制，也就是它的取值范围为 0～3。服务质量的含义是保证消息传递的次数，0～3 级分别代表着以下含义。

- ❑　0：信息传递最多一次，即小于或等于 1。
- ❑　1：信息传递至少一次，即大于或等于 1。
- ❑　2：信息传递一次，即等于 1。
- ❑　3：信息预留。

以上就是关于 MQTT 协议的一些基本认识。

11.4.2　云上设备创建

现在尝试使用 MQTT 协议来进行数据的远程传输，但是我们不可能完全靠自己来手写基于 MQTT 协议的数据传输，那样代码未免就太长了。这里选择阿里云来进行基于 MQTT 协议的数据传输，因此先从云上设备的创建讲起。

首先需要注册一个阿里云的账号，这个很简单，只需要在阿里云注册页面填写手机号注册一个阿里云的总账号即可，这里就不做演示了。接着登录阿里云的物联网平台，将会出现图 11.19 所示的登录页面，输入会员名以及密码即可。

进入物联网平台后，单击页面左边的"设备管理"→"产品"，单击产品页面中的"创建产品"按钮，如图 11.20 所示。

进入"新建产品"页面，因为连网方式是 Wi-Fi，所以直接选择"是否接入网关"选项为"否"。至于 ID^2 认证，除非需要很高的安全性，不然也可以选择"否"，具体如图 11.21 所示。

图 11.19　登录页面

图 11.20　单击"创建产品"按钮

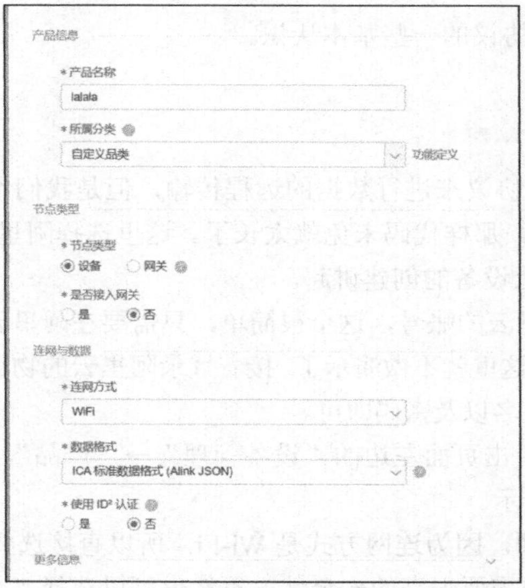

产品信息

* 产品名称

lalala

* 所属分类 ⊘

自定义品类　　　　　　　　　　　　∨　功能定义

节点类型

* 节点类型
◉ 设备　○ 网关 ⊘

* 是否接入网关
○ 是　◉ 否

连网与数据

* 连网方式

WiFi　　　　　　　　　　　　　　∨

* 数据格式

ICA 标准数据格式 (Alink JSON)　　　∨　⊘

* 使用 ID² 认证 ⊘
○ 是　◉ 否

更多信息

图 11.21　"产品信息"页面

在"产品列表"中打开具体的产品后，将会显示"产品信息"页面，包括产品的型号（ProductKey）和产品密钥（ProductSecret），将数据保存在本地 txt 文档中，因为连接方式为"一机一密"型，所以在之后的程序中会用到这两个字符串。

产品创建后单击右上角的"前往管理"进行设备的建立，单击"添加设备"，如图 11.22 所示。

图 11.22　"设备管理"页面

自动弹出"添加设备"页面，需要填入 DeviceName 和备注名称，其中 DeviceName 需要保存到 txt 文档中，后续代码中需要使用。单击"确定"后会出现图 11.23 所示的页面，需要保存图中 3 个关于设备的数据。

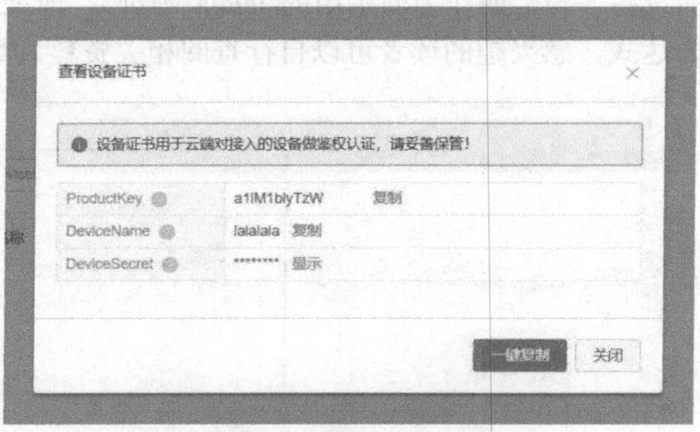

图 11.23　查看设备证书

在阿里云中，如果采用"一机一密"型，那么每个设备都将拥有其唯一的设备证书（包含 ProductKey、DeviceName 和 DeviceSecret）来与其他设备进行区分。当设备与物联网平台建立连接时，物联网平台对其携带的设备证书信息进行认证。

阿里云中还有一种"一型一密"型的连接方式。同一产品下所有设备可以刻录相同产品证书（包含 ProductKey 和 ProductSecret）。设备发送激活请求时，物联网平台进行产品身份确认，认证通过后下发该设备对应的 DeviceSecret。这里采用的是"一机一密"型的连接方式。

然后按照同样的操作创建第二个设备，这里就不具体演示了。

注意：这里还需要创建的是设备，不是产品，并且两个设备最好在同一个产品下。

11.4.3　规则引擎的创建

创建好账号以后，还需要使用规则引擎来进行云上的数据传递。对应 11.4.1 小节中介绍的，阿里云就是一个代理的角色。我们是消息数据的发布者，为了做演示，同时我们还是消息数据的订阅者。这就是为什么需要两个设备的原因，一个设备用作数据的发布者，另一个设备用作数据的订阅者，而阿里云在中间扮演代理的角色。

但是如果仅仅在云端创建设备，其他什么都不做，信息数据很显然是不会自动进行传递的，所以还需要在云端进行数据的转发设置，这就需要使用阿里云提供的规则引擎。

对阿里云上规则引擎的数据流转概览感兴趣的读者可以自行查阅官方文档，其对这个概念进行了十分详细的解释。

首先进入物联网平台，单击左侧的"规则引擎"，会出现一个数据流转列表，我们需要两个数据流转规则，一个由设备 A 到 C，一个由设备 C 到 A，这里的"数据格式"选择"二进制"，"规则描述"可以不用填，如图 11.24 所示。

然后进入编辑页面，单击"编写 SQL"，字段这一行输入*，表示直接透析、不需要 SELECT，也就是代理不对上行数据进行任何处理，上行数据直接作为下行数据发给订阅者。类型选择"自定义"模式，选择项目（这里是"test"）；然后选择发布端（也就是设备 A），这里是"computer"（这里是笔者原来使用的设备，与上面作为演示用的 lalala 等价）；地址选择为"user/update"就可以了。关于 SQL 表达式，感兴趣的读者可以自行查阅相关资料，数据流转的格式填写如图 11.25 所示。

图 11.24　数据流转

图 11.25　编写 SQL

单击"确认"后，再单击"转发数据"的"添加操作"，还是选择"自定义"；选择产品，这里是"test"；然后选择设备 C，这里是"computer2"；地址是"user/get"。单击"确定"，这条规则就设置完成了，如图 11.26 所示。

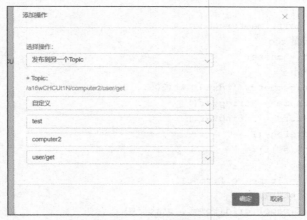

图 11.26　添加操作

完成以后再单击左侧的"规则引擎"，回到主界面，就可以看到右侧的规则了。但是这个时候还没有正式启用，单击"启用"后，设备 A 就能给设备 C 发送消息了，消息也会在下行数据里显示出来。

以此类推，如果要再写一条由设备 C 到设备 A 的规则，只需要把上面的"computer"和"computer2"换下位置即可，其他部分不需要改变，这样双向的通信就完成了。

11.4.4　本地数据发布端代码

云上的所有开发都已经结束，现在开始进行本地代码的编写。为了减少不必要的文字，这里笔者只进行设备 computer 向设备 computer2 的数据传输的演示。设备 computer2 向设备 computer 的数据传输是类似的，读者可以自行尝试。

现在来写数据发布端 computer 的代码，为了讲解得更清楚，这里将代码分割成了几个.py 文件，不同的.py 文件中封装着不同的函数，主程序通过函数的调用来使得程序看起来思路更加清晰。

启动文件 run.py 的代码如下。

```
from tkinter import *
from login import *
root=Tk()
root.title('python+OpenCV')
login(root)
root.mainloop()
```

启动文件看起来的代码很简洁，但这里除了需要一个编译器自带的 tkinter 以外，还需要一个 login.py 文件，其代码如下。

```
from tkinter import *
from tkinter.messagebox import *
from main import *
class login(object):
    def __init__(self, master=None):
        #定义内部变量root
        self.root = master
        #设置窗口大小
        self.root.geometry('%dx%d' % (300, 180))
        self.username = StringVar()
        self.password = StringVar()
        self.createPage()
    def createPage(self):
        #创建 Frame
        self.page = Frame(self.root)
        self.page.pack()
        Label(self.page).grid(row=0, stick=W)
        Label(self.page, text = '账户: ').grid(row=1, stick=W, pady=10)
        Entry(self.page, textvariable=self.username).grid(row=1, column=1, stick=E)
        Label(self.page, text = '密码: ').grid(row=2, stick=W, pady=10)
        Entry(self.page, textvariable=self.password, show='*').grid(row=2, column=1,
stick=E)
        Button(self.page, text=' 密 码 登 录 ', command=self.loginCheck).grid(row=3,
stick=W, pady=10)
        Button(self.page, text='退出', command=self.page.quit).grid(row=3, column=1,
stick=E)
    def loginCheck(self):
        name = self.username.get()
        secret = self.password.get()
        if name=='rong' and secret=='991221':
            self.page.destroy()
            MainPage(self.root)
        else:
            showinfo(title='错误', message='账号或密码错误！')
```

login.py 文件负责程序的登录，这里涉及另一个自定义文件 main.py，其代码如下。

```
import func
from view import *
from tkinter import *
class MainPage(object):
    def __init__(self, master=None):
        #定义内部变量root
        self.root = master
        #设置窗口大小
        self.root.geometry('%dx%d' % (600, 400))
        self.createPage()
```

```
    def createPage(self):
        self.inputPage = InputFrame(self.root)
        #默认显示数据录入界面
        self.inputPage.pack()
```

这个文件用于设置界面大小，但目前还只是一个空的界面，所以还需要往上面添加部件，将其放在 view.py 文件中，其代码如下。

```
from tkinter import *
from tkinter.messagebox import *
import func
# 继承 Frame 类
class InputFrame(Frame):
    def __init__(self, master=None):
        Frame.__init__(self, master)
        #定义内部变量 root
        self.root = master
        self.hostname = StringVar()
        self.product_key = StringVar()
        self.device_name = StringVar()
        self.device_secret = StringVar()
        self.qqaddress=StringVar()
        self.picture=StringVar()
        self.createPage()
    def createPage(self):
        l1=func.tkinter.Label(self, text="要登录的账号的 hostname:").grid(row=0)
        l2=func.tkinter.Label(self, text="要登录的账号的 product_key:").grid(row=1)
        l3=func.tkinter.Label(self, text="要登录的账号的 device_name:").grid(row=2)
        l4=func.tkinter.Label(self, text="要登录的账号的 device_secret:").grid(row=3)
        l5=func.tkinter.Label(self, text="要发送的数据:").grid(row=4)
        l6=func.tkinter.Label(self, text="要发送到的 QQ 邮箱:").grid(row=5)
        l7=func.tkinter.Label(self, text="要发送的图像的路径:").grid(row=6)
        entry1=func.tkinter.Entry(self,textvariable=self.hostname)
        entry2=func.tkinter.Entry(self,textvariable=self.product_key)
        entry3=func.tkinter.Entry(self,textvariable=self.device_name)
        entry4=func.tkinter.Entry(self,textvariable=self.device_secret)
        entry5=func.tkinter.Entry(self)
        entry6=func.tkinter.Entry(self,textvariable=self.qqaddress)
        entry7=func.tkinter.Entry(self,textvariable=self.picture)
        self.hostname.set(r'cn-shanghai')
        self.product_key.set(r'a16wCHCUt1N')
        self.device_name.set(r'computer')
        self.device_secret.set(r'0X2g60AxYPrjTJNqbOMrRsQLSc3V1KeR')
        self.qqaddress.set(r'308212358@qq.com')
        self.picture.set(r'4.jpg')
        entry1.grid(row=0, column=1)
        entry2.grid(row=1, column=1)
        entry3.grid(row=2, column=1)
```

```
            entry4.grid(row=3, column=1)
            entry5.grid(row=4, column=1)
            entry6.grid(row=5, column=1)
            entry7.grid(row=6, column=1)
            func.tkinter.Button(self,text='登录',command=lambda:func.denglu1(entry1.get(),
entry2.get(),entry3.get(),entry4.get())).grid(row=7, column=0, sticky=func.tkinter.W,
padx=5, pady=5)
            func.tkinter.Button(self,text='数据发送',command=lambda:func.fasong1(entry6.
get(),entry5.get(),entry1.get(),entry2.get(),entry3.get(),entry4.get())).grid(row=7, col
umn=1, sticky=func.tkinter.W, padx=5, pady=5)
            func.tkinter.Button(self,text='显示所有数字数据',command=lambda:func.
chakanshuzishuju()).grid(row=7, column=2, sticky=func.tkinter.W, padx=5, pady=5)
            func.tkinter.Button(self,text='显示所有字符数据',command=lambda:func.
chakanzifushuju()).grid(row=8, column=2, sticky=func.tkinter.W, padx=5, pady=5)
            func.tkinter.Button(self,text='信息化数据全显示',command=lambda:func.
quanxianshi()).grid(row=8, column=1, sticky=func.tkinter.W, padx=5, pady=5)
            func.tkinter.Button(self,text='图像传输',command=lambda:func.tupian1
(entry7.get())).grid(row=8, column=0, sticky=func.tkinter.W, padx=5, pady=5)
            func.tkinter.Button(self,text='随机漫步',command=lambda :func.suiji1()).grid
(row=9, column=0, sticky=func.tkinter.W, padx=5, pady=5)
```

这个文件是关于主界面的内容的，涉及另一相关文件——func.py。文件 func.py 中存放的是所有的功能函数，其代码如下。

```
import tkinter
import threading
import time
from tkinter.messagebox import *
#数据的处理
import json
#邮件发送的模块
import smtplib
from email.mime.text import MIMEText
from email.mime.multipart import MIMEMultipart
#阿里云的连接程序的 SDK（Software Development Kit，软件开发工具包）
from linkkit import linkkit
import baocun
import matplotlib.pyplot as plt
import tupianfasong
import suijimanbu
#连接阿里云
def on_connect(session_flag, rc, userdata):
    print("on_connect:%d,rc:%d,userdata:" % (session_flag, rc))
    pass
#取消连接阿里云
def on_disconnect(rc, userdata)
    print("on_disconnect:rc:%d,userdata:" % rc)
#发送邮件的方法
```

```
    def send_email(toaddr,message)
        #填写自己已经开通 SMTP 服务了的 QQ 邮箱
        fromaddr = ""
        msg = MIMEMultipart()
        msg['From'] = fromaddr
        msg['To'] = toaddr
        msg['Subject'] = "阿里云的回传数据"
        body = message
        msg.attach(MIMEText(body, 'plain'))
        server = smtplib.SMTP("smtp.qq.com",587)
        server.starttls()
        #第二个参数填写授权码
        server.login(fromaddr , "")
        text = msg.as_string()
        server.sendmail(fromaddr, toaddr, text)
        server.quit()
    def on_subscribe_topic(mid, granted_qos, userdata):#订阅 topic
        print("on_subscribe_topic mid:%d, granted_qos:%s" %
            (mid, str(','.join('%s' % it for it in granted_qos))))
        Pass
#接收云端的数据
    def on_topic_message(topic, payload, qos, userdata):
        try:
            x=eval(str(payload)[2:-1])
            y=x['row']
        except:
            #print("on_topic_message:" + topic + " payload:" + str(payload) + " qos:" +
str(qos))
            #虽然阿里云端下行的数据是"123"，但设备端接收到的数据是 b:"123"
            #所以用了切片
            showinfo(title="阿里云上传回的数值",message="阿里云上传回的数值是 "+str
(payload)[2:-1])
            try:#用一个切片去处理数据
                z=float(str(payload)[2:-1])
            except:
                baocun.baocunzimu(str(payload)[2:-1])
            else:
                baocun.baocunshuzi(z)
            send_email(qqaddr,str(payload)[2:-1])
        else:
            tupianfasong.analyse_picture(str(payload)[2:-1])
#终止订阅云端数据
    def on_unsubscribe_topic(mid, userdata):
        print("on_unsubscribe_topic mid:%d" % mid)
        pass
#发布消息结果
```

```python
def on_publish_topic(mid, userdata):
    print("on_publish_topic mid:%d" % mid)
#用于登录的线程
class dengluthread(threading.Thread):
    def __init__(self,host_name="cn-shanghai",product_key="a16wCHCUt1N",
            device_name="computer",device_secret="0X2g60AxYPrjTJNqbOMrRsQLSc3V1KeR"):
        threading.Thread.__init__(self)
        self.host_name=host_name
        self.product_key=product_key
        self.device_name=device_name
        self.device_secret=device_secret
    def run(self):
        print("开始登录！")
        denglu(self.host_name,self.product_key,self.device_name,self.device_secret)
        print("登录完成！")
def denglu(host_name="cn-shanghai",product_key="a16wCHCUt1N",
        device_name="computer",device_secret="0X2g60AxYPrjTJNqbOMrRsQLSc3V1KeR"):
    global lk
    lk=linkkit.LinkKit(host_name,product_key,device_name,device_secret)
    lk.on_connect=on_connect
    lk.on_disconnect=on_disconnect
    lk.on_subscribe_topic=on_subscribe_topic
    #注册接收到云端数据的方法
    lk.on_topic_message=on_topic_message
    #注册云端发布消息结果的方法
    lk.on_publish_topic=on_publish_topic
    #注册取消云端订阅的方法
    lk.on_unsubscribe_topic=on_unsubscribe_topic
    #连接阿里云的函数（异步调用）
    lk.connect_async()
    time.sleep(2)
    rc, mid = lk.subscribe_topic(lk.to_full_topic("user/get"))
def denglu1(host_name,product_key,device_name,device_secret):
    a=dengluthread(host_name,product_key,device_name,device_secret)
    a.start()
#用于发送的线程
class fasongthread(threading.Thread)
    def __init__(self,host_name="cn-shanghai",product_key="a16wCHCUt1N",
            device_name="computer",
            device_secret="0X2g60AxYPrjTJNqbOMrRsQLSc3V1KeR",
            data='0',qqaddress='308212358@qq.com'):
        threading.Thread.__init__(self)
        self.host_name=host_name
        self.product_key=product_key
        self.device_name=device_name
        self.device_secret=device_secret
```

```
                self.qqaddress=qqaddress
                self.data=data
        def run(self):
            print("开始发送！")
            try:
                fasong(self.qqaddress,self.data,self.host_name,self.product_key,
                                       self.device_name,self.device_secret)
            except:
                showinfo(title='错误',message='请先登录！')
                print('发送失败！')
            else:
                print("发送完成！")
def fasong(qqaddress,data,host_name,product_key,device_name,device_secret):#发送数据
    global qqaddr
    qqaddr=qqaddress
    rc,mid=lk.publish_topic(lk.to_full_topic("user/update"),str(data))
def fasong1(qqaddress,data,host_name,product_key,device_name,device_secret):
    b=fasongthread(host_name,product_key,device_name,device_secret,data,qqaddress)
    b.start()
#数据可视化
def chakanshuzishuju():
    with open('data.txt') as f:
        a=f.read()
    a=eval(a)
    number=a['totalnum']
    if number==0:
        showinfo(title='抱歉',message='没有之前的数据！')
        return
    input=list(range(1,number+1))
    input_value=[]
    for i in range(1,number+1):
        input_value.append(a['num'][str(i)])
    plt.plot(input,input_value,linewidth=5)
    plt.title('digital-data',fontsize=24)
    plt.xlabel('time',fontsize=14)
    plt.ylabel('Value',fontsize=14)
    plt.tick_params(axis='both',labelsize=14)
    plt.show()
def chakanzifushuju():
    with open('data.txt') as f:
        a=f.read()
    a=eval(a)
    number=a['totalalpha']
    if number==0:
        showinfo(title='抱歉',message='没有之前的数据！')
        return
```

```
        z=a['alpha']
        showinfo(title='文字信息',message=str(z))
    def quanxianshi():
        with open('data.txt') as f:
            a=f.read()
        a=eval(a)
        showinfo(title='信息数据汇总',message='目前一共使用的传输系统：'+str(a['total'])+'次\n
其中数字传输：'+str(a['totalnum'])+'次\n其中字符传输：'+str(a['totalalpha'])+'次')
    class tupianfasongthread(threading.Thread):#用于发送的线程
        def __init__(self,address):
            threading.Thread.__init__(self)
            self.address=address
        def run(self):
            print("开始发送图片！")
            try:
                tupian(self.address)
            except:
                showinfo(title='错误',message='请先登录！')
                print('发送图片失败！')
            else:
                print("发送图片完成！")
    def tupian(address):
        data=tupianfasong.huodetupian(address)
        rc,mid=lk.publish_topic(lk.to_full_topic("user/update"),str(data))
    def tupian1(address):
        b=tupianfasongthread(address)
        b.start()
    class suijifasongthread(threading.Thread):#用于发送的线程
        def __init__(self):
            threading.Thread.__init__(self)
        def run(self):
            print("开始发送漫步！")
            try:
                suiji()
            except:
                showinfo(title='错误',message='请先登录！')
                print('发送漫步数据失败！')
            else:
                print("发送漫步数据完成！")
    def suiji():
        z=suijimanbu.suijimanbu()
        rc,mid=lk.publish_topic(lk.to_full_topic("user/update"),str(z))
    def suiji1():
        c=suijifasongthread()
        c.start()
```

上述代码中与阿里云登录相关的账号需要读者进行修改，修改成自己使用的账号后才能得到相关的数据回复。其中还包含了在 11.3 节中介绍的 SMTP 模块，如果想将邮件的发送源改成自己的 QQ 邮箱，需要按照 11.3 节中的操作把相关功能打开，在上述代码中的 send_email 函数中填入自己的 QQ 邮箱账号以及授权码后即可正常使用。

func.py 文件还涉及 tupianfasong.py 文件和 suijimanbu.py 文件，它们是自定义的辅助文件，tupianfasong.py 文件的示例代码如下。

```python
import numpy as np
import cv2
from PIL import Image
def huodetupian(address):
    img=cv2.imread(address,0)
    (row,column)=img.shape
    #print(type(img[0][0]))
    data={}
    data['row']=row
    data['column']=column
    data['total']={}
    for i in range(row):
        data['total'][str(i)]=list(img[i])
    return str(data)
def analyse_picture(data):
    data=eval(data)
    row=data['row']
    column=data['column']
    receive=np.zeros((row,column))
    for i in range(row):
        for j in range(column):
            receive[i][j]=np.uint8(data['total'][str(i)][j])
    im=Image.fromarray(receive)
    im.show()
if __name__=='__main__':
    data=huodetupian('6.jpg')
    analyse_picture(data)
```

suijimanbu.py 文件的示例代码如下。

```python
from random import choice
import matplotlib.pyplot as plt
class RandomWalk:
    def __init__(self,numpoints=5000):
        self.num_points=numpoints
        self.x_values=[0]
        self.y_values=[0]
    def fillwalk(self):
        while len(self.x_values) < self.num_points:
            x_direction=choice([1,-1])
```

```
            y_direction=choice([1,-1])
            x_distance=choice([0,1,2,3,4])
            y_distance=choice([0,1,2,3,4])
            x_step=x_direction*x_distance
            y_step=y_direction*y_distance
            if x_step ==0 and y_step==0:
                continue
            else:
                next_x=self.x_values[-1]+x_step
                next_y=self.y_values[-1]+y_step
                self.x_values.append(next_x)
                self.y_values.append(next_y)
def suijimanbu():
    rw=RandomWalk()
    rw.fillwalk()
    plt.figure(dpi=128,figsize=(10,6))
    plt.scatter(rw.x_values,rw.y_values,s=1)
    plt.show()
    return (rw.x_values,rw.y_values)
```

整个实现过程项目的框架结构如图 11.27 所示。

图 11.27 项目的框架结构

11.4.5 本地数据接收端代码

介绍了发布端，现在来实现一个简单的接收端。相比发布端，接收端就要简单多了。我们将它命名为 PythonApplication1，示例代码如下。

```
from linkkit import linkkit
import time
import json
def on_connect(session_flag, rc, userdata):
    print("on_connect:%d,rc:%d,userdata:" % (session_flag, rc))
def on_disconnect(rc, userdata):
    print("on_disconnect:rc:%d,userdata:" % rc)
```

```
def on_subscribe_topic(mid, granted_qos, userdata):
    print("on_subscribe_topic mid:%d, granted_qos:%s" %
            (mid, str(','.join('%s' % it for it in granted_qos))))
def on_topic_message(topic, payload, qos, userdata):
    print("阿里云上传回的数值是:",str(payload)[2:-1])
def on_unsubscribe_topic(mid, userdata):
    print("on_unsubscribe_topic mid:%d" % mid)
def on_publish_topic(mid, userdata):
    print("on_publish_topic mid:%d" % mid)
lk = linkkit.LinkKit(
    host_name="cn-shanghai",
    product_key="a16wCHCUt1N",
    device_name="computer2",
    device_secret="BQ92fQ4mq4jgnN4zu0aNiEFQpy4s64y6")
lk.on_connect = on_connect
lk.on_disconnect = on_disconnect
lk.on_subscribe_topic = on_subscribe_topic
lk.on_topic_message = on_topic_message
lk.on_publish_topic = on_publish_topic
lk.on_unsubscribe_topic = on_unsubscribe_topic
lk.connect_async()
time.sleep(2)
rc, mid = lk.subscribe_topic(lk.to_full_topic("user/get"))
while 1:
    Pass
```

运行两个.py 文件，分别为 run 和 PythonApplication1，可以看到数据发布端登录的是 computer，数据接收端登录的是 computer2，运行结果如图 11.28 所示。

图 11.28　运行结果

217

　　这里解释一下上述代码最后为什么需要加一个死循环 while 1，这是因为获得数据的方式是通过异步调用的回调函数，所以只要维持接收端的函数持续运行以及与阿里云的正常连接，就能做到时刻接收实时数据。发布端的代码还添加了图像的发送，以及大数据量的随机漫步数据发送，这里因为篇幅有限就不展示了，感兴趣的读者可以去本书配套的电子文档中自取相关代码进行测试运行。

　　注意：数据的发布端一定要先登录再单击"发送"（不管是数据发送还是图片发送），且一定要在接收端出现 on_subscribe_topic 字样后才可以单击"发送"，不然接收端会因为还没来得及订阅而接收不到相关数据。

第 12 章 综合运用 3：图像与现代生活

图像是生活中不可缺少的一部分，而绝大多数图像都能够使用 OpenCV 来进行特殊的处理，例如扫二维码、人脸识别、文字提取等。

本章的主要内容如下。

- ❑ 二维码识别。
- ❑ 人脸识别的基本原理。
- ❑ 手势识别的基本原理。
- ❑ 人脸表情识别技术。
- ❑ 进行简单的文字挖取。
- ❑ 制作 ASCII 艺术图。
- ❑ 制作背景穿透视频。
- ❑ 图像克隆技术。
- ❑ 图像无损修复。
- ❑ 对图像进行非真实感渲染。

注意：本章内容为本书中实用性非常强的内容，读者学习本章后，在实际生活中处理图像时会更加得心应手。

12.1 二维码识别

本节将介绍如何识别一个二维码并读取二维码中的内容。二维码的应用在现在的日常生活中已经十分普遍了，不同的二维码包含了不同的信息，二维码的读取也是计算机视觉中一个十分重要的应用。

用于二维码识别的现有库主要有 Zbar 库和 pyzbar 两个库，Zbar 库的安装较为麻烦，这里使用 pyzbar 库，只需要通过 pip install pyzbar 命令即可安装 pyzbar 库。

对图像进行二维码的识别前需要完成二维码的定位。二维码的定位过程主要有如下几个步骤。

（1）将图像转换为灰度图像。

（2）使用 Sobel 算子进行过滤。

（3）将过滤得到的 x 方向像素值减去 y 方向像素值，得到图像梯度高的图像。

（4）均值滤波取二值化。

（5）连续的形态学开闭运算。

（6）调用 cv2.findContour 函数来提取轮廓。

（7）计算出面积最小的轮廓来包围正方形，即可定位。

注意：这里的定位指的是找到并画出视野内二维码的轮廓，并不需要将二维码部分从图像中抠取出来。

12.1.1 静态的二维码识别

首先介绍简单的静态二维码识别，需要识别的二维码如图 12.1 所示，该二维码仅用于示例讲解。

图 12.1 二维码原图

现在依次进行 12.1 节中的 7 个操作步骤，示例代码如下。

```
import cv2
import numpy as np
import pyzbar.pyzbar as pyzbar
def decodeDisplay():
    #读取二维码图像
    img=cv2.imread('1.jpg')
    gray=cv2.cvtColor(img,cv2.COLOR_BGR2GRAY)
    #获取结构化元素
    kernel=cv2.getStructuringElement(cv2.MORPH_RECT,(15,15))
    gradx=cv2.Sobel(gray,ddepth=cv2.cv2.CV_32F,dx=1,dy=0,ksize=-1)
    grady=cv2.Sobel(gray,ddepth=cv2.cv2.CV_32F,dx=0,dy=1,ksize=-1)
    #计算图像梯度
    gradient=cv2.subtract(gradx,grady)
    gradient=cv2.convertScaleAbs(gradient)
    #中值滤波
    blurred=cv2.blur(gradient,(9,9))
```

```
        #二值化
        ret,thresh=cv2.threshold(blurred,127,255,cv2.THRESH_BINARY)
        #形态学运算
        closed=cv2.morphologyEx(thresh,cv2.MORPH_CLOSE,kernel)
        dilate=cv2.dilate(closed,None,iterations=4)
        erode=cv2.erode(dilate,None,iterations=4)
        #寻找轮廓
        contours,hierarchy=cv2.findContours(erode,cv2.RETR_EXTERNAL,cv2.CHAIN_APPROX_SIMPLE)
        #判断是否有二维码
        if len(contours)==0:
            print("none")
        else:
            #默认视野内只有一个二维码
            contour=max(contours,key=cv2.contourArea)
            x,y,w,h=cv2.boundingRect(contour)
            img=cv2.rectangle(img,(x,y),(x+w,y+h),(0,255,0),3)
        #图像显示
        cv2.imshow('img',img)
        cv2.waitKey(0)
        cv2.destroyAllWindows()
        return img
#分析二维码
def decodeImg(image):
    gray=cv2.cvtColor(image,cv2.COLOR_BGR2GRAY)
    #分析代码
    barcodes = pyzbar.decode(gray)
    for barcode in barcodes:
        # 提取二维码的边框的位置
        # 画出图像中条形码的边框
        (x, y, w, h) = barcode.rect
        cv2.rectangle(image, (x, y), (x + w, y + h), (0, 0, 255), 2)
        barcodeData = barcode.data.decode("utf-8")
        barcodeType = barcode.type
        text = "{} ({})".format(barcodeData, barcodeType)
        cv2.putText(image, text, (x-100, y - 10), cv2.FONT_HERSHEY_SIMPLEX,
                    .5, (0, 0, 125), 2)
        print("[信息] Found {} barcode: {}".format(barcodeType, barcodeData))
    return image
if __name__=="__main__":
    img=decodeDisplay()
    image=decodeImg(img)
    cv2.imshow('img',image)
    cv2.waitKey(0)
    cv2.destroyAllWindows()
```

　　运行代码，结果如图 12.2 所示。上述代码会将二维码的扫描信息通过 **cv2.putText** 函数直接写在原来的图像上，读者可以更加直观地看到二维码的内容。

图 12.2　二维码扫描结果

12.1.2　动态的二维码识别

现在将静态的二维码识别与获取转换成动态的二维码识别与获取。

在静态二维码处理中，为了识别出二维码的位置并画出其轮廓，代码中添加了很多的数学计算过程，这是为了能够更加准确地标识出二维码而进行的操作，并不是必须要这么做。

为了提高二维码识别过程中摄像头转动的流畅性，在动态的二维码识别中不做除提取二维码自身内容外其余的操作，即直接对整个画面进行二维码内容的提取。如果视野内有二维码存在，内容就会被提取出来，而没有二维码的部分就不会有任何结果。所以下面的代码没有二维码的识别部分，只做了二维码内容的提取操作，示例代码如下。

```python
import cv2
import numpy as np
import pyzbar.pyzbar as pyzbar
def decodeImg(image):
    gray=cv2.cvtColor(image,cv2.COLOR_BGR2GRAY)
    barcodes = pyzbar.decode(gray)
    for barcode in barcodes:
        # 提取二维码的边框的位置
        # 画出图像中条形码的边框
        (x, y, w, h) = barcode.rect
        cv2.rectangle(image, (x, y), (x + w, y + h), (0, 0, 255), 2)
        # 提取二维码数据为字节对象，所以如果我们想在输出图像上
        # 画出来，就需要先将它转换成字符串
        barcodeData = barcode.data.decode("utf-8")
        barcodeType = barcode.type
        # 绘出图像上条形码的数据和条形码类型
        text = "{} ({})".format(barcodeData, barcodeType)
        cv2.putText(image, text, (x-100, y - 10), cv2.FONT_HERSHEY_SIMPLEX,
                    .5, (0, 0, 125), 2)
        # 向终端输出条形码数据和条形码类型
        print("[信息] Found {} barcode: {}".format(barcodeType, barcodeData))
    return image
```

```
def detect():
    cap=cv2.VideoCapture(0)
    while 1:
        ret,img=cap.read()
        im=decodeImg(img)
        cv2.imshow('img',im)
        if cv2.waitKey(1)&0xff==ord('q'):
            break
    cv2.destroyAllWindows()
    cap.release()
if __name__=="__main__":
    detect()
```

运行代码，结果如图 12.3 所示。

图 12.3　二维码动态识别结果

得到二维码的内容后，可以利用识别出的内容进行一些连接操作。例如，在支付宝进行连接测试的时候可能需要使用二维码的内部信息，这个时候就可以利用动态二维码识别来获得内容并进行连接操作，这个效率比它提供的 SDK 效率更高。

12.2　人脸识别

人脸识别在目前已经应用得十分普遍了，例如人脸解锁、人脸支付等，可以说人脸识别是计算机视觉的重要部分。本节将介绍人脸识别的原理及其实现过程。

12.2.1　人脸识别的原理——Haar 特征

OpenCV 中提供了关于人脸识别的算法，它主要使用 Haar 级联的概念。

1. Haar 特征

人脸识别使用 Haar 级联分类器，通过对比分析相邻图像区域来判断给定图像或子图像与已知对象是否匹配。Haar 特征分为 4 种类型：边缘特征、线性特征、中心特征和对角线特征。将这些特征组合成特征模板，特征模板内有白色和黑色两种矩形，并定义该模板的特征值为白色矩形像素之和减去黑色矩形像素之和。Lienhart R. 等人对 Haar-like 矩形特征库做了进一步扩展，扩展后的特征大致分为 4 种类型——边缘特征、线性特征、圆心环绕特征和特定方向特征，如图 12.4 所示。

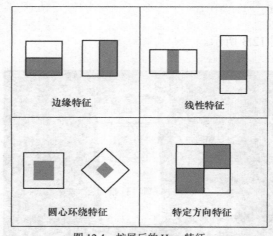

图 12.4　扩展后的 Haar 特征

Haar 特征的提取简单来说就是通过不断改变模板的大小、位置和类型，将白色矩形区域像素之和减去黑色矩形区域像素之和，从而得到每种类型模板的大量子特征。

2. 积分图

计算 Haar 的特征值需要计算图像中封闭矩形区域的像素值之和，在不断改变模板大小和位置来获取子特征的情况下，计算大量的多重尺度区域可能会需要遍历每个矩形的每个像素点的像素值，且同一个像素点如果被包含在不同的矩形中会被重复遍历多次。这就导致了大量的计算和高复杂度，并且包含了大量不必要的操作，因此可以用积分图来减少计算量。

积分图的原理是从第二次遍历图像开始，通过第一次遍历图像时保留下来的矩形区域 4 个角的值来提供需要的像素的总和。我们通过图 12.5 所示的积分原图可以更好地理解这个概念，因此如果需要计算图像中任意矩形区域的面积，就不需要遍历区域内的所有像素点。

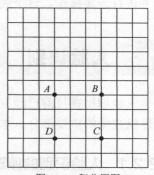

图 12.5　积分原图

例如，计算图 12.5 中矩形 *ABCD* 的面积。将矩形 *ABCD* 的面积记为 S_1，图中左顶点记为 *O* 点，以 *O* 点与 *A* 点连线为对角线的矩形面积记为 S_2，以 *O* 点与 *B* 点连线为对角线的矩形面积记为 S_3，以 *O* 点与 *C* 点连线为对角线的矩形面积记为 S_4，以 *O* 点与 *D* 点连线为对角线的矩形面积记为 S_5，如图 12.6 所示。

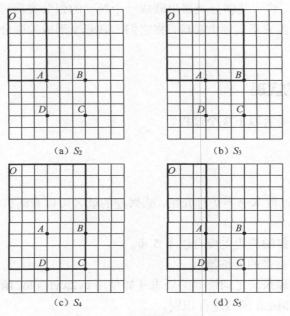

图 12.6 *O* 点对应的不同矩形区域

有了 4 个区域的面积后，就可以通过 S_2、S_3、S_4 和 S_5 来计算出 S_1 的面积了，如式（12.1）所示。

$$S_1 = S_4 - (S_3 + S_5 - S_2) \tag{12.1}$$

提取目标图像的 Haar 特征需要计算多个尺度矩形的和。这些计算是重复的，因为遍历图像时反复遍历了同一个像素点，而这会导致系统运行速度缓慢且效率低下，并且这对构建一个实时的人脸识别系统来说是不可行的，因为卡顿会造成用户体验不好的情况。

其实不需要多次遍历相同的像素点。运用积分图的思想，如果要计算任意一个矩形区域，上述公式等号右边的所有值在积分图像中都是易于获取的，之后只需要用正确的值替代它们就可以比较轻松地提取相关特征了，从而大幅度减少了计算量。

3. Haar 级联

Haar 级联是一个基于 Haar 特征的级联分类器，级联分类器能够把弱分类器串联成强分类器。弱分类器可以理解为性能受限的分类器，它们没有办法正确地区分所有事物。当问题很简单时，弱分类器产生的结果是可以接受的，但是问题一旦复杂起来，结果就会出现很大的偏差。强分类器可以正确地对数据进行分类，建立一个实时系统来保证分类器运行良好并且足够简单。

在强相连与弱相连之间，唯一需要考虑的就是分类器够不够精确的问题。如果试图获得更精确的结果，那么最终系统就会变成计算密集型，但运行速度慢的系统。精确度和速度的取舍在机器学习中十分常见。将一些弱分类器串联成一个统一的强分类器可以解决这个问题。弱分类器本身面对的问题的需求不需要太精确，将它们串联起来形成的强分类器具有高精确度、低速度的特点。

12.2.2 人脸识别的实现

人脸识别的实现主要有以下 3 个过程。

（1）图像采集。

（2）模型训练。

（3）人脸识别。

其中，模型训练的过程本书不进行介绍，感兴趣的读者可以查阅机器学习的相关书籍来进行了解。

人脸识别中图像采集的流程主要有以下 5 步。

（1）加载 OpenCV 自带的训练器。

（2）对图像进行处理来满足训练器的要求（如使用 cv2.cvtColor 函数等）。

（3）使用 detectMultiscal 函数进行识别。

（4）使用 rectangle 函数绘制找到目标的矩形框。

（5）在原来的图上进行 ROI 操作将目标区域截下，准备传入训练器。

模型训练结束后，会得到相关的训练数据，然后就是进行人脸的检测，主要分为以下 4 步。

（1）进行图像预处理，例如将图像变为与训练对象同样的尺寸、灰度化、直方图均衡等。

（2）加载训练器。

（3）载入输入图像获得相对应的标签值。

（4）将输入图像的标签值与训练数据进行比对，比对完后给出相对应的人名，然后绘制在界面上。

1. 人脸数据采集的实现

现在来进行实战演练，首先需要写一个人脸数据采集的程序，将其命名为 OpenCV_人脸识别.py。这里一共需要 20 个训练数据，训练数据存放在当前文件所在文件夹的 data 文件夹中的 rjq 文件夹下，路径可以自由更改，但记得要与下文的路径相统一。

```
import cv2
import numpy as np
import os
```

```
import time
#生成数据
def generate_img(dirname):
    face_cascade = cv2.CascadeClassifier('haarcascade_frontalface_default.xml')
    if (not os.path.isdir(dirname)):
        os.makedirs(dirname)
    cap = cv2.VideoCapture(0)
    count = 0
    while 1:
        ret, frame = cap.read()
        (x,y) = frame.shape[0:2]
        small_frame = cv2.resize(frame,(int(y/2), int(x/2)))
        result = small_frame.copy()
        gray = cv2.cvtColor(small_frame, cv2.COLOR_BGR2GRAY)
        faces = face_cascade.detectMultiScale(gray, 1.3, 5)
        for (x, y, w, h) in faces:
            #画出人脸部分
            result = cv2.rectangle(result, (x, y), (x+w, y+h), (255, 0, 0), 2)
            f = cv2.resize(gray[y:y+h, x:x+w], (200, 200))
            if count<20:
                cv2.imwrite(dirname + '%s.pgm' % str(count), f)
                print(count)
                count += 1
        cv2.imshow('face', result)
        if cv2.waitKey(1) & 0xFF == ord('q'):
            break
    cap.release()
    cv2.destroyAllWindows()
if __name__ == '__main__':
    generate_img("./data/rjq/")
```

运行代码，将需要训练的人脸对准摄像头，程序会自动捕捉有人脸的部分，在捕捉窗口快速闪烁 20 次（左边控制台的数字从 0 依次跳到 19）以后，训练结束，可以开始下一步的人脸识别。

注意：为了减少相关的代码量，需要使用一个已经写好了的 Haar 级联器，其名为 haarcascade_frontalface_default.xml。这个级联器可以从网上下载，或者直接在本书配套代码中与本小节相对应的文件夹下获得该级联器；这里的 data 文件夹需要提前创建，不然会出现无法找到路径的错误。

2. 人脸识别的实现

获得人脸训练数据后，接着进行人脸识别的实现，将程序命名为 recognize.py，示例代码如下。

```
import os
import sys
```

```
import cv2
import numpy as np
import time
#读取人脸数据
def read_images(path, sz=None):
    c = 0
    X,y = [],[]
    names=[]
    for dirname, dirnames, filenames in os.walk(path):
        for subdirname in dirnames:
            subject_path = os.path.join(dirname, subdirname)
            for filename in os.listdir(subject_path):
                try:
                    if (filename == ".directory"):
                        continue
                    filepath = os.path.join(subject_path, filename)
                    im=cv2.imread(os.path.join(subject_path,filename),
                                    cv2.IMREAD_GRAYSCALE)
                    if (im is None):
                        print("image" + filepath + "is None")
                    if (sz is not None):
                        im = cv2.resize(im, sz)
                    X.append(np.asarray(im, dtype=np.uint8))
                    y.append(c)
                except:
                    print("unexpected error")
                    raise
            c = c+1
            names.append(subdirname)
    return [names,X,y]
#人脸识别判断
def face_rec():
    read_dir = "./data"
    [names, X, y] = read_images(read_dir)
    y = np.asarray(y, dtype=np.int32)
    #生成训练模型
    model = cv2.face_EigenFaceRecognizer.create()
    #训练模型
    model.train(np.asarray(X), np.asarray(y))
    face_cascade = cv2.CascadeClassifier('haarcascade_frontalface_default.xml')
    cap = cv2.VideoCapture(0)
    now=time.time()
    while True:
        ret, frame = cap.read()
        x, y = frame.shape[0:2]
        small_frame = cv2.resize(frame, (int(y/2), int(x/2)))
```

```
            result = small_frame.copy()
            gray = cv2.cvtColor(small_frame, cv2.COLOR_BGR2GRAY)
            faces = face_cascade.detectMultiScale(gray, 1.3, 5)
            for (x, y, w, h) in faces:
                result = cv2.rectangle(result,(x, y),(x+w, y+h),(255, 0, 0),2)
                roi = gray[x:x+w, y:y+h]
                try:
                    roi = cv2.resize(roi, (200,200), interpolation=cv2.INTER_LINEAR)
                    [p_label, p_confidence] = model.predict(roi)
                    #print(names[p_label])
                    cv2.putText(result, names[p_label], (x, y-20), cv2.FONT_HERSHEY_
SIMPLEX, 1, 255, 2)
                    cap.release()
                    cv2.destroyAllWindows()
                    return 1
                except:
                    continue
            nnow=time.time()
            cv2.imshow("recognize_face", result)
            #超时
            if nnow-now>5:
                cap.release()
                cv2.destroyAllWindows()
                return 0
                break
            if cv2.waitKey(30) & 0xFF == ord('q'):
                break
        cap.release()
        cv2.destroyAllWindows()
        return 0
    if __name__ == "__main__":
        zzz=face_rec()
        print(zzz)
```

注意：在运行本代码前，一定要先运行
人脸数据采集的 OpenCV_人脸识别.py 文
件的代码来获得训练数据，否则本处的代
码无法正常运行。

此处的 recognize.py 文件与 OpenCV_
人脸识别.py 文件应放在同一个文件夹下，
即与.xml 训练器在同一个文件夹下。运行
代码，结果如图 12.7 所示。在识别到人脸
后，程序会将人脸所在区域框取出来并附
上识别的结果。

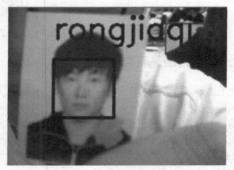

图 12.7 人脸识别结果

12.2.3　判断是否存在人脸

上文介绍了如何在有训练数据的情况下进行人脸识别，这里有一个前提，即有人脸和训练数据，然后就可以通过人脸识别出这个人是谁。

但是如果不需要识别出这个人是谁，只需要判断摄像头内是否存在人脸呢？这个功能实现起来要比人脸识别简单多了。

1.　静态判断是否存在人脸

静态判断是否存在人脸，因为不需要进行人脸的判定，所以代码就会简单许多，示例代码如下。

```
import cv2
img = cv2.imread('1.jpg',1)
#调用 Haar 级联器
face_engine= cv2.CascadeClassifier(cv2.data.haarcascades+
                                'haarcascade_frontalface_default.xml')
faces = face_engine.detectMultiScale(img,scaleFactor=1.3,minNeighbors=5)
for (x,y,w,h) in faces:
    img = cv2.rectangle(img,(x,y),(x+w,y+h),(255,0,0),2)
cv2.imshow('img',img)
cv2.waitKey(0)
cv2.destroyAllWindows()
```

运行结果如图 12.8 所示。可以看到，程序检测到图像中存在人脸，但没有判断这个人是谁。

图 12.8　静态判断是否存在人脸

2.　动态判断是否存在人脸

现在来动态判断是否存在人脸，示例代码如下。

```
import cv2
cap=cv2.VideoCapture(0)
face_engine=cv2.CascadeClassifier(cv2.data.haarcascades+'haarcascade_frontalface_
default.xml')
while 1:
    ret,frame=cap.read()
```

```
    faces = face_engine.detectMultiScale(frame,scaleFactor=1.3,minNeighbors=5)
    for (x,y,w,h) in faces:
        frame = cv2.rectangle(frame,(x,y),(x+w,y+h),(255,0,0),2)
    cv2.imshow('img',frame)
    if cv2.waitKey(1)==ord('q'):
        break
cv2.destroyAllWindows()
```

运行上述代码，结果如图 12.9 所示。可以看到，程序也检测到了图像中存在人脸。

图 12.9　动态判断是否存在人脸

12.3　手势识别

在日常生活中，与人脸识别相类似的还有手势识别。本节将介绍与手势识别相关的计算机视觉知识。首先介绍手势识别的常用分类。

12.3.1　手势识别的分类

1. 按复杂程度分

由简单粗略到复杂精细，手势识别大致可以分为以下 3 个等级：二维手形识别、二维手势识别、三维手势识别。

在具体讨论各种手势识别之前，有必要介绍一下二维识别和三维识别的差别。在二维识别里，识别的只是一个平面空间，可以用(x 坐标，y 坐标)组成的坐标信息来表示一个物体在二维空间中的坐标位置。举个例子，一个钉子被钉在一面墙上，其位置可以用笛卡儿坐标系来表示。三维识别则在此基础上增加了"深度（z 坐标）"概念。这里的"深度"并不是生活中所说的表示深浅的深度，这个"深度"表达的是"纵深"，可以理解为相对于眼睛的"距离"。就像鱼缸中的金鱼，它可以在你面前上下左右地游动，也可能离你更远或者更近，所以三维识别可以理解为深度为 z 的一个二维平面。

二维手形识别和二维手势识别完全是基于二维平面的,它们只需要将不含深度信息的二维信息数据作为输入即可。例如照片就包含了二维信息,我们只需要使用单个摄像头捕捉到的一张二维图像作为输入,然后通过计算机视觉技术对输入的二维图像进行分析,获取信息,就可以实现二维手势识别。

三维手势识别是基于三维空间的。三维手势识别与二维手势识别的最根本区别就在于三维手势识别需要的数据包含深度信息,这就使得三维手势识别在硬件和软件层面都比二维手势识别要复杂得多。对于一般的简单操作,二维手势识别就足够了。但是对于一些需要复杂手势操作的项目,例如 VR 游戏,就需要进行三维手势识别了。

2. 按摄像头种类分

手势识别的分类标准有很多,例如按照摄像头的种类就可以分为两类:基于 2D 摄像头的手势识别和基于 3D 摄像头的手势识别(比较有名的就是微软公司的 Kinect)。

早期的手势识别是基于二维彩色图像的识别技术,所谓的二维彩色图像是指通过普通摄像头得到平面图像数据以后,再通过计算机图形算法进行图像中内容的识别。二维的手形识别只能识别出几个静态的手势动作,而且这些动作必须要进行预设,没有预设的动作是无法被识别出来的。

相比较之下,三维手势识别增加了一个 z 轴的信息,因此可以识别更多的手形、手势和动作。目前,三维手势识别也是手势识别发展的主要方向。不过这种包含一定深度信息的手势识别,需要的信息数据并不是一般的摄像头所能提供的,需要特别的硬件来实现。

手势识别技术中最关键的环节在于对手势动作的追踪以及后续的计算机数据处理。手势动作捕捉技术主要通过光学和传感器两种方式来实现。手势识别推测的算法包括模板匹配技术(这个在二维手势识别技术中使用得比较普遍)、统计分析技术以及神经网络技术。

12.3.2 2D 摄像头手势识别

在日常生活中,2D 摄像头的手势识别已经能够满足一般的需求了,所以本节只关注二维的手势识别。

1. 2D 摄像头手势识别的分类

虽然手势识别已经分为了二维和三维这两大类,但其实还可以进行细分。以 2D 摄像头为例,2D 摄像头的手势识别又可以分为静态手势识别和动态手势识别。

静态手势识别也被称为静态二维手势识别,这种识别技术只能识别手势中最简单的一类,例如握拳或五指张开;这种识别技术主要是识别手势的"状态",不能感知手势的"持续变化"。因为说到底它只是一种模式匹配技术,不具备持续变化的匹配能力。这种技术通过计算机视觉算法分析图像,然后和预设的图像模式进行比对,从而理解手势的含义。因此,二维手形识别技术只可以识别预设好的状态，拓展性相对较差，控制感很弱，用户只能实现最基础的人机交互功能。

动态手势识别虽然仍不含深度信息，且信息类型依旧停留在二维平面上，但是这种技术比起二维手形识别来说稍微复杂一些，因为它不仅可以识别手形，还可以识别一些简单的二维手势动作。举个例子，挥手这个动作拥有动态的特征，使用动态手势识别可以追踪手势的运动，进而将手势和手部的相关运动结合在一起。更重要的是，这种技术在硬件要求上和二维手形识别并无区别，其诞生主要来源自计算机视觉算法，从而可以使用相同的硬件获得更加丰富的人机交互内容。该技术也使用户的使用体验提高了一个层次，从纯粹的状态控制变成了比较丰富的平面控制。

2．2D 摄像头手势识别的原理

一个手势动作一般有手形、方向以及运动轨迹等 3 个主要特征。

一个基于视觉手势识别的系统应该包括以下功能或步骤。

（1）图像的采集。

（2）预处理。

（3）特征的提取和选择。

（4）分类器的设计。

（5）手势识别。

其中有 3 个步骤是识别系统的关键，分别是在“预处理”中去做手势的分割，分割后做“特征的提取和选择”，以及最后的“手势识别”算法。

因为手势、动作本身具有丰富的形变、运动以及纹理特征，所以选取合理的特征点对于手势识别起着至关重要的作用，选取一个好的特征点可以减少代码量并提高动作识别的准确率。

目前，常用的手势特征有轮廓、边缘、图像矩、图像特征向量、区域直方图特征等。其中，手势检测（依赖于手势分割）这种手势特征主要受复杂背景所限制，如遮挡、直接光源的亮度变化、外部反射等，常见的手势检测特征选取方式有基于肤色、基于手的表观以及基于模型这 3 种。

目前基于视觉的二维静态手势识别技术主要有三大类。

❑　模板匹配技术，这是一种简单、历史悠久的识别技术，技术本身已经发展了很多年，也是非常成熟的一种技术。

❑　统计分析技术，这是一种通过统计样本特征向量来确定分类器的基于概率统计理论的分类方法。

❑　神经网络技术，这种技术具有自组织和自学习能力，具有分布性特点，能有效抗噪声、处理不完整模式，且具有模式推广能力。基于二维视觉的动态手势识别技术，主要基于神经网络技术，例如 HMMs（隐马尔可夫模型）、CRFs（条件随机场）模型等，这里就不具体介绍相关内容了，感兴趣的读者可以自行查阅相关资料。

12.3.3　手势识别的实现

1．百度智能云上设备的创建

因为 OpenCV 没有自带的手势识别的训练器，若自己从头开始写，代码会比较长，而且最后实现的效果、性能都比较差。为了让读者比较好地体验手势识别，这里选择百度智能云提供的手势识别 API 函数来进行手势识别的操作。

与第 11 章中的阿里云一样，需要先注册一个百度智能云的账号，这个比较简单，就不做演示了。

注册完成后单击页面右上角的控制台。在控制台左侧选择"产品服务"，然后选择"人工智能"→"人体分析"，如图 12.10 所示。

图 12.10　选择"人体分析"

进入"人体分析"页面后，单击页面左侧的"概览"，然后选择"创建应用"，如图 12.11 所示。

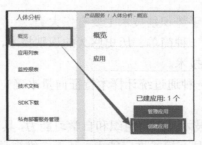

图 12.11　选择"创建应用"

在"应用描述"中需要给应用命名，如图 12.12 所示。一般使用英文，以免出现错误，然后选择与之相对应的应用类型，使用默认的接口即可。一般情况下，每个人工智能的程序与接口的权限应该一致。

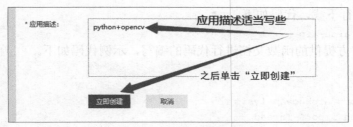

图 12.12　单击"立即创建"

创建完成后查看应用详情，保留好相关的 AppID、API Key、Secret Key，这些在代码里需要用到，如图 12.13 所示。

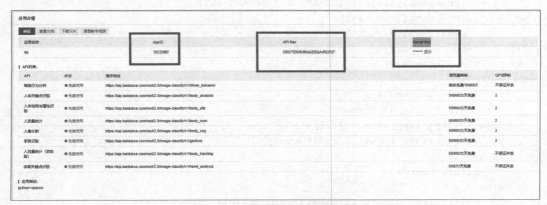

图 12.13　查看应用详情

关于人体识别技术如何运用，百度云已经提供了比较详细的官方文档，这里就不进行叙述了，读者可以单击图 12.14 左侧的"技术文档"来查看相关的帮助文档。

图 12.14　帮助文档

2. 本地环境配置

获取云上相关的数据后，就可以在本地环境进行相关配置了。首先需要安装相关的包，可以直接使用 pip 进行下载，代码如下。

```
pip install baidu-aip
```

安装后按照官方提供的函数文档进行代码的编写，示例代码如下。

```
import os
import cv2
from aip import AipBodyAnalysis
from threading import Thread
import base64
APP_ID = '' #这里填写相关的 APP_ID
API_KEY = ''#这里填写相关的 API_KEY
SECRET_KEY = ''#这里填写相关的 SECRET_KEY
client = AipBodyAnalysis(APP_ID, API_KEY,SECRET_KEY)
def get_file_content(filePath):
    with open(filePath, 'rb') as fp:
        return fp.read()
cap=cv2.VideoCapture(0)
while 1:
    ret,frame=cap.read()
    cv2.imwrite('1.jpg',frame)
    image = get_file_content('1.jpg')
    x=client.gesture(image)['result_num']
    if x==0:
        print('None')
    else:
        print(client.gesture(image)['result'][0]['classname'])
    cv2.imshow('img',frame)
    if cv2.waitKey(1)==ord('q'):
        break
cap.release()
cv2.destroyAllWindows()
```

把需要填写的参数填完后，即可正常运行代码。因为需要调用网上的 API，所以代码的运行速度可能会稍微慢些。

注意：因为要调用百度云提供的 API，所以在运行代码前需要连接网络。

3. 代码优化

上述代码的运行会有些卡顿，这是因为其对图像进行每一帧操作时，都需要调用一次网上的 API，连接网络、数据处理以及相关数据的回传都需要时间，所以出现卡顿是必然的。

解决卡顿问题的方法有以下两种。

❑　下载百度智能云的离线 SDK 包，将图像信息的判断移到本地，这样可以大幅度缩短处理时间。

❏ 将图像的显示放入子线程中，由主线程进行数据的处理，这样也能使摄像头的显示不卡顿。

下面用第二种方法来解决摄像头卡顿的问题，因为第一种方法要用到的功能目前还处在测试阶段，并且要收费，有兴趣的读者可以自行尝试。第二种方法的示例代码如下。

```python
import os
import cv2
from aip import AipBodyAnalysis
from threading import Thread
import base64
""" APPID AK SK """
APP_ID = '17512387'
API_KEY = 'YesWhGwPux5b13y4rpDFNLCY'
SECRET_KEY = 'mjhQleGRRlH8QphOpcklsVUMpHKhadsK'
''' 调用'''
gesture_client = AipBodyAnalysis(APP_ID, API_KEY, SECRET_KEY)
capture = cv2.VideoCapture(0)#0 为默认摄像头
def get_file_content(filePath):
    with open(filePath, 'rb') as fp:
        return fp.read()
def camera():
    while True:
        ret, frame = capture.read()
        # cv2.imshow(窗口名称，窗口显示的图像)
        cv2.imshow('frame', frame)
        cv2.imwrite('1.jpg',frame)
        if cv2.waitKey(1) == ord('q'):
            break
Thread(target=camera).start()#引入线程防止在识别的时候卡死
def gesture_recognition():
    '''
    第一个参数 ret 为 True 或者 False,代表有或没有读取到图片
    第二个参数 frame 表示截取到一帧的图片
    '''
    frame = get_file_content('1.jpg')
    #只接受base64 格式的图片
    #base64_data = base64.b64encode(frame)
    #gesture =  gesture_client.gesture(frame)    #AipBodyAnalysis 内部函数
    #print(gesture)
    try:
        x=gesture_client.gesture(frame)['result_num']
    except:
        print("sorry ! we can not find your img ! please try again!")
    else:
        if x==0:
```

```
            print('None')
        else:
            print(gesture_client.gesture(frame)['result'][0]['classname'])
while 1:
    gesture_recognition()
```

运行上述代码，结果如图 12.15 所示。可以看到，当对摄像头比出两根手指的时候，控制台上就会显示"TWO"字样；当摄像头内没有指定动作出现的时候就会显示"None"字样。

图 12.15　手势识别结果

百度智能云提供的动作识别共有 24 种，感兴趣的读者可以尝试其他动作。

12.4 人脸表情识别

12.2 节中介绍了人脸识别，但只能判断是否有人脸以及这个人是谁，并不能识别出人脸的表情。本节将介绍如何判断图像中的人脸，并且进行人脸表情的识别。

12.4.1 基于 dlib 的人脸表情识别

本节将基于人脸识别来分析具体的人脸表情，目前常用 dlib 库进行人脸识别。

1. 人脸表情识别原理

本节介绍的人脸识别主要根据 dlib 回传的 68 项数据以及各项数据的联系比例进行识别，例如嘴的张开程度、眼睛的睁开程度、眉毛的倾斜角度、嘴角的上扬程度等，将其作为表情识别的指标。这里主要讲解前 3 项指标，具体的识别规则如下。

❑ 嘴巴。嘴巴张开时上下唇的距离除以面部识别框宽度得到的值越大，可以理解为情绪越激动，但是情绪激动有可能是非常开心，也可能是极度愤怒，所以还需要借助其他参数来进行进一步的判断。

❑ 眉毛。查阅官方文档可以知道，在 dlib 的 68 个点中，17～21 号特征点（或 22～26

号特征点，不同版本有区别）与面部识别框顶部的距离和识别框高度的比值越小，眉毛上扬得越高，可以用来表示惊讶、开心。开心时眉毛一般上扬，愤怒时是皱眉，所以这一项的值就会比较小，由此就能区分开心与愤怒。

❑ 眼睛。人在开怀大笑的时候会不自觉地眯起眼睛，而当人愤怒或者惊讶的时候通常都会瞪大眼睛，所以这里采用眼睛作为识别的规则之一。

2. dlib 库的下载与安装

dlib 库的安装与 face_recognization 库相似，很难一次安装成功。

首先尝试使用 pip 命令进行 dlib 库的安装，代码如下。

```
pip install dlib
```
不出意外的话应该会安装失败。

以果安装成功的话可以跳过本小节后续内容，如果安装失败的话可以接着尝试以下两种安装方法。

第一种方法需要先安装 cmake，代码如下。

```
pip install cmake
```
下载完成后再下载 scikit-image 库，代码如下。

```
pip install scikit-image
```
之后再下载 dlib 库，代码如下。

```
pip install dlib
```
不出意外的话此时已经安装成功了，如果报错的话，可以再尝试安装 Boost，不同版本的 dlib 对 Boost 的依赖程度也不同，安装 Boost 的代码如下。

```
pip install Boost
```
上面这种安装方稍显烦琐，其实有更简单的安装方法。这里需要一个.whl 文件，该文件可以在本书配套的本章节相关电子资料中获得，本书提供了以下两个.whl 文件：

❑ dlib-19.8.1-cp36-cp36m-win_amd64.whl；

❑ dlib-19.17.99-cp37-cp37m-win_amd64.whl。

如果读者使用的 Python 版本是 3.6，请使用第一个.whl 文件；如果是 3.7 版本，请使用第二个.whl 文件。获得相应的.whl 文件后，打开"运行"，输入"cmd"之后，通过 cd 命令到达.whl命令所在的文件夹后输入如下代码，即可安装成功。

```
pip install dlib-19.8.1-cp36-cp36m-win_amd64.whl
```
关于 cd 命令，此处简单地举个例子，例如.whl 文件放在 D:\demos 文件夹中，只需要在命令台上输入如下代码，即可抵达该指定目录。

```
cd  D:\demos
```

12.4.2　静态图像的人脸表情识别

下面进行基于 dlib 的静态图像的人脸表情识别，使用图 12.16 所示的图像。

图 12.16　原图

静态图像的人脸表情识别的示例代码如下。

```python
import dlib
import numpy as np
import cv2
class face_emotion():
    def __init__(self):
        # 使用特征提取器 get_frontal_face_detector
        self.detector = dlib.get_frontal_face_detector()
        # dlib 的 68 点模型，使用已经训练好的特征预测器，可以在本书配套代码中获得
        self.predictor = dlib.shape_predictor("shape_predictor_68_face_landmarks.dat")
        self.frame = cv2.imread('3.jpg')
    def learning_face(self):
        # 眉毛直线拟合数据缓冲
        line_brow_x = []
        line_brow_y = []
        im_rd = self.frame
        # 取灰度
        img_gray = cv2.cvtColor(im_rd, cv2.COLOR_RGB2GRAY)
        # 使用人脸检测器检测每一帧图像中的人脸，并返回人脸数 rects
        faces = self.detector(img_gray, 0)
        #显示屏幕上的字体的格式
        font = cv2.FONT_HERSHEY_SIMPLEX
        # 如果检测到人脸
        if(len(faces)!=0):
            # 对每个人脸都标出 68 个特征点
            for i in range(len(faces)):
                # enumerate 方法同时返回数据对象的索引和数据，k 为索引，d 为 faces 中的对象
                for k, d in enumerate(faces):
                    # 用红色矩形框出人脸
                    cv2.rectangle(im_rd, (d.left(), d.top()), (d.right(), d.bottom()),
(0, 0, 255))

                    # 计算人脸识别框边长
                    self.face_width = d.right() - d.left()
                    # 使用预测器得到 68 点数据的坐标
                    shape = self.predictor(im_rd, d)
```

```
                                   # 圆圈显示每个特征点
                                   for i in range(68):
                                       cv2.circle(im_rd, (shape.part(i).x, shape.part(i).y), 2, (0,
 255, 0), -1, 8)

                                       #cv2.putText(im_rd,str(i),(shape.part(i).x,shape.part(i).y),
                                              cv2.FONT_HERSHEY_SIMPLEX, 0.5,
                                                         (255, 255, 255))
                                   # 分析任意 n 点的位置关系并以此作为表情识别的依据
                                   mouth_width = (shape.part(54).x - shape.part(48).x) / self.face_
 width  # 嘴巴咧开程度

                                   mouth_high = (shape.part(66).y - shape.part(62).y) / self.face_
 width  # 嘴巴张开程度

                                   # print("嘴巴宽度与识别框宽度之比: ",mouth_width_arv)
                                   # print("嘴巴高度与识别框高度之比: ",mouth_higth_arv)
                                   # 通过两个眉毛上的 10 个特征点，分析挑眉程度和皱眉程度
                                   brow_sum = 0  # 高度之和
                                   frown_sum = 0  # 两边眉毛距离之和
                                   for j in range(17, 21):
                                       brow_sum += (shape.part(j).y - d.top()) + (shape.part(j + 5)
 .y - d.top())

                                       frown_sum += shape.part(j + 5).x - shape.part(j).x
                                       line_brow_x.append(shape.part(j).x)
                                       line_brow_y.append(shape.part(j).y)
                                   # self.brow_k, self.brow_d = self.fit_slr(line_brow_x, line_brow
 _y)  # 计算眉毛的倾斜程度

                                   tempx = np.array(line_brow_x)
                                   tempy = np.array(line_brow_y)
                                   # 拟合成一条直线
                                   z1 = np.polyfit(tempx, tempy, 1)
                               # 拟合出的曲线的斜率和实际眉毛的倾斜方向是相反的
                                   self.brow_k = -round(z1[0], 3)
                                   brow_hight = (brow_sum / 10) / self.face_width  # 眉毛高度占比
                                   brow_width = (frown_sum / 5) / self.face_width  # 眉毛距离占比
                                   # print("眉毛高度与识别框高度之比: ",round(brow_arv/self.face_
 width,3))

                                   # print("眉毛间距与识别框高度之比: ",round(frown_arv/self.face_
 width,3))

                                   # 眼睛睁开程度
                                   eye_sum=(shape.part(41).y-shape.part(37).y+shape.part(40).y- shape.
 part(38).y +

                                              shape.part(47).y - shape.part(43).y + shape.part(46).
 y - shape.part(44).y)

                                   eye_hight = (eye_sum / 4) / self.face_width
                                   # print("眼睛睁开时上下眼皮的距离与识别框高度之比: ",round(eye_open/
 self.face_width,3))

                                   # 分情况讨论
```

```
                            # 张嘴，可能是开心或者惊讶
                            if round(mouth_higth >= 0.03):
                                if eye_hight >= 0.056:
                                    cv2.putText(im_rd,"amazing",(d.left(),d.bottom()+20), cv2.
FONT_HERSHEY_SIMPLEX, 0.8,(0, 0, 255), 2, 4)
                                else:
                                    cv2.putText(im_rd,"happy",(d.left(),d.bottom()+20), cv2.
FONT_HERSHEY_SIMPLEX, 0.8,(0, 0, 255), 2, 4)
                            # 没有张嘴，可能是正常或生气
                            else:
                                if self.brow_k <= -0.3:
                                    cv2.putText(im_rd,"angry",(d.left(),d.bottom()+20), cv2.
FONT_HERSHEY_SIMPLEX, 0.8,(0, 0, 255), 2, 4)
                                else:
                                    cv2.putText(im_rd,"nature",(d.left(),d.bottom()+20), cv2.
FONT_HERSHEY_SIMPLEX, 0.8,(0, 0, 255), 2, 4)
                    #cv2.putText(im_rd,"Faces:"+str(len(faces)),(20,50),font,1,(0,0,255),1,
cv2.LINE_AA)
            else:
                # 没有检测到人脸
                cv2.putText(im_rd, "No Face", (20, 50), font, 1, (0, 0, 255), 1, cv2.LINE
_AA)
            # 窗口显示
            cv2.imshow("camera", im_rd)
            cv2.waitKey(0)
        # 删除建立的窗口
        cv2.destroyAllWindows()
    if __name__ == "__main__":
        my_face = face_emotion()
        my_face.learning_face()
```

这里对上述部分代码进行一些解释。下面这段代码是最后进行情绪判断的代码，这里通过 if...else 语句来进行判断，但是其中的常数并不是随便取的，而是通过之前的记录数据进行的分析。举个例子，有 10 张图像，图像中的人都处于笑的状态，通过 print 方式获得微笑状态时的特征点的数值，并记录在 Excel 表格中。因为每张图像中的人不同，人笑的幅度也不同，所以 Excel 表格中的各项数据基本都处于波动状态，如图 12.17 所示。

```
if round(mouth_higth >= 0.03):
    if eye_hight >= 0.056:
        cv2.putText(im_rd,"amazing",(d.left(),d.bottom()+20), cv2.FONT_HERSHEY_SIMPLEX,
                                                        0.8,(0, 0, 255), 2, 4)
    else:
        cv2.putText(im_rd,"happy",(d.left(),d.bottom()+20), cv2.FONT_HERSHEY_SIMPLEX,
                                                        0.8,(0, 0, 255), 2, 4)
#没有张嘴，可能是正常或生气
else:
    if self.brow_k <= -0.3:
```

```
        cv2.putText(im_rd,"angry",(d.left(),d.bottom()+20),cv2.FONT_HERSHEY_SIMPLEX,
                                        0.8,(0, 0, 255), 2, 4)

    else:
        cv2.putText(im_rd,"nature",(d.left(),d.bottom()+20),cv2.FONT_HERSHEY_SIMPLEX,
0.8,(0, 0, 255), 2, 4)
```

嘴高	0.129	0.13	0.123	0.078	0.1	0.187	0.198	0.114	0.132	0.09
嘴宽	0.49	0.456	0.423	0.44	0.487	0.481	0.512	0.411	0.417	0.455
眉高	0.113	0.144	0.11	0.154	0.112	0.1	0.066	0.124	0.097	0.094
眉宽	0.403	0.412	0.399	0.438	0.416	0.382	0.411	0.336	0.364	0.385
眼高	0.037	0.033	0.024	0.038	0.041	0.029	0.034	0.037	0.028	0.03
眉斜	0.238	0.042	0.05	-0.044	0.011	0.016	0.02	-0.037	-0.044	-0.075

图 12.17　取值波动图

将数值通过 **matplotlib** 函数展现出来，如图 12.18 所示，其线条对应关系的代码如下。

```
plt.plot(x,zuigao,linewidth=2,color='red')
plt.plot(x,zuikuan,linewidth=2,color='blue')
plt.plot(x,meigao,linewidth=2,color='green')
plt.plot(x,meikuan,linewidth=2,color='yellow')
plt.plot(x,yangao,linewidth=2,color='brown')
plt.plot(x,meixie,linewidth=2,color='grey')
```

从图 12.18 可以看出，人脸表情会因为人的差异而产生不同的数据。这些数据可以通过不同的人脸图像来进行测试后得到，对这些数据进行分析后就可以得到上述代码的 **if** 判断语句中右侧的常数值。

运行上述完整的代码，结果如图 12.19 所示，识别出的表情为"nature（自然）"。

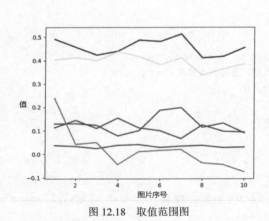

图 12.18　取值范围图　　　　　　　　　　　图 12.19　人脸表情识别图

注意：上述代码用到了一个官方已经训练好的训练器，可以在配套的本章节相关电子资料中获取。

12.4.3　动态的人脸表情识别

上述例子介绍了静态的人脸表情识别，现在将其提升为动态的人脸表情识别，示例代码如下。

```python
import dlib
import numpy as np
import cv2
class face_emotion():
    def __init__(self):
        # 使用特征提取器 get_frontal_face_detector
        self.detector = dlib.get_frontal_face_detector()
        # 使用已经训练好的特征预测器，可以在本书配套代码中获得
        self.predictor = dlib.shape_predictor("shape_predictor_68_face_landmarks.dat")
        #建立 cv2 摄像头对象，这里使用计算机自带摄像头，如果接了外部摄像头，则自动切换到外部摄像头
        self.cap = cv2.VideoCapture(0)
        # 设置视频参数，propId 用于设置视频参数，value 用于设置参数值
        self.cap.set(3, 480)
        # 截图 screenshoot 的计数器
        self.cnt = 0
    def learning_face(self):
        # 眉毛直线拟合数据缓冲
        line_brow_x = []
        line_brow_y = []
        while(self.cap.isOpened()):
            flag, im_rd = self.cap.read()
            k = cv2.waitKey(1)
            # 取灰度
            img_gray = cv2.cvtColor(im_rd, cv2.COLOR_RGB2GRAY)
            # 使用人脸检测器检测每一帧图像中的人脸，并返回人脸数 rects
            faces = self.detector(img_gray, 0)
            # 待会要显示在屏幕上的字体
            font = cv2.FONT_HERSHEY_SIMPLEX
            # 如果检测到人脸
            if(len(faces)!=0):
                # 对每个人脸都标出 68 个特征点
                for i in range(len(faces)):
                    # enumerate 方法同时返回数据对象的索引和数据，k 为索引，d 为 faces 中的对象
                    for k, d in enumerate(faces):
                        # 用红色矩形框出人脸
                        cv2.rectangle(im_rd, (d.left(), d.top()), (d.right(), d.bottom()),
(0, 0, 255))
                        # 计算人脸识别框边长
                        self.face_width = d.right() - d.left()
```

```
                                         # 使用预测器得到 68 点数据的坐标
                                         shape = self.predictor(im_rd, d)
                                         # 圆圈显示每个特征点
                                         for i in range(68):
                                             cv2.circle(im_rd, (shape.part(i).x, shape.part(i).y), 2,
(0, 255, 0), -1, 8)
                                             #cv2.putText(im_rd, str(i), (shape.part(i).x, shape.part
(i).y), cv2.FONT_HERSHEY_SIMPLEX, 0.5,
                                             # (255, 255, 255))
                                         # 分析任意 n 点的位置关系并以此作为表情识别的依据
                                         mouth_width = (shape.part(54).x - shape.part(48).x) / self.
face_width    # 嘴巴咧开程度
                                         mouth_high = (shape.part(66).y - shape.part(62).y) / self.
face_width    #嘴巴张开程度
                                         # print("嘴巴宽度与识别框宽度之比: ",mouth_width_arv)
                                         # print("嘴巴高度与识别框高度之比: ",mouth_high_arv)
                                         # 通过两个眉毛上的 10 个特征点，分析挑眉程度和皱眉程度
                                         brow_sum = 0   # 高度之和
                                         frown_sum = 0   # 两边眉毛距离之和
                                         for j in range(17, 21):
                                             brow_sum += (shape.part(j).y - d.top()) + (shape.part(j +
5).y - d.top())

                                             frown_sum += shape.part(j + 5).x - shape.part(j).x
                                             line_brow_x.append(shape.part(j).x)
                                             line_brow_y.append(shape.part(j).y)
                                         # self.brow_k, self.brow_d = self.fit_slr(line_brow_x, line_
brow_y)        #计算眉毛的倾斜程度
                                         tempx = np.array(line_brow_x)
                                         tempy = np.array(line_brow_y)
                                         z1 = np.polyfit(tempx, tempy, 1)   # 拟合成的一条直线
                                         self.brow_k = -round(z1[0], 3)   # 拟合出的曲线的斜率和实际眉毛的
倾斜方向是相反的
                                         brow_hight = (brow_sum / 10) / self.face_width   # 眉毛高度占比
                                         brow_width = (frown_sum / 5) / self.face_width   # 眉毛距离占比
                                         #print("眉毛高度与识别框高度之比: ",round(brow_arv/self.face_
width,3))

                                         #print("眉毛间距与识别框高度之比: ",round(frown_arv/self.face_
width,3))

                                         # 眼睛睁开程度
                                         eye_sum = (shape.part(41).y - shape.part(37).y + shape.part
(40).y - shape.part(38).y +shape.part(47).y - shape.part(43).y+ shape.part(46).y - shape.
part(44).y)
                                         #求高
                                         eye_hight = (eye_sum / 4) / self.face_width
```

```
                                      # print("眼睛睁开时上下眼皮的距离与识别框高度之比：",round(eye_
open/self.face_width,3))
                                      # 分情况讨论
                                      # 张嘴，可能是开心或者惊讶
                                      if round(mouth_higth >= 0.03):
                                          if eye_hight >= 0.056:
                                              cv2.putText(im_rd,"amazing",(d.left(),d.bottom()+20),
cv2.FONT_HERSHEY_SIMPLEX, 0.8,(0, 0, 255), 2, 4)
                                          else:
                                              cv2.putText(im_rd,"happy",(d.left(),d.bottom()+20),
cv2.FONT_HERSHEY_SIMPLEX, 0.8,(0, 0, 255), 2, 4)
                                      # 没有张嘴，可能是正常或生气
                                      else:
                                          if self.brow_k <= -0.3:
                                              cv2.putText(im_rd,"angry",(d.left(),d.bottom()+20),
cv2.FONT_HERSHEY_SIMPLEX, 0.8,(0, 0, 255), 2, 4)
                                          else:
                                              cv2.putText(im_rd,"nature",(d.left(),d.bottom()+20),
cv2.FONT_HERSHEY_SIMPLEX, 0.8,(0, 0, 255), 2, 4)
                      # 标出人脸数
                      cv2.putText(im_rd, "Faces: "+str(len(faces)), (20,50), font, 1, (0,
0, 255), 1, cv2.LINE_AA)
                  else:
                      # 没有检测到人脸
                      cv2.putText(im_rd, "No Face", (20, 50), font, 1, (0, 0, 255), 1, cv2.
LINE_AA)
              # 按 s 键截图保存
              if (k == ord('s')):
                  self.cnt+=1
                  cv2.imwrite("screenshoot"+str(self.cnt)+".jpg", im_rd)
              # 按 q 键退出
              if(k == ord('q')):
                  break
              # 窗口显示
              cv2.imshow("camera", im_rd)
          # 释放摄像头
          self.cap.release()
          # 删除建立的窗口
          cv2.destroyAllWindows()
if __name__ == "__main__":
    my_face = face_emotion()
    my_face.learning_face()
```

上述代码的运行结果如图 12.20 所示，识别出的表情为"nature（自然）"。如果读者觉得判断结果与实际情况不是很符合的话，也可以自行修改代码。

图 12.20　动态人脸表情识别结果

12.5　文字的挖取与识别

文字的挖取与识别在日常生活中比较常见，例如在 QQ 中右击图像后的文字识别功能、在电子显示屏上显示该路段闯红灯车辆的车牌号等，这些其实都是图像中的文字识别技术。本节将介绍文字的挖取与识别。

12.5.1　文字挖取

要识别图像中的文字，首先需要对图像中文字的位置进行挖取，这么做可以在一定程度上减少环境对文字识别的影响。

图像中文字的挖取就是先进行图像中文字的定位，定位结束后进行文字的挖取。这一块的内容与 10.6 节有些类似，只不过这次的对象是文字，但具体的思想是类似的。

图像中文字的定位主要分为以下几个步骤。

（1）图像灰度化处理。

（2）图像二值化处理。

（3）图像腐蚀处理。

（4）获取表格交点坐标。

（5）根据交点集获取单元格轮廓并进行过滤。

以图 12.21 所示的图像为例来进行图像中文字的定位。

对其进行文字定位的示例代码如下。

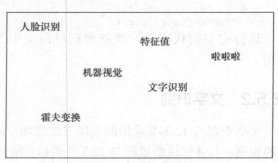

图 12.21　文字定位用图

```
import cv2
import numpy as np
img=cv2.imread('1.jpg')
gray=cv2.cvtColor(img,cv2.COLOR_BGR2GRAY)
ret,thresh=cv2.threshold(gray,100,200,cv2.THRESH_BINARY_INV)
kernel=np.ones((2,2),np.uint8)
dilate=cv2.dilate(thresh,kernel,iterations=8)
contours,hierarchy=cv2.findContours(dilate,cv2.RETR_TREE,cv2.CHAIN_APPROX_NONE)
for i in contours:
    if cv2.contourArea(i)>10000:
        continue
    else:
        x,y,w,h=cv2.boundingRect(i)
        img=cv2.rectangle(img,(x,y),(x+w,y+h),(0,0,0),1)
cv2.imshow('img',img)
cv2.waitKey(0)
cv2.destroyAllWindows()
```

上述代码的运行结果如图 12.22 所示。

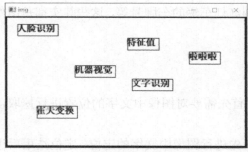

图 12.22　文字定位结果

现在需要对文字进行挖取，在上述代码的倒数第五行与倒数第四行之间添加如下代码。

```
crop = img[y:y+h,x:x+w]
cv2.imshow('crop',crop)
```

运行完整的代码后，就能得到单段文字的截图了，后续再对每张图像中的文字进行识别。

12.5.2　文字识别

文字识别与 12.3 节采用的实现方法相同，需要通过百度智能云提供的网络 API 来实现文字的识别。具体的注册过程与 12.3 节类似，唯一的区别是此处调用的 API 为 "文字识别"，其位置如图 12.23 所示。

图 12.23　文字识别 API

创建设备的 AppID、API KEY、Secret Key 等，它们是代码中连接设备所需要的参数。

首先需要创建一个 shibie.py 文件，用于存放调用 API 来识别图像的相关函数，示例代码如下。

```python
from aip import AipOcr
import cv2
""" API """
APP_ID = ''
API_KEY = ''
SECRET_KEY = ''
# 初始化 AipFace 对象
client = AipOcr(APP_ID, API_KEY, SECRET_KEY)
""" 读取图像 """
def get_file_content(filePath):
    with open(filePath, 'rb') as fp:
        return fp.read()
def img_to_str(image):
    """ 可选参数 """
    cv2.imwrite('1.jpg',image)
    options = {}
    #中英文混合
    options["language_type"] = "CHN_ENG"
    #检测朝向
    options["detect_direction"] = "true"
    #是否检测语言
    options["detect_language"] = "true"
    #是否返回识别结果中每一行的置信度
    options["probability"] = "false"
    img = get_file_content('1.jpg')
    """ 带参数调用通用文字识别 """
    result = client.basicGeneral(img, options)
    # 格式化输出-提取需要的部分
    if 'words_result' in result:
        text = ('\n'.join([w['words'] for w in result['words_result']]))
    #print(type(result), "和", type(text))
```

```
    """ save """
    # 将 str 保存到 txt
    fs = open("baidu_ocr.txt", 'w+')
    fs.write(text)
    fs.close()
    return text
if __name__ == '__main__':
    img=cv2.imread('1.jpg')
    print(img_to_str(img))
```

填写好代码中第 4~6 行的相关参数，这里简单描述下运行过程。

因为我们想要调用百度智能云的 API，传入的接口参数就必须符合百度智能云的格式要求，所以不能直接传输图像，而是需要通过 byte 流的方式进行传入，这里采用的是文件流。所以在将图像上传前，需要将上传的图像暂存在本地，命名为"1.jpg"，通过文件流进行格式转换后才能上传至百度智能云进行相关的 API 调用。

下面编写主文件.py，示例代码如下。

```
import cv2
import numpy as np
import shibie
img=cv2.imread('2.jpg')
gray=cv2.cvtColor(img,cv2.COLOR_BGR2GRAY)
ret,thresh=cv2.threshold(gray,100,200,cv2.THRESH_BINARY_INV)
kernel=np.ones((2,2),np.uint8)
dilate=cv2.dilate(thresh,kernel,iterations=8)
contours,hierarchy=cv2.findContours(dilate,cv2.RETR_TREE,cv2.CHAIN_APPROX_NONE)
k=0
for i in contours:
    if cv2.contourArea(i)>10000:
        continue
    else:
        k+=1
        x,y,w,h=cv2.boundingRect(i)
        crop = img[y:y+h,x:x+w]
        print(str(k)+":",end='')
        print(shibie.img_to_str(crop))
        img=cv2.rectangle(img,(x,y),(x+w,y+h),(0,0,0),1)
cv2.imshow('img',img)
cv2.waitKey(0)
cv2.destroyAllWindows()
```

运行代码，结果如图 12.24 所示。可以看到，图像中文字段"霍夫变换"经过文字识别后变成了"崔大变换"。由此可见，对于一些复杂的字，百度智能云会出现错误判断，当然这也与图像清晰度较低有关系，提高图像的质量也是提高文字识别准确率的重要手段之一。

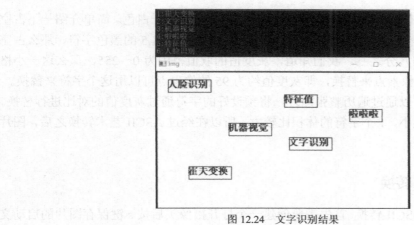

图 12.24 文字识别结果

12.6 图片与 ASCII 艺术

相信有不少的读者在网上见过一些比较特殊的图片，它们不是由一个个像素点构成的，而是由一个个字符构成的。本节将尝试用 ASCII 来进行图片的黑白、彩色转换。

12.6.1 ASCII 艺术

ASCII 艺术是指使用 ASCII 来表达图片的一种行为，例如有一张图 12.25 所示的图片，通过某些方式将其变为图 12.26 所示的形式，即完全由 ASCII 字符构成的一张图片。

图 12.25 原图

图 12.26 ASCII 表示图

这里简单讲解 ASCII 艺术是如何实现的，首先通过 OpenCV 获得一张图片，获得方法有很多，如直接导入或者摄像头截屏。

得到图片后将其转换为灰度图，这个时候每个像素点都处于单通道的状态，然后对每个像素点进行判断，如果灰度值高，就说明这个地方看起来应该更趋近于白色。简单介绍一下占空比的概念，例如现在有一个 2×2 的小型区域，如果放入一个面积为 1.5 的黑色字符，那么占空比就为四分之一点五，即八分之三。我们知道，灰度值的取值范围为 0～255，那么这一小格就可以用 255×3/8 的灰度像素点来替换，即灰度值约为 95 的像素点可以用这个字符来替换。

了解占空比后，就可以通过遍历整张图片，将预设好的字符通过灰度值的对比进行替换。因为 1 个像素点的体积很小，1 个字符的体积比较大，所以在经过 ASCII 艺术转换之后，图片通常都会比原来大很多。

12.6.2　图片 ASCII 转换

现在来进行图片的 ASCII 转换，首先需要创建一个打开摄像头后按 s 键保存图片的启动文件——ascii 艺术.py，示例代码如下。

```
from ascii import ASCIIArt #之后会写的一个自定义模块
from PIL import Image, ImageDraw
import cv2
class ASCIIPicture:
    def __init__(self, text, background_color='white'):
        self.text = text
        dummy = Image.new('RGB', (0, 0))
        d = ImageDraw.Draw(dummy)
        text = ''.join([char[0] for char in text])
        d.text((0, 0), text, fill=(255, 255, 255))
        width, height = d.textsize(text)
        self.width = width
        self.height = height
        self.ratio = self.width / self.height
        self.img = Image.new('RGB', (self.width, self.height), background_color)
        d = ImageDraw.Draw(self.img)
        if type(self.text[0]) == list:
            text = ''.join([x[0] for x in self.text])
            colors = [x[1] for x in self.text]
            lines = len([x for x in text if x == '\n'])
            if lines == 0:
                print('请重新尝试！')
                exit()
            char_in_line = int(len(text) / lines)
            move_y = float(self.width / (char_in_line - 1))
            move_x = float(self.height / lines)
            char = 0
            for x in range(lines):
                for y in range(char_in_line):
                    d.text((y * move_y, x * move_x), text[char], fill=colors[char])
                    char += 1
```

```
            else:
                d.text((0, 0), text, fill=(0, 0, 0))
    def save(self, save_name, new_height=0):
        if '.' not in save_name:
            save_name += '.png'
        if new_height == 0:
            self.img.save(save_name)
        else:
            self.height = new_height
            self.width = int(new_height * self.ratio)
            self.img = self.img.resize((self.width, self.height), Image.BILINEAR)
            self.img.save(save_name)
    def show(self, new_height=0):
        if new_height == 0 or type(new_height) == str:
            self.img.show()
        else:
            self.height = new_height
            self.width = int(new_height * self.ratio)
            self.img = self.img.resize((self.width, self.height), Image.BILINEAR)
            self.img.show()
cap=cv2.VideoCapture(0)
#A
while 1:
    ret,frame=cap.read()
    cv2.imshow('img',frame)
    if cv2.waitKey(1)&0xff==ord('s'):
        cv2.imwrite('11.jpg',frame)
        break
    elif cv2.waitKey(1)&0xff==ord('q'):
        Break
#B
#更改参数值，调节清晰度
picture = ASCIIArt('11.jpg', 5).draw_ascii(curve=1)
ASCIIPicture(picture).save('2.jpg')
colored_picture = ASCIIArt('11.jpg', 5).draw_color_ascii(ASCIIArt.FULL_RANGE, curve=1.5)
ASCIIPicture(colored_picture).save('3.jpg')
cv2.destroyAllWindows()
cap.release()
```

上述代码中，标记 A 到标记 B 中的部分是图片获取的过程，得到图片以后将它保存在本地，名称为 11.jpg。代码的倒数第 6 行通过功能函数 ASCIIArt 将其转换成 ASCII 形式，其第二个参数 5 表示清晰度，curve 表示轮廓的宽度。

倒数第 4 行代码里得到的 ASCII 表示的是重新画成图片，因为替换完成后如果想以图片的形式呈现，还需要将字符转换成像素点，否则就是一堆 ASCII 的文本文件。画成图片之后保存在本地，名称为 2.jpg，2.jpg 中保存的就是黑白二值的 ASCII 图。

从倒数第 4 行代码开始进行彩色图的转换，即最后的 ASCII 图会保留原本的色彩，其中的参数与黑白 ASCII 图转换一致，转换完成的图片保存在本地的 3.jpg 中。

现在来进行功能函数模块的编写，将文件命名为 ascii.py，示例代码如下。

```python
from PIL import Image
class ASCIIArt:
    GRAYSCALE = " .,:'`\";~-_|/=\<+>?)*^(!}{v[I&]wrcVisJmYejoWn%Xtzux17lCFLT3fSZ2a@y4GOKMU#APk605Ed8Qb9NhBDHRqg$p"

    FULL_RANGE = GRAYSCALE
    HALF_RANGE = GRAYSCALE[::2]
    QUARTER_RANGE = GRAYSCALE[::4]
    EIGHTH_RANGE = GRAYSCALE[::8]
    BLOCK = "#"
    def __init__(self, picture_path, scale=1):
        if '.' not in picture_path:
            picture_path += '.jpg'
        self.picture_path = picture_path
        self.color_image = Image.open(picture_path)
        self.scale = 7 / scale
        self.width = int(self.color_image.size[0] / self.scale)
        self.height = int(self.color_image.size[1] / (self.scale * 2.508))
        self.color_image = self.color_image.resize((self.width, self.height), Image.BILINEAR)
        self.grey_image = self.color_image.convert("L")
        self.ascii_picture = []
    def draw_ascii(self, char_list=' .:-=+*#%@', high_pass=0, low_pass=0, curve=1.2):
        for y in range(0, self.grey_image.size[1]):
            for x in range(0, self.grey_image.size[0]):
                brightness = 255 - self.grey_image.getpixel((x, y))
                if curve < 1:
                    choice = int(brightness * (len(char_list) / 255) ** curve)
                else:
                    choice = int(len(char_list) * (brightness / 255) ** curve)
                if choice >= len(char_list):
                    choice = len(char_list) - 1
                self.ascii_picture.append(char_list[choice])
            self.ascii_picture.append("\n")
        if low_pass > 0:
            low_pass = int(low_pass * len(char_list) / 100)
            for i in range(low_pass):
                self.ascii_picture = [char.replace((char_list[i]), ' ') for char in self.ascii_picture]
        if high_pass > 0:
            high_pass = int(high_pass * len(char_list) / 100)
            for i in range(high_pass):
```

```
                self.ascii_picture = [char.replace((char_list[-i]), ' ') for char in
self.ascii_picture]
        return self.ascii_picture
    def draw_color_ascii(self, char_list=' .:-=+*#%@', high_pass=0, low_pass=0, curve
=1.2):
        ascii_picture = self.draw_ascii(char_list, high_pass, low_pass, curve)
        color_code = self.get_color_codes()
        ascii_color = []
        count = 0
        for index, char in enumerate(ascii_picture):
            if char != '\n':
                ascii_color.append([char, color_code[count]])
                count += 1
            else:
                ascii_color.append([char, '#000000'])
        return ascii_color
    def draw_html(self, char_list=' .:-=+*#%@', high_pass=0, low_pass=0, curve=1.2,
background_color='white'):
        init_draw = self.draw_ascii(char_list, high_pass, low_pass, curve)
        ascii_picture = [char for char in init_draw if char != '\n']
        num_breaks = len(init_draw) - len(ascii_picture)
        hex_codes = self.get_color_codes()
        html = ['<body bgcolor={}><pre>'.format(background_color)]
        for index, char in enumerate(ascii_picture):
            if index % (len(ascii_picture) / num_breaks) == 0 and index > 0:
                html.append('<br>')
            html.append('<span style="color: {0};">{1}</span>'.format(hex_codes[index],
char))
        html.append('</pre></body>')
        return ''.join(html)
    def get_color_codes(self, mode='hex'):
        color_codes = []
        for y in range(0, self.color_image.size[1]):
            for x in range(0, self.color_image.size[0]):
                r, g, b, = self.color_image.getpixel((x, y))
                if mode.lower() == 'hex':
                    color_codes.append('#{:02x}{:02x}{:02x}'.format(r, g, b))
                elif mode.lower() == 'rgb':
                    color_codes.append((r, g, b))
                else:
                    print('请选择为十六进制或数字')
        return color_codes
    @staticmethod
    def sort(char_list):
        output = []
        for i in char_list:
```

255

```
                    output.append([i, ASCIIArt.GRAYSCALE.index(i)])
        output = [x for (x, y) in sorted(output, key=lambda x: x[1])]
        return ''.join(output)
```

运行代码，按 s 键截取图片后，打开相应文件夹下的 2.jpg，如图 12.27 所示。放大后可以看到，图片中的每个像素点都已经转换成了 ASCII 的形式，如图 12.28 所示。

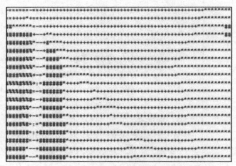

图 12.27　ASCII 原图　　　　　　　　　　　图 12.28　局部放大图

12.7　透明实现

电影《哈利·波特》中的隐身衣令人印像深刻，这个也已经有了初步的实体设备。本节将介绍的透明实现并不能让我们在真实生活中彻底隐身，只是在视频中看起来和隐身了一样，做到了隐身的效果而已。

12.7.1　透明实现的原理

透明实现主要有以下几个步骤。

（1）寻找和存储背景帧（中间帧）。

（2）用颜色检测算法检测要透过的颜色。

（3）提取要透过的颜色的区域部分。

（4）用背景帧的被提取区域所对应的区域来替换当前帧的被提取区域，从而让整幅图像看起来透明。

什么是背景帧（中间帧）以及如何提取背景帧（中间帧）会在 13.1 节中具体介绍，这里就不详细介绍。在本节中我们可以这样简单地认为：如果在一段视频内有这么一帧，这一帧内出现的所有物体在视频中都不会动（即不改变位置），我们称其为背景帧，且一个代码中一般只需要一个背景帧（一张图像）即可。对中间帧而言，除了选定的一帧背景帧外，视频中其他的帧都被视为中间帧。

12.7.2　区域检测

区域检测与前文介绍的 HSV 追踪一致。对于颜色的追踪，在 BGR 范围内不能很好地进行追踪判断，所以还是采用 HSV 颜色追踪。

12.7.3　背景帧的替换

这里以红色区域为例来实现与背景帧之间的替换。红色区域的提取主要是通过红布区域范围二值图像来进行的（背景现在为纯黑色，即所有像素的像素值均为 0），然后将当前帧中的红布区域同样设置为黑色。

将当前帧的红布区域置为黑色（数值为 0）以后，通过 **cv2.addWeighted** 函数将上面两张图融合，就能实现透明的效果。

12.7.4　透明实现过程

有了上述制作隐身衣的思想之后，就可以来进行透明效果的实现了，示例代码如下。

```
import cv2
import numpy as np
import time
# 创建一个打开视频的视频流
cap = cv2.VideoCapture('2.mp4')
if cap.isOpened:
    print("正在尝试打开！")
# 需要给出打开视频的时间
time.sleep(3)
count = 0
background=0
# 捕捉并且存储背景图
for i in range(60):
    ret,background = cap.read()
background = np.flip(background,axis=1)
#跳帧
for i in range(200):
    slip_frame = cap.read()
while(cap.isOpened()):
    ret, img = cap.read()
    if not ret:
        break
    count+=1
    img = np.flip(img,axis=1)
    # 将 BGR 图转换成 HSV 图
    hsv = cv2.cvtColor(img, cv2.COLOR_BGR2HSV)
```

```
# 生成掩膜
lower_red = np.array([0,43,46])
upper_red = np.array([10,255,255])
mask1 = cv2.inRange(hsv,lower_red,upper_red)
lower_red = np.array([156,43,46])
upper_red = np.array([179,255,255])
mask2 = cv2.inRange(hsv,lower_red,upper_red)
mask1 = mask1+mask2
# 对掩膜进行预处理
mask1 =cv2.morphologyEx(mask1, cv2.MORPH_OPEN, np.ones((3,3),np.uint8),iterations=2)
mask1 = cv2.dilate(mask1,np.ones((3,3),np.uint8),iterations = 1)
mask2 = cv2.bitwise_not(mask1)
# 生成最后的输出
res1 = cv2.bitwise_and(background,background,mask=mask1)
res2 = cv2.bitwise_and(img,img,mask=mask2)
final_output = cv2.addWeighted(res1,1,res2,1,0)
cv2.imshow('完成',final_output)
if cv2.waitKey(1)== ord('q'):
    Break
```

需要注意的是，红色的 HSV 值有两部分，所以代码中会有 mask1 和 mask2，它们分别对应两块不同的 HSV 区域，其表格如图 12.29 所示。

	黑	灰	白	红		橙	黄	绿	青	蓝	紫
hmin	0	0	0	0	156	1	26	35	78	100	125
hmax	180	180	180	10	180	25	34	77	99	124	155
smin	0	0	0	43		43	43	43	43	43	43
smax	255	43	30	255		255	255	255	255	255	255
vmin	0	46	221	46		46	46	46	46	46	46
vmax	46	220	255	255		255	255	255	255	255	255

图 12.29　HSV 图

这里再介绍一种 HSV 六棱锥的算法。在 HSV 六棱锥中，H 参数表示色彩信息，即所处的光谱颜色的位置，该参数用一角度量来表示。红、绿、蓝分别具有对应的纯度 S，S 为一比例值，范围为 0～1，它表示所选颜色的纯度与该颜色最大纯度之间的比值。当 S=0 时，只有灰度，此时它们相隔 120°，而互补色之间相差 180°。V 表示色彩的明亮程度，范围为 0～1。

注意：这里的 HSV 取值与之前不同，且明亮程度与光强（即亮度）之间没有直接关系。

这里介绍一种 HSV 值与 BGR 值之间相互转换的算法，首先是 RGB 值到 HSV 值转换的算法，示例代码如下。

```
max=max(R,G,B)
min=min(R,G,B)
```

```
V=max(R,G,B)
S=(max-min)/max
If R = max:
    H =(G-B)/(max-min)* 60
If G = max:
    H = 120+(B-R)/(max-min)* 60
If B = max:
    H = 240 +(R-G)/(max-min)* 60
If H < 0:
    H = H+ 360
```

接下来是 HSV 值到 RGB 值转换的算法，示例代码如下。

```
if S = 0:
    R=G=B=V
else:
    H /= 60;
    i = INTEGER(H)
    f = H - i
    a = V * ( 1 - s )
    b = V * ( 1 - s * f )
    c = V * ( 1 - s * (1 - f ) )
    if i==0:
            R = V
            G = c
            B = a
    if i== 1:
            R = b
            G = v
            B = a
    if i== 2:
            R = a
            G = V
            B = c
    if i==3:
            R = a
            G = b
            B = V
    if i== 4:
            R = c
            G = a
            B = V
    if i==5:
            R = V
            G = a
            B = b
```

运行上述代码，2.mp4 中是一支红笔放入镜头的视频，视频中截取的一帧如图 12.30 所示。

在图 12.30 中可以看到一个很浅的红笔的形状，笔后端的一小块白色的域因为没有被追踪而露在了外面，如果想去掉笔后端的白色区域，还需要对白色进行隐藏，然后就能得到完美的透明结果了。

图 12.30　运行结果图

12.8　泊松克隆

本节将介绍泊松克隆，它是 OpenCV3 中新增加的一个功能，可以用来制作优良的图像缝合效果。

12.8.1　泊松克隆简介

泊松克隆也可以称为无缝克隆，其功能为，在一张图像中复制某个对象，然后将其粘贴到另一张图像中。与前文介绍的 ROI 不同，ROI 实现的图像融合只是将像素点的值复制到了另一张图像中，某些情况看起来会和周围环境极度不符合。图 12.31 是一张夜景图，图 12.32 则是一个亮度很高的亮色矩形。如果使用 ROI 强行通过像素值的合并来进行图像融合，在这种昏暗的环境下，亮色矩形会显得十分突兀，如图 12.33 所示，一看就知道不是原图。

但是如果使用泊松克隆的话，就能通过一种更加友好的方式使组合后的图像看起来十分自然。

泊松克隆使用的函数为 cv2.seamlessClone 函数，该函数的语法如下。

```
output = cv2.seamlessClone(src, dst, mask, center, flags)
```

具体参数的解释如下。

❑　src：目标图像。

❑　dst：背景图像。

- ❑ mask：目标图像上需要使用的掩膜，用来进行目标图像上感兴趣物体的提取。
- ❑ center：目标图像的中心在背景图像上的坐标。
- ❑ flags：泊松克隆的融合方式，目前常用的有正常克隆（cv2.NORMAL_CLONE）、混合克隆（cv2.MIXED_CLONE）和迁移融合（cv2.MONOCHROME_TRANSFER）。
- ❑ output：输出图像。

图 12.31　夜景图

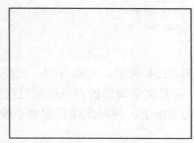
图 12.32　亮色矩形

图 12.33　ROI 图像融合

注意：center 表示的是目标图像的中心，而不是掩膜处理后得到的物体的中心，两者有很大区别。

12.8.2　正常克隆

现在尝试通过正常克隆的方式来把目标图像（如图 12.34 所示，图中的黑色边框在实际图像中并不存在）中的红色字体（Opencv）克隆到图 12.35 所示的背景图上。

图 12.34　目标图

图 12.35　背景图

正常克隆的示例代码如下。

```
import cv2
import numpy as np
# 读取图像
im = cv2.imread("3.jpg")#背景图
obj= cv2.imread("4.jpg")#目标图
```

```
# 创造一个空的掩膜
mask = 255 * np.ones(obj.shape, obj.dtype)
# 确认中心
width, height, channels = im.shape
center = (int(height/2), int(width/2))
# 正常克隆
normal_clone = cv2.seamlessClone(obj, im, mask, center, cv2.NORMAL_CLONE)
# 显示结果
cv2.namedWindow('img',cv2.WINDOW_NORMAL)
cv2.resizeWindow('img',int(height/2), int(width/2))
cv2.imshow('img',normal_clone)
cv2.waitKey(0)
cv2.destroyAllWindows()
```

运行上述代码，结果如图 12.36 所示。可以看到，已经成功将图 12.34 中的目标内容克隆到了 12.35 所示的背景图中，而且文字周边的白色区域已经完全消失，抠取的"Opencv"文字部分的颜色也因为周边环境而变暗了，使得图像看起来不像使用 ROI 那么突兀。

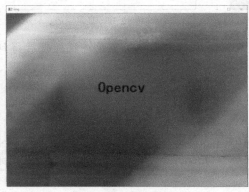

图 12.36　正常克隆效果

12.8.3　混合克隆

在图 12.36 中，虽然目标图中的白色区域已经变得模糊了，但是它的轮廓还是以一种模糊的形式留在了背景图中。能不能只保留目标图中的红色文字部分而不将模糊的区域留在背景图中呢？方法是有的，就是使用混合克隆。

在正常克隆中，目标图像的纹理会以一种渐变的方式保留在背景图的克隆区域中。这样有时候也会显得很突兀。但是在混合克隆中，克隆区域的纹理是由原图像和目标图像的组合来确定的，采用的是图像梯度的原理，所以混合克隆不会产生平滑区域，因为它只会选择原来目标图像和背景图像之间的主要纹理。

还是以图 12.34 所示的图像和图 12.35 所示的图像为例，采用混合克隆的方式来进行图像的克隆。示例代码如下。

```
import cv2
import numpy as np
# 读取图像
im = cv2.imread("3.jpg")#背景图
obj= cv2.imread("4.jpg")#目标图
# 创造一个空的掩膜
mask = 255 * np.ones(obj.shape, obj.dtype)
# 确认中心
width, height, channels = im.shape
center = (int(height/2), int(width/2))
# 混合克隆
normal_clone = cv2.seamlessClone(obj, im, mask, center, cv2.MIXED_CLONE)
# 显示结果
cv2.namedWindow('img',cv2.WINDOW_NORMAL)
cv2.resizeWindow('img',int(height/2), int(width/2))
cv2.imshow('img',normal_clone)
cv2.waitKey(0)
cv2.destroyAllWindows()
```

运行上述代码，结果如图 12.37 所示。与图 12.36 不同，运用混合克隆的方式得到的图像中没有了周边模糊的景象，而是只保留了原图中的文字部分，与正常克隆一样的是，文字部分的颜色与原图之间存在差异，这是背景图的环境导致的。当周边环境比较暗的时候，其文字颜色就会显得比较深；当周边环境比较亮的时候，文字颜色会显得比较亮。

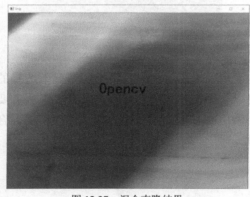

图 12.37　混合克隆结果

12.8.4　迁移融合

迁移融合本质上类似于正常克隆，只是这种克隆方式采用的是单色融合，也就是将目标图中复制进背景图的部分转换为了单一的黑色，去除了原本的颜色。示例代码如下。

```
import cv2
import numpy as np
# 读取图像
```

```
im = cv2.imread("3.jpg")#背景图
obj= cv2.imread("4.jpg")#目标图
# 创造一个空的掩膜
mask = 255 * np.ones(obj.shape, obj.dtype)
# 确认中心
width, height, channels = im.shape
center = (int(height/2), int(width/2))
# 迁移融合
normal_clone = cv2.seamlessClone(obj, im, mask, center, cv2.MONOCHROME_TRANSFER)
# 显示结果
cv2.namedWindow('img',cv2.WINDOW_NORMAL)
cv2.resizeWindow('img',int(height/2), int(width/2))
cv2.imshow('img',normal_clone)
cv2.waitKey(0)
cv2.destroyAllWindows()
```

运行代码，结果如图 12.38 所示。

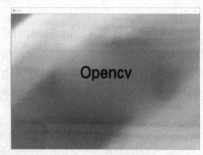

图 12.38　迁移融合效果

综合来看，混合克隆的表现效果最好，但其实不同情况下选择的克隆方式也不一样：对克隆的要求比较低时，完全可以采用正常克隆；对颜色没有要求或者要求比较低时，可以采用迁移融合的方式来处理；需要做出高水准的图像融合时，直接使用混合克隆的方式就可以了，虽然该方法会增加一些计算量。

12.9　图像修复

本节将介绍一种图像修复技术，该技术可以用来微调图像。

12.9.1　图像修复原理

本节介绍的是区域填充算法在图像修复中的应用。可以通过使用 OpenCV 中的 inpaint 函数来进行图像上的异常划痕、斑点等噪线或噪点的修复。

　　区域填充算法是计算机视觉中的一类基本算法，很显然的是，该算法的主要目标是填充图像或视频内的区域，而该区域的填充首先是要使用二进制掩膜来标识要进行填充的区域，而填充这个操作本身通常根据需填充区域周边轮廓的信息来完成。

　　图像修复技术的常见应用是修复图像中产生的一些小的噪线等，图像修复技术还可以用于删除图像中的小的、不需要的对象，这个时候只需要把不需要的对象看作一种特殊的噪线即可。

　　在本节中，将简要讨论图像修复中较为常用的两种算法：INPAINT_NS 和 INPAINT_TELEA。

1.　INPAINT_NS

　　这里通过图像示例来说明 INPAINT_NS 算法，原图如图 12.39 所示。假设该图像出现了破损，破损区域为图 12.40 所示的黑点。

图 12.39　原图　　　　　　　　　　　　　　　　图 12.40　图像破损区域

　　现在的问题就是如何填补这个黑色区域。现在假设有一条约束黑线，其应该具有以下两个约束条件。

- □　约束黑线从下边缘进入黑色区域，然后从上边缘脱离黑色区域。
- □　约束黑线的右边区域应该为蓝色，约束黑线的左边区域应该为白色。

　　通过以上两个约束条件可以得知，这种算法得到的约束黑线有以下两个特点：保留原有的边缘特征，且能够继续在平滑区域中传播颜色信息。

　　这个算法通过建立一个偏微分方程来更新具有上述约束的区域内的图像强度，并使用 Laplacian 算子来进行平滑度的估计，具体过程比较复杂，这里就不进行过多的描述了。

2.　INPAINT_TELEA

　　与 INPAINT_NS 算法不同，INPAINT_TELEA 算法不使用 Laplacian 算子来进行平滑度的估计，而是通过像素点的已知图像邻域边上的加权平均值来对已破损的图像进行补绘。补绘是指用已知的邻域像素点和图像梯度来估计需要修复的像素点的颜色，从而进行图像的修复。

3.　cv2.inpaint 函数

　　在进行图像修复的时候，需要使用 cv2.inpaint 函数，这个函数的语法如下。

```
dst = cv2.inpaint(src, inpaintMask, inpaintRadius, flags)
```

其参数的解释如下。

❑ src：要修复的图像。

❑ inpaintMask：二进制的掩膜，指的是要修复的像素点。

❑ inpaintRadius：图像修复的半径。

❑ flags：修复算法，这里使用的是上文介绍的 cv2.INPAINT_NS 和 cv2. INPAINT_
TELEA。

❑ dst：修复后的图像。

12.9.2　INPAINT_NS 修复

首先进行 cv2.INPAINT_NS 的修复，原图如图 12.41 所示，示例代码如下。

```python
import numpy as np
import cv2
class Sketcher:
    def __init__(self, windowname, dests, colors_func):
        self.prev_pt = None
        self.windowname = windowname
        self.dests = dests
        self.colors_func = colors_func
        self.dirty = False
        self.show()
        cv2.setMouseCallback(self.windowname, self.on_mouse)
    def show(self):
        cv2.imshow(self.windowname, self.dests[0])
        cv2.imshow(self.windowname + ": mask", self.dests[1])
    # onMouse function for Mouse Handling
    def on_mouse(self, event, x, y, flags, param):
        pt = (x, y)
        if event == cv2.EVENT_LBUTTONDOWN:
            self.prev_pt = pt
        elif event == cv2.EVENT_LBUTTONUP:
            self.prev_pt = None
        if self.prev_pt and flags & cv2.EVENT_FLAG_LBUTTON:
            for dst, color in zip(self.dests, self.colors_func()):
                cv2.line(dst, self.prev_pt, pt, color, 5)
            self.dirty = True
            self.prev_pt = pt
            self.show()
def main():
    # 读取图像
    img = cv2.imread("1.jpg")
    # 如果没有打开图像，直接返回
```

```
    if img is None:
        return
    # 创造一个原图的复制品出来，复制出来的原图用来让程序使用者画出要修复的区域
    # "使用者画出要修复的区域"这个操作本身会破坏原图，所以需要提前复制一张出来
    # 然后程序根据复制品提供的程序使用者要修复的区域，在原图上进行修复
    img_mask = img.copy()
    # 创建一个黑色的掩膜，黑色表示不用修复，而后来在黑色上添加的白色则表示需要修复的区域
    inpaintMask = np.zeros(img.shape[:2], np.uint8)
    sketch = Sketcher('image', [img_mask, inpaintMask], lambda : ((255, 255, 255), 255))
    while True:
        ch = cv2.waitKey()
        if ch == ord('q'):
            break
        if ch == ord('n'):
            # 使用图像修复算法
            res = cv2.inpaint(src=img_mask, inpaintMask=inpaintMask, inpaintRadius=3,
flags=cv2.INPAINT_NS)
            cv2.imshow('output', res)
        if ch == ord('r'):
            img_mask[:] = img
            inpaintMask[:] = 0
            sketch.show()
    print('Completed')
if __name__ == '__main__':
    main()
    cv2.destroyAllWindows()
```

运行上述代码，先按住鼠标左键拖动鼠标，通过鼠标事件在图像上画图，用白色部分覆盖需要修复的区域，这一白色部分就是掩膜，因此会显示在.mask 的窗口上。每次执行算法前，必须准备好与噪线相对应的掩膜。

通过鼠标拖动，用白色掩膜将损坏区域完全覆盖后，可以按 q 键进行画布的退出，按 n 键进行 INPAINT_NS 算法的画面修复，按 r 键查看原图。白色掩膜覆盖需要修复的区域后的效果如图 12.42 所示，INPAINT_NS 算法修复后的图像如图 12.43 所示。

可以看到，经过 INPAINT_NS 算法修复后，图 12.41 中的噪线已经完全消失了。

注意：掩膜将噪线完全覆盖后，如果经过 INPAINT_NS 算法修复后噪线还有残留部分，那么可以增大白色掩膜的面积，从而增大计算量，实现更好的修复效果。

图 12.41　原图

图 12.42　白色掩膜覆盖效果　　　　　　　图 12.43　INPAINT_NS 算法效果

12.9.3　INPAINT_TELEA 修复

上一小节已经通过 INPAINT_NS 算法修复了有噪线的图像，接下来尝试通过 INPAINT_TELEA 算法修复破损图像，并简单比较两种算法。还是将图 12.41 作为要修复的图像，示例代码如下。

```python
import numpy as np
import cv2
class Sketcher:
    def __init__(self, windowname, dests, colors_func):
        self.prev_pt = None
        self.windowname = windowname
        self.dests = dests
        self.colors_func = colors_func
        self.dirty = False
        self.show()
        cv2.setMouseCallback(self.windowname, self.on_mouse)
    def show(self):
        cv2.imshow(self.windowname, self.dests[0])
        cv2.imshow(self.windowname + ": mask", self.dests[1])
    # onMouse function for Mouse Handling
    def on_mouse(self, event, x, y, flags, param):
        pt = (x, y)
        if event == cv2.EVENT_LBUTTONDOWN:
            self.prev_pt = pt
        elif event == cv2.EVENT_LBUTTONUP:
            self.prev_pt = None
        if self.prev_pt and flags & cv2.EVENT_FLAG_LBUTTON:
            for dst, color in zip(self.dests, self.colors_func()):
                cv2.line(dst, self.prev_pt, pt, color, 5)
            self.dirty = True
```

```
                self.prev_pt = pt
                self.show()
    def main():
        # 读取图像
        img = cv2.imread("1.jpg")
        # 如果没有打开图像，直接返回
        if img is None:
            return
        # 创造一个原图的复制品出来，原因与 INPAINT_NS 算法相同
        img_mask = img.copy()
        # 创建一个黑色的掩膜，与上文的 INPAINT_NS 算法起相同的作用
        inpaintMask = np.zeros(img.shape[:2], np.uint8)
        sketch = Sketcher('image', [img_mask, inpaintMask], lambda : ((255, 255, 255), 255))
        while True:
            ch = cv2.waitKey()
            if ch == ord('q'):
                break
            if ch == ord('t'):
                res=cv2.inpaint(src=img_mask,inpaintMask=inpaintMask,inpaintRadius=3,
    flags=cv2.INPAINT_TELEA)
                cv2.imshow('output', res)
            if ch == ord('r'):
                img_mask[:] = img
                inpaintMask[:] = 0
                sketch.show()
        print('Completed')
    if __name__ == '__main__':
        main()
        cv2.destroyAllWindows()
```

可以按 q 键退出画布，按 t 键进行 INPAINT_TELEA 算法的画面修复，按 r 键查看原图。运行上述代码后，可以得到图 12.44 和图 12.45 所示的效果，分别对应掩膜图以及 INPAINT_TELEA 算法修复图。

图 12.44　白色掩膜覆盖效果

图 12.45　INPAINT_TELEA 算法修复效果

这里可以尝试分别在两段代码中加入以下代码来比较两种修复算法的时间。

```
Start=time.time()
#中间过程
......
print(time.time()-Start)
```

就图 12.41 的修复而言，INPAINT_NS 算法所耗费的时间比 INPAINT_TELEA 算法略短，这也与选择的掩膜有关。INPAINT_NS 算法中使用的白色掩膜的面积比 INPAINT_TELEA 算法中使用的掩膜面积要小一些，这个也与本例中 INPAINT_NS 算法的运行速度较快有关。

感兴趣的读者可以自行对这两种算法的运行时间进行比较。理论上来说，在实现相同效果的前提下，INPAINT_TELEA 算法比 INPAINT_NS 算法消耗的时间要短一些；但在实际运用过程中，INPAINT_NS 算法往往更能节约时间，且在相同计算量的情况下做得比 INPAINT_TELEA 算法更好。

注意：INPAINT_TELEA 算法的原理是快速匹配算法（Fast Marching Method based），所以也称 FMM 算法。

12.10 非真实感渲染

本节将要介绍的是非真实感渲染，这在相机中是一个常见的功能。手机滤镜就是其中的一种特殊滤波。

12.10.1 什么是非真实感渲染

首先通过手机中的功能来说明什么是非真实感渲染。例如，现在有一张图 12.46 所示的图像，通过手机自带的非真实感渲染对其进行操作后，效果如图 12.47 所示。可以看出，非真实感渲染其实就是用特殊的滤波来对原图像进行操作。

图 12.46　原图

图 12.47　非真实感渲染效果

在 OpenCV3 之前，通常使用高斯滤波器，然后选择一个卷积核来简单地进行模糊图像操作，对图像进行边缘检测后将得到的图像与原图像进行组合，得到图 12.47 所示的"非真实感渲染效果"图像。然而这种算法有一个不可避免的缺陷，那就是它使用的滤波器是双边滤波器。双边滤波器确实可以完成这项工作，并且它是计算机视觉中常用的一个边缘平滑滤波器，但其运行速度太慢。因此在实际应用中可能不会使用该算法。

OpenCV3 有了一个更优解，也就是可以快速实现上述功能的保边滤波器，输出结果与使用双边滤波器的结果非常相似，且这种方法速度更快、性能更好。

12.10.2　保边滤波器

在进行非真实感渲染的时候会用到 OpenCV 中的 **cv2.edgePreservingFilter** 函数，该函数的语法如下。

```
dst = cv2.edgePreservingFilter(src, flags=1, sigma_s=60, sigma_r=0.4)
```

其参数分别解释如下。

❑ src：三通道的输入图像。

❑ dst：三通道的输出图像。

❑ flags：保边滤波器类型，若 flags=1，保边滤波器采用的是递归滤波器（RECURS_FILTER）；若 flags=2，保边滤波器采用的是归一化卷积（NORMCONV_FILTER）；递归滤波器的计算速度比归一化卷积约快 3 倍，但归一化卷积可以产生边缘锐化。

❑ sigma_s：范围为 0～200，用来确定平滑量。

❑ sigma_r：范围为 0～1，用来控制颜色的平均值。

这里再简单解释下最后两个参数，在进行图像处理时，大多使用平滑滤波器，例如之前提到的高斯滤波器等。平滑滤波器都具有名为 sigma_s 的参数，sigma_s 是 sigma_spatial 的简称，用来确定图像的平滑量。典型的平滑滤波器通过一个像素邻域的加权和来替换该像素的值（类似卷积核的大小）。所选用的邻域越大，过滤之后的图像就越平滑。而邻域的大小则与 sigma_s 参数的数值成正比。

但在对图像使用保边滤波器的时候，图像中一般都会存在两个对立的对象：平滑图像和不平滑边缘/颜色轮廓。也就是说，不能简单地用一个像素周边邻域的加权和来代替像素本身的值；甚至在某种程度上应该用像素中的颜色值替换邻域中的像素的平均值，使其也具有与像素类似的颜色。为此有了参数 sigma_r，sigma_r 是 sigma_range 的简称，用来控制邻域内的不同颜色的平均值。sigma_r 的值越大，就会产生越大面积的恒定颜色区域。

现在来尝试使用两种形式的保边滤波器，首先使用递归滤波器，示例代码如下，使用图 12.46 所示的图像进行操作。

```
import cv2
import numpy as np
import time
#读取图像
img = cv2.imread("1.jpg")
```

```
(x,y,z)=img.shape
#保边滤波器
start=time.time()
image = cv2.edgePreservingFilter(img, flags=cv2.RECURS_FILTER)
cv2.imwrite("recursive.jpg", image)
#调整窗口大小
cv2.namedWindow('img',cv2.WINDOW_NORMAL)
cv2.resizeWindow('img',int(y/2),int(x/2))
print(time.time()-start)
#显示图像
cv2.imshow('img',image)
cv2.waitKey(0)
cv2.destroyAllWindows()
```

运行上述代码，结果如图 12.48 所示。

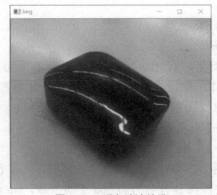

图 12.48　递归滤波效果

可以看到，经过递归滤波后，图中物体的周边已经变得模糊了，下面来尝试归一化卷积，示例代码如下。

```
import cv2
import numpy as np
import time
# 读取图像
img = cv2.imread("1.jpg")
(x,y,z)=img.shape
# 保边滤波器
start=time.time()
image = cv2.edgePreservingFilter(img, flags=cv2.NORMCONV_FILTER)
cv2.imwrite("NORMCONV.jpg", image)
#调整窗口大小
cv2.namedWindow('img',cv2.WINDOW_NORMAL)
cv2.resizeWindow('img',int(y/2),int(x/2))
print(time.time()-start)
#显示图像
```

```
cv2.imshow('img',image)
cv2.waitKey(0)
cv2.destroyAllWindows()
```

归一化卷积后的结果与递归滤波类似，但是运行速度比递归滤波要慢很多。这里通过 time.time 函数来进行计时，结果分别如图 12.49 和图 12.50 所示，使用递归滤波的消耗时间约为 0.530 秒，使用归一化卷积消耗的时间约为 1.166 秒。

图 12.49　递归滤波消耗的时间

图 12.50　归一化卷积消耗的时间

12.10.3　细节增强

OpenCV 除了可以模糊图像以外，还提供了增强图像细节的功能，可使模糊的图像变得清晰些，使用的是 cv2.detailEnhance 函数，函数语法如下。

```
dst = cv2.detailEnhance(src, sigma_s=10, sigma_r=0.15)
```

各参数与上文保边滤波器中的参数作用相同，这里就不再赘述了。

以图 12.51 所示的图像为例来介绍细节增强的实现，示例代码如下。

```
import cv2
import numpy as np
import time
#读取图像
img = cv2.imread("1.jpg")
(x,y,z)=img.shape
#细节增强
start=time.time()
image =cv2.detailEnhance(img)
cv2.imwrite("enhance.jpg", image)
#调整窗口大小
cv2.namedWindow('img',cv2.WINDOW_NORMAL)
cv2.resizeWindow('img',int(y/2),int(x/2))
print(time.time()-start)
#显示图像
cv2.imshow('img',image)
cv2.waitKey(0)
cv2.destroyAllWindows()
```

运行上述代码，结果如图 12.52 所示。可以看到，整体颜色有所加深，轮廓也变得更加清晰。

273

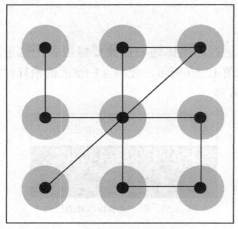

图 12.51 模糊图

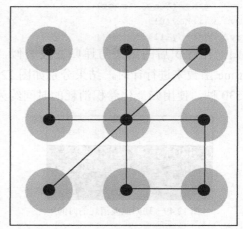

图 12.52 细节增强图

12.10.4 素描滤波器

素描滤波器生成的图像看起来像是用铅笔画出的，因此而得名。使用素描滤波器会得到两个输出：一个是将其应用于输入图像的灰度图后得到的结果（可看作用普通铅笔来画图），另一个是将"素描滤镜"应用于彩色输入图像后输出的结果（可看作用彩色铅笔来画图）。

素描滤波器使用的是 cv2.pencilSketch 函数，该函数语法如下。

```
dst_gray, dst_color = cv2.pencilSketch(src, sigma_s=60, sigma_r=0.07, shade_factor=0.05)
```

其中前 3 个参数与前文一致，最后一个参数 shade_factor 的取值范围是 0～0.1，表示输出图像强度的缩放，shade_factor 的值越大，输出图像的亮度就越高。

以图 12.46 所示的图像为例进行介绍，示例代码如下。

```
import cv2
import numpy as np
img = cv2.imread("1.jpg")
(x,y,z)=img.shape
image_gray,image_color=cv2.pencilSketch(img,sigma_s=60, sigma_r=0.07, shade_factor=0.05)
cv2.imwrite("pencil_gray.jpg", image_gray)
cv2.imwrite("pencil_color.jpg", image_color)
cv2.namedWindow('img1',cv2.WINDOW_NORMAL)
cv2.resizeWindow('img1',int(y/2),int(x/2))
cv2.namedWindow('img2',cv2.WINDOW_NORMAL)
cv2.resizeWindow('img2',int(y/2),int(x/2))
cv2.imshow('img1',image_gray)
cv2.imshow('img2',image_color)
cv2.waitKey(0)
cv2.destroyAllWindows()
```

运行上述代码，会得到两种色彩的图像，彩色图像的运行结果如图 12.53 所示。其实这个滤波器的运行结果不是很理想，这里采用的图像比较简单，所以效果看起来还可以；但如果换成复杂度比较高的图像，那么最后的结果就比较不理想了。

图 12.53　素描滤波效果

12.10.5　风格滤波

最后再介绍一种比较有意思的滤波方式，即风格滤波，其英文为 stylization。对输入图像使用这种滤波后，能够得到颇具艺术风格的输出图像。

风格滤波使用的是 cv2.stylization 函数，其语法如下。

```
dst = cv2.stylization(src, sigma_s=60, sigma_r=0.07)
```

其参数与上文介绍的一致。

以图 12.46 所示的图像为例进行风格滤波的实现，示例代码如下。

```
import cv2
import numpy as np
import time
# 读取图像
img = cv2.imread("1.jpg")
(x,y,z)=img.shape
# 风格滤波
start=time.time()
image = cv2.stylization(img)
cv2.imwrite("style.jpg", image)
#调整窗口大小
cv2.namedWindow('img',cv2.WINDOW_NORMAL)
cv2.resizeWindow('img',int(y/2),int(x/2))
#输出时间
print(time.time()-start)
#显示图像
```

```
cv2.imshow('img',image)
cv2.waitKey(0)
cv2.destroyAllWindows()
```

运行上述代码，结果如图 12.54 所示。

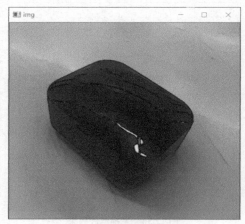

图 12.54　风格滤波图

第 13 章 综合运用 4：图像与工业

图像除了在日常生活中有很多的应用外，在工业方面也起着不可忽视的作用。

本章的主要内容如下。

❑ 中值背景估计的基本原理。

❑ 基于 ORB 的图像对齐技术。

❑ 前景与背景分离的图像填充技术。

注意：本章内容在生活中的某些场合也会使用，虽然可能会有形式上的差别，但本质上是相同的。

13.1 中值背景估计

许多计算机视觉应用的硬件配置不会很高，例如路口的摄像头。在这种客观条件的约束下，我们只能使用一些简单但必须有效的技术来实现监控的功能。本节将介绍的中值背景估计就是一种这样的技术。

中值背景估计常用在摄像头这种静态但是会出现一些移动物体的估计场景中。举个例子，现代许多路口的监控摄像头都是固定的，不会轻易改变位置，也就是说它视野内的背景几乎是固定不变的，改变的可能只是闯入视野的车辆或行人，但它们并不是这里所说的背景。但是如果某辆车一直停在摄像头视野内，那么也可以认为它是背景的一部分。

这里首先介绍一种叫作时间中值滤波的处理方式，其常用在视频的背景提取算法中。

13.1.1 时间中值滤波

举个经典的例子，在 Arduino（一种单片机开发软件）中使用的温度传感器，其可以监控室内温度或者水体温度，这里准备两个温度传感器，一个能时刻正常工作，另一个会不时地跳动数值（异常），将它们的数值统计后制成图 13.1 所示的数据图。

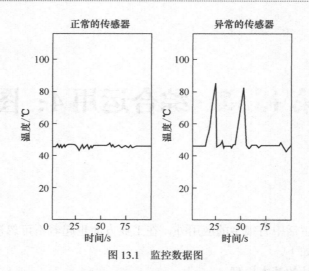

图 13.1 监控数据图

在图 13.1 中，左图是正常的温度传感器的监控数据，右图是异常的温度传感器的监控数据。可以看出，正常的温度传感器的监控数据保续在 43℃附近，并且有轻微的高斯噪声。对于左图的这种情况，因为没有误差很大的点出现，所以能更准确地估算出实际的温度数值，即可以简单地对这一段时间内的温度值进行平均值计算。从图中可以看出，高斯噪声有正值和负值，因此平均值将几乎抵消噪声带来的影响。

此外，异常的温度传感器在大多数情况下和正常的温度传感器一样，但会出现某一小段时间数值突然升高而产生错误的情况。在这种情况下，如果对异常的温度传感器监控的数据仍然进行平均值计算的话，很显然，得到的平均温度会高于实际温度，也就是与背景温度产生了误差。

那么，能否从异常的温度传感器中得到正确的温度估计呢？答案是肯定的，当监控的数据包含异常值时，不采用平均数，而采用中位数的方法是一种更好的选择。

将数据按升序或降序排序时，中位数就是数据的中间值。图 13.1 中右图所示的曲线，通过中位数的选取会得到比平均值更精确的一个估计值。但是，与平均值计算相比，这种取中位数的计算成本更高。

13.1.2　运用中值滤波进行背景估计

在温度传感器的例子中，背景可以理解为真实的温度，这是一个一维的背景（因为只是一个值）。现在回到路口的摄像头上，摄像头固定在路口，所拍摄的视野范围是恒定不变的，与之对应的背景自然也是恒定不变的。

但是有的时候车辆会闯入摄像头的视野内，这个时候对背景而言，就类似于出现了异常的温度传感器中温度突然升高的情况，因为车辆并不属于背景的一部分。

可以假设大部分时间内，摄像头中的每个像素点都是背景，因为摄像头没有移动。有的时候，镜头内会出现障碍物，例如车辆或其他移动物体出现在摄像头视野内并遮挡背景。对于这种情况，可以采用随机采样的方式来处理，这里以 25 帧图像（即 25 张图像）为例进行介绍。

换句话说，现在每个像素点有 25 个背景估计值。做如下规定：如果视野中的某一个像素点被车辆或其他移动物体覆盖的时间不超过总时间的 50%，那么通过像素点的中位数就能给出该像素点背景的一个良好估计。在为图像中的每个像素点重复这个操作后，可恢复整个背景。

实现背景估计需要一个 skimage 模块，可通过以下代码进行模块的安装。

```
pip install scikit-image
```

安装完成以后，这里以提前录好的一段视频 1.mp4 为例，尝试从视频中获得背景，示例代码如下。

```python
import numpy as np
import cv2
from skimage import data, filters
# 打开视频文件
cap = cv2.VideoCapture('1.mp4')
# 随机选取 25 帧
frameIds = cap.get(cv2.CAP_PROP_FRAME_COUNT) * np.random.uniform(size=25)
# 将 25 帧存入一个列表中
frames = []
for fid in frameIds:
    cap.set(cv2.CAP_PROP_POS_FRAMES, fid)
    ret, frame = cap.read()
    frames.append(frame)
# 计算中位数
medianFrame = np.median(frames, axis=0).astype(dtype=np.uint8)
# 将背景显示出来
(x,y,z)=medianFrame.shape
cv2.namedWindow('frame',cv2.WINDOW_NORMAL)
cv2.resizeWindow('frame',int(y/2),int(x/2))
cv2.imshow('frame', medianFrame)
cv2.waitKey(0)
cv2.destroyAllWindows()
```

运行代码，等待几秒后，就能显示出这段视频中的背景，运行结果如图 13.2 所示。从视频中随机地选择 25 帧后，计算这 25 帧内每个像素点的中位数，只要保证每个像素点至少有 50% 的时间处于"背景状态（即像素值不变）"，这个中间帧就能成为我们对背景的一个良好估计。

图 13.2　运行结果图

13.1.3 帧差分

问题来了，假定运行上述代码获得了视频中的背景，那么能否通过得到的中间帧来为视频中的每一帧创建一个掩膜，用来显示图像中的运动部分，也就是显示将背景帧与视频中的中间帧进行差分（帧与帧中对应像素点间作差后取绝对值的操作）后得到的差值呢？差值可以理解为在背景中运动的物体，这也是一种特殊的物体追踪手段，该算法可以通过以下步骤实现。

（1）将得到的中间帧转换为灰度图。

（2）循环播放视频中的所有帧，提取当前帧后将其转换为灰度图。

（3）对当前帧和中间帧进行差分的运算（即做差后取绝对值）。

（4）对上面的图像进行阈值化来去除噪声并将输出二值化。

示例代码如下。

```python
import numpy as np
import cv2
# 打开视频
cap = cv2.VideoCapture('3.mp4')
# 随机选取 25 帧
frameIds = cap.get(cv2.CAP_PROP_FRAME_COUNT) * np.random.uniform(size=25)
# 将 25 帧存入列表中
frames = []
for fid in frameIds:
    cap.set(cv2.CAP_PROP_POS_FRAMES, fid)
    ret, frame = cap.read()
    frames.append(frame)
# 计算中间帧
medianFrame = np.median(frames, axis=0).astype(dtype=np.uint8)
# 显示中间帧
cv2.imshow('frame', medianFrame)
cv2.waitKey(0)
# 因为上面进行了随机选取帧的操作，此时当前帧的位置不确定，所以此处将当前帧的位置重置为 0，也就是视频的最开始处
cap.set(cv2.CAP_PROP_POS_FRAMES, 0)
# 转换为灰度图
grayMedianFrame = cv2.cvtColor(medianFrame, cv2.COLOR_BGR2GRAY)
# 循环处理所有视频帧
ret = True
while(ret):
    # 从当前帧位置开始读取帧
    ret, frame = cap.read()
    if frame is None:
        break
    # 将当前帧转换为灰度图
    frame = cv2.cvtColor(frame, cv2.COLOR_BGR2GRAY)
```

```
    (x,y)=frame.shape
    # 将中间帧与当前帧进行差分计算
    dframe = cv2.absdiff(frame, grayMedianFrame)
    # 二值化
    th, dframe = cv2.threshold(dframe, 30, 255, cv2.THRESH_BINARY)
    # 将图像显示出来
    cv2.namedWindow('fra',cv2.WINDOW_NORMAL)
    cv2.resizeWindow('fra',int(y/2),int(x/2))
    cv2.imshow('fra', dframe)
    cv2.waitKey(20)
# 释放 cap
cap.release()
# 关闭所有的画布
cv2.destroyAllWindows()
```

运行上述代码后，程序会自动给出这段视频的中间帧（背景图），如图 13.3 所示。得到中间帧后，打开视频 3.mp4，视频中有一把尺子出现在了镜头内，因为尺子处于运动状态，不属于背景，所以尺子在与中间帧进行差分计算之后就会被二值化，然后显示成白色，如图 13.4 所示。

图 13.3　中间帧

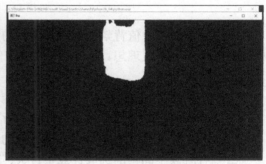

图 13.4　物体追踪效果

这里再做一个简单的小测试，在本书配套代码中提供了一个训练好的车辆追踪的 ".whl" 文件，可以使用该文件来进行车辆的追踪练习，示例代码如下。

```
import cv2
import numpy as np
camera = cv2.VideoCapture ("2.avi")
camera.open("video.avi")
car_cascade = cv2.CascadeClassifier('cars.xml')
while True:
    (grabbed,frame) = camera.read()
    grayvideo = cv2.cvtColor(frame, cv2.COLOR_BGR2GRAY)
    cars = car_cascade.detectMultiScale(grayvideo, 1.1, 1)
    for (x,y,w,h) in cars:
        cv2.rectangle(frame,(x,y),(x+w,y+h),(0,0,255),2)
        cv2.imshow("video",frame)
```

```
    if cv2.waitKey(1)== ord('q'):
        break
camera.release()
cv2.destroyAllWindows()
```

运行代码，结果如图 13.5 所示，视频中移动的物体（此处为车）已经被框选出来了。

图 13.5　车辆追踪效果

本节只介绍了中值背景估计这种简单的背景估计方法，对于一些复杂的情况，这种方法的处理能力可能不是很理想。使用这种方法来做运动物体的检测具有一定的风险，原因主要有以下几点。

❑ 在程序中所获得的中间帧不一定能够完整代表事物所处的实际环境，也就是如果用来判断背景上是否存在运动物体的背景本身有问题，那么采用视频帧与中间帧进行绝对差分的这种算法根本就是不成立的。

❑ 有时候中间帧的选取计算量过大，速度比较慢。上面的例子使用的视频都比较短，时长只有几秒，但程序还是需要一定时间才能得到中间帧；如果增加视频时长，计算量也会进一步增加。

❑ 如果是短时间追踪，物体移动速度比较慢的话，可能会将其误认为是背景的一部分，所以这种算法在进行物体追踪的时候，对速度也有一定的要求，速度过慢可能会导致错误的出现。

上文提到的 ".whl" 文件的理论基础是时间中值滤波，所以该模型在对车辆进行识别追踪的时候，识别精度不是特别高，主要原因有以下两点。

❑ 当车辆远离摄像头时，车辆在一定程度上会被误认为是背景，因为车辆远离摄像头后，其在摄像头内的投影可能会一直处在某一块子图像内，从而导致系统误判。

❑ 当车辆远离摄像头时，其在摄像头内的体积会变小，当距离达到一定程度的时候，系统有可能将其误判为非车辆，这也会对车辆追踪的识别精度产生影响（这一点对高速路段没有影响）。

结合上述几点，对于物体追踪，不太推荐使用这种绝对差分的算法，可以采用第 10 章中介绍的物体追踪方法。

注意：这里的摄像头一定要处于固定状态，不然会因为中值帧的模糊而导致大量的误判。

13.2　ORB 图像对齐

本节将介绍基于特征点的图像对齐，图像对齐在计算机视觉中起着非常重要的作用，其可以帮助我们解决因为角度问题而导致的图像特征异样。第 6 章中介绍的透视变换与其有相似之处。

13.2.1　图像对齐的原理

在计算机视觉的许多应用中，时常会在两个不同的图像中出现一个相同或类似的事物，而两张图像中的相似事物的区别可能只是它们的拍摄角度、场景或者物体细节有所不同。

图像对齐的作用可能很难用言语来简单概括，此处举个简单的例子来予以说明。例如笔者在某个场合拍了一张 A4 纸，在上面写了些字后从一个别的角度又对它拍了一张。在这个场景下，因为笔者在纸上写了些字导致两张图像中的纸并非是完全相同的物体，但它们之间含有共同的特征：纸都有 4 个角。两张图像中纸张的 4 个角在各自的图像中位于不同的坐标处，不同图像中纸张的同一个角的坐标之间存在着一种对应关系（即第一张图像中的纸的左上角在图像中的坐标与第二张图像中的纸的左上角的坐标之间存在着一种对应关系），这种对应关系在计算机视觉中以矩阵的方式存在。

而图像对齐所做的事情就是找到两张图像中的相似物体的这个对应关系（矩阵），然后将第二张图像与矩阵进行计算，计算出的结果就是将第二张图像的拍摄视角转换成第一张图像的拍摄视角后的图像。

下面会以上面的例子为例来进行更加具体的说明。

1．单应性变换

图像对齐的实现其实是一个比较简单的 3×3 矩阵的运用，称为单应性变换（Homography）。

举个简单的例子，现在有一个物体，分别从两个不同的角度去拍摄，得到图 13.6 和图 13.7 所示的同一个物体的两个视角的图像。

将第一个视角中物体的左上角的坐标记为 (x_1, y_1)，该点在第二个视角中对应的坐标记为 (x_2, y_2)，并称第二个点为第一个点的对应点。

图 13.6　第一个视角　　　　　　　　　　　图 13.7　第二个视角

在这个例子中，单应性变换就是一个将第一个视角图中的点映射到第二个视角图中的对应点（物理坐标相同的点）的 3×3 的变换矩阵。该单应性变换矩阵 $\boldsymbol{H}$ 如式（13.1）所示。

$$\boldsymbol{H} = \begin{bmatrix} h_{00} & h_{01} & h_{02} \\ h_{10} & h_{11} & h_{12} \\ h_{20} & h_{21} & h_{22} \end{bmatrix} \tag{13.1}$$

现在来考虑该例子中标记的两个点：(x_1, y_1) 和 (x_2, y_2)。可以通过单应性变换矩阵 $\boldsymbol{H}$ 将两者联系起来，如式（13.2）所示。

$$\begin{bmatrix} x_1 \\ y_1 \\ 1 \end{bmatrix} = \boldsymbol{H} \begin{bmatrix} x_2 \\ y_2 \\ 1 \end{bmatrix} = \begin{bmatrix} h_{00} & h_{01} & h_{02} \\ h_{10} & h_{11} & h_{12} \\ h_{20} & h_{21} & h_{22} \end{bmatrix} \cdot \begin{bmatrix} x_2 \\ y_2 \\ 1 \end{bmatrix} \tag{13.2}$$

2.　单应性变换图像对齐的局限性

很显然，如果使用的两张图像都只是简单的二维图像，即位于现实世界中的同一平面上，那么式（13.2）对于图像中的所有对应点都是成立的。换句话说，将单应性变换矩阵应用于第一张图像，可实现第一张图像中的纸张与第二张图像中的纸张的对齐。

但是如果是三维空间（即二维平面的纵向叠加）上的点，就没法再应用单应性变换来找到与之相对应的点了。

需要注意的是，这里的维度取决于物理坐标而非图像，对一般的图像而言，其始终都处于一种二维的状态。

举个简单的例子，如图 13.8 所示。这张照片中不仅有桌子上的纸张，还有桌子下方的地面，此时这就不是一个简单的二维平面了，所以此时单单运用一个单应性变换就不能得到相对应的映射图了。如果需要得到多个平面的映射图，需要对每一个平面运用一次单应性变换，计算后得到相对应的多平面映射图。

图 13.8 多平面图

13.2.2 寻找对应点

在计算机视觉的许多应用领域中，我们时常需要在目标图像中挑选出相对稳定的点，这些点称为关键点或者特征点。在 OpenCV 中有几个内置的特征点检测器，常用的有 SIFT、SURF、ORB 等，这里使用的是 ORB。

ORB 是两个英文单词的融合，分别是 Oriented FAST 和 Rotated BRIEF，通常分别称为 FAST 和 BRIEF。

首先我们需要知道的是，每个特征点检测器都由两部分构成，分别是定位器和特征描述子。

所谓的定位器是指识别的图像中，在图像变换时稳定不变的点，常见的图像变换有平移变换、缩放变换、旋转变换等。然后定位器可以一直找到这些点在图像中的 x 坐标和 y 坐标。而 ORB 检测器使用的定位器称为 FAST。

但是在上述步骤中，特征定位器只能告诉我们计算机感兴趣的点在图像中的位置，并不能对图像进行直接的描述，因此就有了特征检测器的第二部分：特征描述子。

特征描述子的作用就是对点的一些特征、外观进行某种编码，以便我们可以通过这些编码来分辨不同的特征点。在进行特征点评估的时候，特征描述只会是一个数字数组。

在理想情况下，两张图像中的相同物理点会具有相同的特征描述（因为只是角度的变化而非类似于光的强度的变化）。ORB 检测器使用的特征描述子就是 BRIEF。

因此，只要知道了两个不同图像中的对应特征关系，就能计算出与两张图像相关的映射矩阵。为了得到特征与特征之间的关系，这里可以使用匹配算法来对第一张图像中的一些特征（如选用的纸张的 4 个角）与第二张图像中的对应特征之间进行匹配。

为此，我们需要将第一张图像中的每个特征点的描述子与第二张图像中的每个特征点的描述子进行比较、匹配，从而找到一种良好的匹配关系。换言之，我们可以通过描述子来找到要匹配的特征点，然后再根据这些已经匹配好的特征点，计算两张图像相关的映射矩阵，从而实现图像映射，即特殊到一般的过程。

13.2.3　基于特征的图像对齐步骤

特征对齐一般有以下几个步骤。

（1）获取图像。

读入作为参考的图像，以及想要与此模板对齐的图像，所以需要读入两张图像。

（2）寻找特征点。

读入图像后，检测两张图像中的 ORB 特征。这里只需要 4 个特征来计算单应性变换（特殊性）就可以了，但事实上通常可以在两张图像中检测到数百个特征，这里可以通过设置一个名为 MAX_FEATURES 的参数来调节选择到的特征的数量。

（3）对特征点进行匹配。

在上一步中得到了两张图像中匹配的特征，这时按匹配的评分（类似于相似度）对选取的特征进行排序，并保留其中一小部分的原始匹配。这里对两个特征描述符之间相似性的度量使用的标准为汉明距离（Hamming Distance）。

汉明距离表示的是两个相同长度的字的对应位不同的总数量。举个简单的例子，有两个数 10111 和 10100，如果要把前者变为后者，需要把最后两个 1 变为 0，即第一个数与第二个数在位数相同的前提下，有两位不同，所以这里的汉明距离为 2。再举一个字母的例子，现在有 haar 和 hand，如果要把 haar 转换为 hand 的话，需要修改的也是后两位，所以汉明距离为 2。

注意：得到的很多特征点中可能会有一些不正确的匹配，这些特征点是不应该选取的。

（4）计算单应性变换。

对于计算映射矩阵，我们需要在两张图像中至少得到 4 个对应点来计算单应性变换。因为上面说过，自动匹配结果可能会包含一些不正确的匹配，所以自动匹配功能并不能稳定地产生 100%准确的匹配。原因在于我们选取到了不正确的匹配关系。为了处理这种情况，OpenCV 提供了内置函数 cv2.findHomography，其利用 RANSAC（随机抽样一致性算法）的精准估计技术，使得在存在大量错误匹配的情况下也能得到相对正确的匹配结果。

（5）图像映射。

计算出两张图像中的单应性变换之后，就可以对第一张图像中的所有像素点，通过乘以单应性变换的方式映射到对齐以后的图像，这里矩阵乘法使用的是之前介绍过的 cv2.warpPerspective 函数。

13.2.4　图像对齐

首先需要一张作为标准的基准图像（im1），如图 13.9 所示。另一张图像是需要进行图像对齐的图像（im2），如图 13.10 所示。

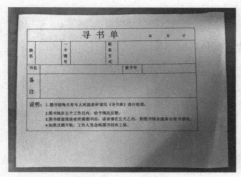

图 13.9　基准图像　　　　　　　图 13.10　待对齐图像

两张图像对齐的示例代码如下。

```
from __future__ import print_function
import cv2
import numpy as np
MAX_MATCHES=500
GOOD_MATCH_PERCENT=0.15
def alignImages(im1,im2):
    # 将图像转换为灰度图
    im1Gray = cv2.cvtColor(im1,cv2.COLOR_BGR2GRAY)
    im2Gray = cv2.cvtColor(im2,cv2.COLOR_BGR2GRAY)
    # 寻找 ORB 特征
    orb=cv2.ORB_create(MAX_MATCHES)
    keypoints1,descriptors1=orb.detectAndCompute(im1Gray,None)
    keypoints2,descriptors2=orb.detectAndCompute(im2Gray,None)
    # 匹配特征
    matcher=cv2.DescriptorMatcher_create(cv2.DESCRIPTOR_MATCHER_BRUTEFORCE_HAMMING)
    matches=matcher.match(descriptors1, descriptors2,None)
    # 对特征进行排序
    matches.sort(key=lambda x:x.distance,reverse=False)
    # 移除不良特征
    numGoodMatches=int(len(matches)*GOOD_MATCH_PERCENT)
    matches=matches[:numGoodMatches]
    # 选取正确的特征
    imMatches=cv2.drawMatches(im1,keypoints1,im2,keypoints2,matches,None)
    cv2.imwrite("matches.jpg", imMatches)
    # 对特征进行定位
    points1=np.zeros((len(matches), 2),dtype=np.float32)
    points2=np.zeros((len(matches), 2),dtype=np.float32)
    for i,match in enumerate(matches):
      points1[i,:]=keypoints1[match.queryIdx].pt
      points2[i,:]=keypoints2[match.trainIdx].pt
    # 寻找矩阵
    h,mask=cv2.findHomography(points1,points2,cv2.RANSAC)
```

```
    # 使用矩阵
    height,width,channels =im2.shape
    im1Reg=cv2.warpPerspective(im1,h,(width, height))
    return im1Reg, h
if __name__ == '__main__':
    # 读取标准图像
    refFilename="1.jpg"
    imReference=cv2.imread(refFilename)
    # 读取待对齐的图像
    imFilename="2.jpg"
    im=cv2.imread(imFilename)
    print("正在对齐")
    imReg,h=alignImages(im,imReference)
    (x,y,z)=imReg.shape
    cv2.namedWindow('img',cv2.WINDOW_NORMAL)
    cv2.resizeWindow('img',int(y/2),int(x/2))
    cv2.imshow('img',imReg)
    cv2.waitKey(0)
    # 对齐后输出到本地
    outFilename="aligned.jpg"
    print("将图像保存为: ",outFilename)
    cv2.imwrite(outFilename,imReg)
    # 输出映射矩阵
    print("映射矩阵为: \n",h)
    cv2.destroyAllWindows()
```

运行上述代码，待对齐图像经过基准图像校准后，得到图 13.11 所示的运行结果。有的时候可能会显示出错，这是图像属性的问题，代码中如果不能正常显示的话，可以去本地文件夹中查看导出的 aligned.jpg 图像。此外还有一张显示两张图像映射关系的图像，如图 13.12 所示。

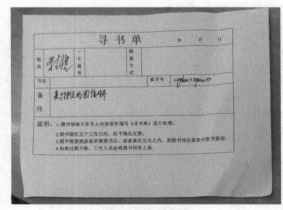

图 13.11　对齐图像

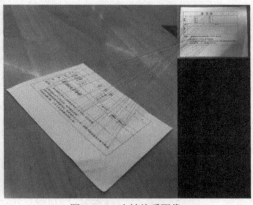

图 13.12　映射关系图像

可以看出，虽然作为基准的图像与待对齐的图像有差别，但是依旧能够进行对齐。这里选用的两张图像中的物体相似度很高，但这并不是必须如此的，相似度高的好处在于它可以提供更多的对应点以供选取。

如果基准图像使用的只是一张白纸，其也可以进行图像的对齐，但是在这种情况下我们只能得到较少的对应点（例如一张白纸的 4 个角）。此时，如果仅有的几个匹配关系出现了错误，那么只能得到一个错误的单应性变换，从而得不到想要的结果。这里输出的映射矩阵如式（13.3）所示。

$$\begin{bmatrix} 6.11e-01 & -6.71e-01 & 6.21e+02 \\ 6.04e-01 & -6.62e-01 & 6.13e+02 \\ 9.84e-04 & -1.08e-03 & 1.00e+00 \end{bmatrix} \tag{13.3}$$

注意： 代码中搜索的对应点的最大数量被设置成了 500 个，其实我们使用的图中可能找不到这么多的对应点。以 A4 纯白纸为例，用它作为基准图像的话，可能就只有 4 个角能用来当作对应点。

13.3 图像填充

本节将介绍图像填充，图像填充类似于之前介绍的形态学转换中的形态学膨胀，但又对其进行了一些优化。

13.3.1 前景与背景

在介绍图像填充前需要先了解前景与背景的概念。

假设现在有一张图 13.13 所示的图像（实际图像中没有最外层的黑色边框）。

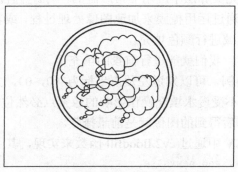

图 13.13 原图

图像中有一个大圆，此时称大圆及其包含的区域为前景，其余的部分为背景。我们可以将这张图像看作一个圆形物体放在一张白纸上。

13.3.2 前背分离

如果把图 13.13 中大圆的部分看作空隙的话，所谓的图像填充其实就是将大圆中的空隙全部变为黑色。

在进行图像填充之前，我们需要把前景与背景分离开来（即前者分离），原因在于如果直接对整张图像进行图像填充的话，会直接改变背景；而背景改变也有影响前景的风险，所以需要进行前背分离。

需要注意的是，一般不能通过简单地设置阈值来进行前背分离。以图 13.13 所示图像为例，大圆的外部轮廓是黑色的，与白色背景不同，称其为轮廓，此时使用图像阈值确实可以将轮廓与背景分开。但是我们不能假定强度高于阈值的像素点是背景，其余像素点是前景，因为即使轮廓被判断阈值的方法很好地提取了出来，大圆的内部也会因为具有与背景相同的灰度值而被误认为是背景。因此，在进行前背分离的时候，阈值操作并不能将前景与背景分离开来。

此时我们需要考虑更加复杂的情况，因为孔洞内的情况一般我们无从知晓，需要根据内部像素点的相似度来区分前景与背景，这里就需要介绍一种名为漫水填充的算法，其也被称为泛洪算法。

13.3.3 漫水填充算法

简单来说，漫水填充算法就是用来标记一片颜色类似的区域的算法。它采用如下的方法来进行标记：首先设置一个原点，然后以原点为出发点向附近进行扩展，附近与原点颜色相似的点会被赋值为同一种颜色。

这种算法的应用性、成熟性都很高，在目标识别、画图等应用中的油桶功能都采用的是这种算法。漫水填充算法是填充类算法中应用非常广泛的一种。并且漫水填充算法也可以用来从输入图像中获取掩膜区域，通过运用掩膜来加速图像处理过程，或者只处理掩膜指定的像素点附近的区域，然后在这些区域进行颜色填充。

了解漫水填充算法之后，我们就能进行前景的填充了。

以图 13.13 所示图像为例，可以知道左顶点坐标为（0，0），并且连接着背景图，以这个点为原点进行漫水填充后，不受漫水填充操作影响的像素点必然位于轮廓内。阈值图像与漫水填充图像进行"或非"运算后得到的图像就是前景掩膜。

漫水填充算法在 OpenCV 中通过 cv2.floodfill 函数来实现，其主要语法如下。

```
cv2.floodfill(img,mask,seed,newvalue)
```

其参数分别解释如下。

❑ img：需要使用漫水填充算法的图像。

❑ mask：掩膜层，使用掩膜可以规定在哪个区域使用该算法。

❑ seed：漫水填充算法的原点。

❑　**newvalue**：对于满足条件的区域新赋的值，采用 BGR 形式，输入必须为元组形式。
示例代码如下。

```
import cv2;
import numpy as np;
#读取图像
im_in = cv2.imread("1.jpg", cv2.IMREAD_GRAYSCALE);
#二值化
ret,im_th = cv2.threshold(im_in, 220, 255, cv2.THRESH_BINARY_INV);
#复制
im_floodfill = im_th.copy()
# 创建掩膜
h, w = im_th.shape[:2]
mask = np.zeros((h+2, w+2), np.uint8)
# 以（0,0）为原点进行漫水填充
cv2.floodFill(im_floodfill, mask, (0,0), 255);
# 取反
im_floodfill_inv = cv2.bitwise_not(im_floodfill)
# 进行逻辑与运算
im_out = im_th | im_floodfill_inv
# 展示图像
cv2.imshow("thresh", im_th)
cv2.imshow("flood", im_floodfill)
cv2.imshow("convert", im_floodfill_inv)
cv2.imshow("last", im_out)
cv2.waitKey(0)
cv2.destroyAllWindows()
```

运行上述代码后，前景图如图 13.14 所示，最终结果图如图 13.15 所示。可以看出，前景中的孔洞已经被完全填充好，而背景并没有受到丝毫的影响。

图 13.14　前景图

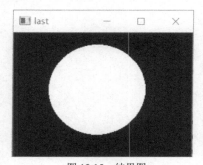

图 13.15　结果图

注意：这里介绍的 **cv2.floodfill** 函数语法并不是它的全部，只是在本小节中了解到这种程度即可，感兴趣的读者可以查看相关资料进行了解。